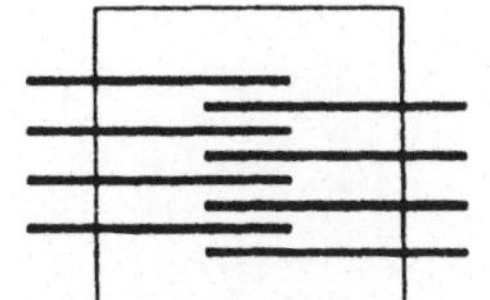

Veröffentlichungen der
Akademie für
Technikfolgenabschätzung
in Baden-Württemberg

Springer
Berlin
Heidelberg
New York
Barcelona
Budapest
Hong Kong
London
Mailand
Paris
Santa Clara
Singapur
Tokio

H.G. Kastenholz   K.-H.Erdmann   M. Wolff   (Hrsg.)

Nachhaltige Entwicklung

Zukunftschancen für Mensch und Umwelt

Springer

Dr. Hans G. Kastenholz
Akademie für Technikfolgenabschätzung
in Baden Württemberg
Industriestraße 5
70565 Stuttgart

Karl-Heinz Erdmann
MAB-Geschäftsstelle, Bundesamt für Naturschutz
Konstantinstr. 110
53115 Bonn

Prof. Dr. Manfred Wolff
Eberhard-Karls-Universität Tübingen
Mathematisches Institut
Auf der Morgenstelle 10
72070 Tübingen

ISBN-13:978-3-642-80056-6   e-ISBN-13:978-3-642-80055-9
DOI: 10.1007/978-3-642-80055-9

Die Deutsche Bibliothek – CIP-Einheitsaufname
Nachhaltige Entwicklung : Zukunftschance für Mensch und Umwelt/ H. Kastenholz ... (Hrsg.). - Berlin;
Heidelber ; New York ; Barcelona ; Budapest ; Hong Kong ; London ; Mailand ; Paris ; Santa Clara ;
Singapur ; Tokio : Springer, 1996 ISBN-13:978-3-642-80056-6 NE: Kastenholz, Hans G. [Hrsg.]

Einbandgestaltung: Struve & Partner, Heidelberg
Satz: Camera ready durch Dr. Kurt Darms, Bevern
SPIN 10499853 31/3137 5 4 3 2 1 0 – Gedruckt auf säurefreiem Papier

Geleitwort

Die Frage, wie wir in Zukunft leben möchten, ist in den letzten Jahren zu einem festen Bestandteil der öffentlichen und politischen Diskussion geworden. Hierbei kommt der Suche nach neuen Leitbildern, die künftigem individuellem wie auch gesellschaftlichem Handeln einen Orientierungsrahmen geben sollen, eine wichtige Aufgabe zu. In der Auseinandersetzung um eine umweltverträgliche Wirtschafts- und Lebensweise gewinnt das Leitbild einer nachhaltigen Entwicklung immer mehr an Bedeutung.

Die Akademie für Technikfolgenabschätzung in Baden-Württemberg hat die Aufgabe, zukunftsfähige Konzepte für die Gestaltung und den Einsatz von Technik sowie für die Konzeptionalisierung des Beziehungsgefüges Technik-Wirtschaft-Gesellschaft zu entwickeln. Nach den Erkenntnissen der gegenwärtigen gesellschaftlichen und politischen Debatte müssen solche Ansätze auch unter dem Aspekt einer nachhaltigen Entwicklung betrachtet werden. Offen und strittig sind nicht nur Art und Umfang der Orientierung an diesem Leitbild, sondern auch die Form der Umsetzung der am Ziel einer nachhaltigen Entwicklung orientierten Technik- und Wirtschaftskonzepte.

Hier setzt die satzungsgemäße Aufgabe der Akademie ein, die unterschiedlichen theoretischen Interpretationen des Leitbildes sowie auch die praktischen Möglichkeiten seiner Umsetzung im wissenschaftlichen Diskurs auf Tragfähigkeit zu prüfen und Handlungsansätze zu entwickeln. Das so im wissenschaftlichen Diskurs abgesicherte Konzept muß im gesellschaftlichen Diskurs auf Zustimmungsfähigkeit geprüft bzw. in eine zustimmungsfähige Form gebracht werden; darüber hinaus ist nach Möglichkeiten der Implementierung zu suchen.

Dabei wählt die Akademie, nicht nur weil sie eine Einrichtung des Landes Baden-Württemberg ist, einen regionalen Ansatz. Diese Ausrichung erfolgt auch deshalb, weil die bisherigen Arbeiten der Akademie im Themenfeld "Bedingungen einer nachhaltigen Entwicklung" zu der Überzeugung geführt haben, daß sich die Operationalisierung des Nachhaltigkeitkonzeptes nur auf regionaler Ebene sinnvoll umsetzen läßt.

Die Akademie hat die Idee einer gemeinsamen Ringvorlesung, deren Vorträge die Grundlage für die vorliegende Veröffentlichung gebildet haben, gerne aufgenommen. Die Veranstaltung wurde zusammen mit der Eberhard-Karls-Universität Tübingen, dem Deutschen Nationalkommitee für das UNESCO-Programm "Der Mensch und die Biosphäre" (MAB) und der Gesellschaft für Mensch und Umwelt (GMU) durchgeführt. Damit konnte die wissenschaftliche Auseinandersetzung gefördert und gleichzeitig dem für die Akademie geltenden satzungsgemäßen Auftrag des Arbeitens im Netzwerk von Forschungseinrichtungen Rechnung getragen werden.

Der Eberhard-Karls-Universität Tübingen gilt besonderer Dank, der Ringvorlesung das Gastrecht gewährt zu haben.

Stuttgart   D. Schade
Januar 1996

Inhaltsverzeichnis

Perspektiven einer nachhaltigen Entwicklung -
Eine Einführung 1
Hans G. Kastenholz,
Karl-Heinz Erdmann und Manfred Wolff

Nachhaltige Entwicklung: Ein Begriff als Ressource
der politischen Neuorientierung 9
Cornelia Quennet-Thielen

Beweist die Geschichte die Aussichtslosigkeit
von Umweltpolitik? 23
Joachim Radkau

Wieviel Erde braucht der Mensch? Untersuchungen zur
globalen und regionalen Tragekapazität 45
Hans Mohr

Ökonomische Indikatoren für eine nachhaltige Umweltnutzung 61
Dieter Cansier

Ökologisch denken – sozial handeln:
Die Realisierbarkeit einer nachhaltigen Entwicklung
und die Rolle der Kultur- und Sozialwissenschaften 79
Ortwin Renn

Psychologische Ansätze zur Entwicklung einer
zukunftsfähigen Gesellschaft 119
Lenelis Kruse-Graumann

Vorsorge statt Nachhaltigkeit -
Ethische Grundlagen der Zukunftsverantwortung 141
Dieter Birnbacher und Christian Schicha

Sustainable Development - Handlungsmaßstab und Instrument zur
Sicherung der Überlebensbedingungen künftiger Generationen?
- Rechtswissenschaftliche Überlegungen - 157
Meinhard Schröder

Elemente einer globalen Umweltpolitik -
Eine institutionell-ökonomische Perspektive 173
Udo. E. Simonis

Der Beitrag der Biosphärenreservate zu Schutz, Pflege
und Entwicklung von Natur- und Kulturlandschaften in Deutschland .. 187
Karl-Heinz Erdmann

Nachhaltiges Wirtschaften -
Wichtigstes Ziel moderner Umweltpolitik 207
Harald B. Schäfer

Nachhaltige Entwicklung: Gestaltungsspielraum
und Gestaltungswille der Wirtschaft 217
Hermann Krämer

Das eine Ethos in der einen Welt -
Ethische Begründung einer nachhaltigen Entwicklung 235
Hans Küng

Autorenverzeichnis

Prof. Dr. Dieter Birnbacher
Universität Dortmund, Fachbereich 14
Emil Figge Str. 50
44221 Dortmund

Prof. Dr. Dieter Cansier
Eberhard-Karls-Universität Tübingen
Mathematisches Institut, Wirtschaftswissenschaftliche Fakultät
Melanchthonstraße 30
72074 Tübingen

Karl-Heinz Erdmann
MAB-Geschäftsstelle, Bundesamt für Naturschutz
Konstantinstr. 110
53179 Bonn

Dr. Hans G. Kastenholz
Akademie für Technikfolgenabschätzung in Baden-Württemberg
Industriestr. 5
70565 Stuttgart

Dr. Hermann Krämer
VEBA Aktiengesellschaft
Postfach 30 10 51
40410 Düsseldorf

Prof. Dr. Lenelis Kruse-Graumann
Ruprecht-Karls-Universität Heidelberg, Psychologisches Institut
Hauptstr. 47-51
69117 Heidelberg

PROF. DR. HANS KÜNG
Waldhäuserstraße 23
72076 Tübingen

PROF. DR. DRES. H.C. HANS MOHR
Akademie für Technikfolgenabschätzung in Baden-Württemberg
Industriestr. 5
70565 Stuttgart

MINRN. CORNELIA QUENNET-THIELEN
Bundesministerium für Umwelt, Naturschutz und Reaktorsicherheit
Postfach 12 06 29
53048 Bonn

PROF. DR. JOACHIM RADKAU
Universität Bielefeld
Fakultät für Geschichtswissenschaft und Philosophie
Postfach 10 01 31
33501 Bielefeld

PROF. DR. ORTWIN RENN
Akademie für Technikfolgenabschätzung in Baden-Württemberg
Industriestr. 5
70565 Stuttgart

HARALD B. SCHÄFER, UMWELTMINISTER DES LANDES BADEN-WÜRTTEMBERG
Umweltministerium Baden-Württemberg
Kernerplatz 9
70182 Stuttgart

CHRISTIAN SCHICHA
Universität Dortmund, Fachbereich 14
Emil Figge Str. 50
44221 Dortmund

PROF. DR. IUR. MEINHARD SCHRÖDER, DIREKTOR
Institut für Umwelt- und Technikrecht (IUTR)
Im Treff 25
54286 Trier

PROF. DR. UDO. E. SIMONIS
Wissenschaftszentrum Berlin
Reichpietschufer 50
10785 Berlin

PROF. DR. MANFRED WOLFF
Eberhard-Karls-Universität Tübingen, Mathematisches Institut
Auf der Morgenstelle 10
72070 Tübingen

Perspektiven einer nachhaltigen Entwicklung - Eine Einführung

Hans G. Kastenholz, Karl-Heinz Erdmann und Manfred Wolff

Der Begriff der nachhaltigen Entwicklung ("sustainable development") hat seit Mitte der 80er Jahre in vielen Ländern Eingang in die umweltpolitische Diskussion gefunden und spätestens seit der UN-Konferenz für Umwelt und Entwicklung 1992 in Rio de Janeiro weltweite Bedeutung erlangt. Politisch-konzeptionell fand er zunächst in der Forstwirtschaft seine Umsetzung, um eine dauernde Holzversorgung zu sichern und gleichzeitig die übrigen Waldfunktionen zu erhalten. Als gesellschaftliches Leitbild für die Zukunft soll das Konzept einer nachhaltigen Entwicklung *heute* die Verbesserung der ökonomischen und sozialen Lebensbedingungen der Menschen mit der langfristigen Sicherung der natürlichen Lebensgrundlagen in Einklang bringen. Der entscheidende Erkenntnisfortschritt – so der deutsche Rat von Sachverständigen für Umweltfragen –, der mit diesem Ansatz erreicht worden ist, liegt in der Einsicht, daß ökonomische, ökologische und soziale Entwicklung nicht voneinander abgekoppelt und gegeneinander ausgespielt werden dürfen. Soll die Zukunft der Menschheit gesichert sein, sind diese drei Entwicklungsrichtungen als Komponenten einer dynamischen Einheit zu verstehen.

Trotz einer weitverbreiteten Popularität des Leitbegriffs "Nachhaltige Entwicklung", der mittlerweile nicht mehr nur von Politikern, Entwicklungsexperten und Umweltschützern verwendet wird, sondern auch in industrielle Kreise, Gewerkschaften und kirchliche Institutionen Eingang gefunden hat, bestehen bislang immer noch unterschiedliche Vorstellungen darüber, wie der Begriff exakt zu bestimmen ist. Bei einer Durchsicht der Literatur lassen sich mittlerweile über 60 unterschiedliche Definitionen von Nachhaltigkeit finden. Diese Vielfalt ist im wesentlichen darauf zurückzuführen, daß sich die jeweiligen Autoren häufig unterschiedlichen Disziplinen bzw. Forschungstraditionen verpflichtet fühlen, von verschiedenen Naturverständnissen ausgehen oder sich in ihren Werthaltungen und Interessen unterscheiden. Angesichts dieser Definitionsproblematik sowie der festzustellenden Unsicherheit über Strategien und Instrumente zur Umsetzung des Konzeptes, stellt sich immer dringlicher die Frage, wie bei der wissenschaftlichen und politischen Diskussion um Theorie und Praxis einer nachhaltigen Entwicklung zukünftig weiterverfahren werden soll.

Nicht zu Unrecht ruft deshalb die Idee einer nachhaltigen Entwicklung nicht nur Zustimmung, sondern auch kritische Reaktionen hervor, in denen das Konzept als "Leerformel" oder "politisches Schlagwort" bezeichnet und seine Umsetzungsmöglichkeit in praktisches politisches Handeln in frage gestellt wird. Auch verweisen Kritiker, aufgrund der begrifflichen Unschärfe von nachhaltiger Entwicklung auf die Gefahr, daß dieser lediglich zur Legitimation von Interessen oder zur Verschleierung tieferliegender Konflikte eingesetzt wird, oder – wie in der Frankfurter Allgemeinen Zeitung zu lesen – sich sogar der Verdacht aufdrängt, "daß die Formel nur deshalb als so konsensfähig erscheint, weil nur wenige ahnen, welche Interessengegensätze sich dahinter verbergen".

Vor diesem Hintergrund wird deutlich, wie wichtig es ist, nachhaltige Entwicklung konzeptionell genauer zu bestimmen und die Voraussetzungen für eine praktische Umsetzung zu benennen. Denn darin sind sich die meisten einig: In einem richtig verstandenen Ansatz von nachhaltiger Entwicklung liegt ein großes Potential, sachlich gerechtfertigte und ethisch begründbare Leitlinien für die zukünftige Entwicklung der Industrie- und Entwicklungsländer zu entwerfen. Ein möglicher Konsens, das Konzept als gesellschaftliches Leitbild anzuerkennen, bietet eine große Chance, gemeinsame Strategien der Umsetzung entwickeln und auch durchsetzen zu können.

Die im vorliegenden Band gesammelten Aufsätze gehen auf eine Ringvorlesung zum Thema "Zukunftschancen für Mensch und Umwelt – Perspektiven einer nachhaltigen Entwicklung" an der Eberhard-Karls-Universität Tübingen zurück. Diese wurde im Wintersemester 94/95 gemeinsam von der Akademie für Technikfolgenabschätzung in Baden-Württemberg , der Universität Tübingen, dem Deutschen Nationalkommitee für das UNESCO-Programm "Der Mensch und die Biosphäre" (MAB) und der Gesellschaft für Mensch und Umwelt (GMU) durchgeführt.

Das Ziel der Vorlesungsreihe bestand darin, aus der Sicht verschiedener wissenschaftlicher Fachdisziplinen wie auch aus der Perspektive von Industrie und Politik der Vielschichtigkeit des Nachhaltigkeitkonzeptes mit seinen ökologischen, ökonomischen, ethischen und soziokulturellen Dimensionen in einer umfassenden Analyse gerecht zu werden. Des weiteren sollten die wesentlichen Bedingungen für eine erfolgreiche Umsetzung von nachhaltiger Entwicklung, aber auch für Hemmnisse und Barrieren aufgezeigt werden.

Hierbei stand die Einsicht im Vordergrund, daß eine zukünftige gesellschaftliche Veränderung in Richtung Nachhaltigkeit nur erreicht werden kann, wenn erstens die wissenschaftlichen Erkenntnisse der Natur- und Humanwissenschaften gleichermaßen bei der Umsetzung berücksichtigt werden, wenn zweitens ein breitangelegter Dialog zwischen den beteiligten Fachdisziplinen sowie Wirtschaft, Öffentlichkeit und Politik stattfindet, und

wenn drittens die notwendigen Veränderungen der heutigen Produktions-
und Lebensweisen von den jeweilig Betroffenen akzeptiert und mitgetragen
werden.

Der Aufbau dieses Buches enspricht dem Ablauf der Ringvorlesung.
Während sich zu Beginn vor allem Beiträge finden, welche die konzeptio-
nellen Fragen einer nachhaltigen Entwicklung behandeln, sind die Aufsätze
in der zweiten Hälfte stärker praxisorientiert.

Zu den einzelnen Beiträgen

Die Beitragsreihe eröffnet CORNELIA QUENNET-THIELEN, Ministerialrätin im
Bundesministerium für Umwelt, Naturschutz und Reaktorsicherheit (BMU),
mit dem Aufsatz "Nachhaltige Entwicklung: Ein Begriff als Ressource der
politischen Neuorientierung". Aus der Sicht der Verwaltung gibt sie einen
Überblick über die laufenden nationalen und internationalen Bestrebungen,
Nachhaltigkeit in der politischen Praxis umzusetzen. Ausgehend von der
"Brundtland-Kommission", die 1987 erstmals Handlungsempfehlungen vor-
legte, über die Rio-Konferenz bis hin zur Kommission für nachhaltige
Entwicklung, die 1992 zur Umsetzung der Rio-Ergebnisse eingesetzt wurde,
skizziert die Autorin den langwierigen und oft schwierigen Verhandlungs-
und Einigungsprozeß zwischen den einzelnen Vertragsstaaten. Anhand
ausgewählter Beispiele werden zentrale Voraussetzungen zur Förderung von
nachhaltiger Entwicklung diskutiert. Zur Sicherung der Zukunft von Mensch
und Natur reicht das Handeln von Politik und Regierungen alleine nicht aus.
Alle Gruppen und Ebenen der Gesellschaft sind gefordert .

In seinem Beitrag "Beweist die Geschichte die Aussichtslosigkeit von
Umweltpolitik?" untersucht JOACHIM RADKAU den Einfluß von Geschichtsbildern auf die moderne Umweltpolitik. Die historische Umweltforschung
geht in ihrer Beschreibung des Mensch-Natur-Verhältnisses häufig von
einer ewigen Raubbauwirtschaft oder von einer ursprünglichen Naturverbundenheit aus. Beide Geschichtsbilder führen zu pessimistischen Folgerungen gegenüber den Chancen einer Umweltpolitik und müssen kritisch
hinterfragt werden. Sie beruhen auf einem bestimmten Stil des Umgangs mit
Geschichte, der nicht nur die historische Reflexion von Umweltpolitik,
sondern die historische Umweltforschung überhaupt blockiert. RADKAU
erörtert die begrifflichen wie auch methodischen Probleme nachhaltigen
Wirtschaftens aus forsthistorischer Sicht. Dabei ist besonders die historisch
schon immer zu beobachtende Macht- und Interessengebundenheit von
umweltpolitischen Konzepten zu bedenken, welche die Gestaltung von
Umweltpolitik stark beeinflußt.

HANS MOHR diskutiert in seinem Aufsatz "Wieviel Erde braucht der
Mensch? Untersuchungen zur globalen und regionalen Tragekapazität" die
Grenzen der Belastbarkeit ökologischer Systeme. Sein zentraler Begriff ist
die "Tragekapazität". Dieser bezeichnet die Eigenschaft eines Wirt-

schaftraumes, eine bestimmte Bevölkerung auf Dauer zu erhalten. Die Tragekapazität der natürlichen Umwelt ist zwar in ihrer absoluten Grenze von ökologischen Bedingungen bestimmt, unterhalb dieser Grenze aber durch die jeweils herrschenden Produktionsbedingungen. Es stellt sich die Frage, ob die hohe Tragekapazität, die sich der moderne Mensch aufgebaut hat, mit dem Kriterium der nachhaltigen Entwicklung verträglich ist. MOHR überprüft die Energieversorgung, die Versorgung mit Biomasse, die Wasserversorgung und die sink-Kapazität für atmogene Stickstoffdepositionen auf ihre Nachhaltigkeit hin. Die vorliegenden Bilanzen lassen den Schluß zu, daß ein nachhaltiges Wirtschaften gravierende Änderungen künftiger Lebensstile voraussetzt.

DIETER CANSIER thematisiert die Frage einer nachhaltigen Entwicklung aus wirtschaftswissenschaftlicher Sicht. In seinem Beitrag "Ökonomische Indikatoren für eine nachhaltige Entwicklung" gibt er eine Einführung in die theoretischen Grundlagen der ökologischen Ökonomie sowie der neoklassischen Ressourcen- und Umweltökonomie und arbeitet deren Positionen bezüglich einer nachhaltigen Umweltnutzung heraus. Im Anschluß werden drei Managementregeln diskutiert, die notwendig sind, die Grenzen für die Nutzung der Umwelt zu beschreiben und die Bedingungen für Nachhaltigkeit zu erfassen. Diese Regeln beziehen sich auf regenerierbare lebende Ressourcen (1), erschöpfbare Rohstoffe und Energieträger (2) sowie Schadstoffemissionen (3). Für eine nachhaltige Nutzung der Umwelt ist ein internationaler Konsens notwendig. Die heutige enge ökonomisch-ökologische-demographische Vernetzung der Länder macht unweigerlich eine weltweite Perspektive in bezug auf die Erhaltung der wichtigsten Umweltressourcen erforderlich.

In seinem Beitrag "Ökologisch denken - sozial handeln: Die Realisierbarkeit einer nachhaltigen Entwicklung und die Rolle der Kultur- und Sozialwissenschaften" zeigt ORTWIN RENN anhand von vier Thesen auf, daß in der Diskussion um nachhaltige Entwicklung häufig von falschen oder zumindest irreführenden Prämissen ausgegangen wird. Aufbauend auf seiner Analyse, entwickelt er ein differenziertes Bild der Voraussetzungen für eine nachhaltige Gesellschaftsstruktur. Zur Umsetzung von Nachhaltigkeit in umweltpolitische Maßnahmen stehen fünf Instrumentenblöcke zur Verfügung: die Ordnungspolitik, Planungsverfahren, ökonomische Anreize, diskursive Verhandlungsverfahren und Aufklärung. Die Rolle der kultur- und sozialwissenschaftlichen Umweltforschung im Rahmen der Nachhaltigkeitsdebatte zeigt sich in der Erfüllung von drei wichtigen Aufgaben: erstens in der Gewinnung systematischer Erkenntnisse über die Prozesse der Wissensgenerierung und der Wertbildung im Hinblick auf die Eingriffe des Menschen in Natur und Umwelt, zweitens in der Bereitstellung von Wissen über Prozesse und Verfahren zur reflektierten Abwägung über das Maß an Naturaneignung und drittens in der Erforschung der Bedingungen, die eine Überführung von Einsicht in Verhalten fördern oder hemmen.

LENELIS KRUSE-GRAUMANN macht in ihrem Aufsatz "Psychologische Ansätze zur Entwicklung einer zukunftsfähigen Gesellschaft" deutlich, welchen Beitrag die Psychologie, insbesondere die Umweltpsychologie zur Analyse globaler Umweltveränderungen sowie zu dem Ziel einer nachhaltigen Entwicklung leisten kann. Hierbei wird diese als Problem menschlichen Handelns aufgefaßt. So sind die Menschen als Verursacher, Betroffene und potentielle Bewältiger von Umweltbedrohungen auch als verantwortliche Subjekte nachhaltiger Entwicklung zu verstehen. Anhand von Beispielen werden die wichtigsten Faktoren, welche umweltverträgliches und umweltschädigendes Verhalten beeinflussen, erläutert. Als Fazit hält KRUSE-GRAUMANN fest, daß nur eine Kombination von kognitionsorientierten und verhaltensorientierten Strategien zu einer langfristigen Veränderung umweltschädigenden Verhaltens führt. Sämtliche verhaltensbeeinflussende Maßnahmen müssen darüber hinaus situations- und zielgruppenspezifisch geplant werden und vor allem auch den kulturellen, technologischen, ökonomischen, politischen und rechtlichen Kontext mit berücksichtigen.

In ihrem Beitrag "Vorsorge statt Nachhaltigkeit – Ethische Grundlagen der Zukunfsverantwortung" setzen sich DIETER BIRNBACHER und CHRISTIAN SCHICHA mit Grundfragen der Zukunftsethik auseinander. Nach ihrer Analyse hat sich das Paradigma der Zukunftsethik aufgrund der globalen Entwicklungstrends in den beiden letzten Jahrzehnten vom optimistischen zum pessimistischen Pol verschoben, d. h. zukünftige Generationen sind gegenüber der gegenwärtigen Generation schlechter gestellt. Mit Hilfe zentraler Fragestellungen zur Zukunftsverantwortung stellen BIRNBACHER und SCHICHA die thematischen Schwerpunkte und Problemfelder einer Zukunftsethik dar. Es wird die Frage diskutiert, auf wen sich Zukunftsverantwortung erstrecken soll, wie diese inhaltlich aussehen könnte, welchen Stellenwert ihr Verhältnis zur Gegenwartsverantwortung zukommt und wie Menschen motiviert werden könnten, eine solche Verantwortung zu übernehmen. Die große Bedeutung einer Zukunftsethik für die Debatte um eine nachhaltige Entwicklung wird ersichtlich, wenn man – wie von den Autoren bevorzugt – den Begriff der Nachhaltigkeit als Forderung nach einer aktiven Vorsorge für die Bedürfnisse zukünftiger Generationen interpretiert.

"Sustainable Development - Handlungsmaßstab und Instrument zur Sicherung der Überlebensbedingungen künftiger Generationen? - Rechtswissenschaftliche Überlegungen lautet das Thema des Aufsatzes von MEINHARD SCHRÖDER. Mit Hilfe eines kurzen historischen Überblicks und einer kritischen Analyse, die sich schwerpunktsmäßig auf die Rio-Deklaration stützt, beschreibt er einzelne Bestandteile einer nachhaltigen Entwicklung. Die vielfältigen Schwierigkeiten ihrer Instrumentalisierung werden anhand von drei zentralen Fragenkreisen veranschaulicht: am Verhältnis von nachhaltiger Entwicklung und umweltrechtlichem Vorsorgeprinzip, an der Problematik einer konkreten Umsetzung des Nachweltschutzes und am Umgang mit Disparitäten in der ökonomischen und sozialen Entwicklung von Industrie- und Entwicklungsländern. Die rechtliche Verbindlichkeit von nachhaltiger Entwicklung ist bis heute noch nicht geklärt. Ihr Rechtsstatus erscheint im allgemeinen Völkerrecht als ungesichert; ein gewohnheitsrechtlicher Status besteht noch nicht. Mit zunehmender Festigung konkret umsetzbarer Inhalte kann sich dies aber bald ändern. Das Konzept der nachhaltigen Entwicklung bedarf daher dringend einer genaueren, zügig voranzutreibenden Konkretisierung. Hierbei kann es hilfreich sein, für bestimmte Teilaspekte auf vorhandene Ansätze im Umweltvölkerrecht zurückzugreifen. Im nationalen Kontext können Anregungen aus dem staatlichen Umweltrecht nützlich sein.

UDO E. SIMONIS erörtert in seinem Beitrag "Schritte zu einer globalen Umweltpolitik – Eine institutionell-ökonomische Perspektive" die umweltpolitischen Voraussetzungen für die Lösung globaler Umweltprobleme. Hierunter sind Veränderungen in der Atmosphäre, in den Ozeanen und an Land zu verstehen, deren Ursachen direkt oder indirekt menschlichen Aktivitäten zuzuschreiben sind. Ihre Bewältigung verlangt internationale Kooperation unter der Beteiligung von Industrie- und Entwicklungsländern. Offen ist allerdings bisher die Frage, welche Vereinbarungen (wie z B. technische Vorschriften, Nutzungsrechte, Reduzierungsraten) am sinnvollsten sind und ob bei der Bewältigung globaler Umweltprobleme Präventiv- oder Anpassungsstrategien überwiegen werden. SIMONIS beschreibt die bisherigen Erfahrungen einer globalen Umweltpolitik anhand verschiedener internationaler Abkommen und diskutiert an den Beispielen: Klimaänderung, Schädigung der Ozonschicht, Wälder und biologische Vielfalt, Böden und Gewässer sowie gefährliche Abfälle den aktuellen Diskussionsstand über die Lösung globaler Umweltprobleme.

"Der Beitrag der Biosphärenreservate zu Schutz, Pflege und Entwicklung von Natur- und Kulturlandschaften in Deutschland" ist Thema des Aufsatzes von KARL-HEINZ ERDMANN. Am Beispiel konkreter Landschaftsräume zeigt er Möglichkeiten zur Etablierung von Modellen einer nachhaltigen Entwicklung auf. Der einzige Entwurf, der zur Zeit mit weltweitem Anspruch eine solche Zielrichtung verfolgt, ist das Konzept der Biosphärenreservate. Diese stellen ein globales Netz repräsentativer Gebiete dar und dienen als Modellandschaften zur Etablierung dauerhaft umweltgerechter Lebens- und Wirtschaftsweisen. Biosphärenreservate werden von der UNESCO im Rahmen des Programms "Der Mensch und die Biosphäre" (MAB) anerkannt. ERDMANN diskutiert – aufbauend auf internationalen Vorgaben der UNESCO sowie deren nationalen Konkretisierung – die Aufgaben und Perspektiven der Biosphärenreservate in Deutschland im Hinblick auf die Entwicklung ökologisch, ökonomisch und sozial nachhaltiger Modelle.

HARALD B. SCHÄFER, Umweltminister des Landes Baden-Württemberg, beleuchtet in seinem Beitrag "Nachhaltiges Wirtschaften – Wichtigstes Ziel moderner Umweltpolitik" die Voraussetzungen einer nachhaltigen Entwicklung aus politischer Perspektive. Neben der theoretischen Diskussion um nachhaltiges Wirtschaften sind die Konzipierung politischer Maßnahmen sowie Initiativen und Modellprojekte zur Nachhaltigkeit genauso notwendig. Die beiden neuen Herausforderungen, welche die Umweltpolitik der kommenden Jahre kennzeichnen, liegen einerseits in der Entwicklung von Gesamtkonzepten für die einzelnen Politik- und Problemfelder, andererseits in der gegenwärtigen Wirtschaftsweise der westlichen Industrienationen. Da die wirtschaftliche Entwicklung an ihre ökologischen und sozialen Grenzen stößt, ist ein Umbau der Industriegesellschaft in Richtung Nachhaltigkeit erforderlich. Eckpunkte auf diesem Weg sind die ökologische Steuerreform, eine ökologische Produktpolitik, die Kreislaufwirtschaft, eine Umgestaltung der Energiewirtschaft und der Naturschutz.

Die wirtschaftlichen und unternehmerischen Möglichkeiten an einer Umsetzung von nachhaltiger Entwicklung mitzuwirken, erörtert HERMANN KRÄMER in seinem Aufsatz "Nachhaltige Entwicklung: Gestaltungsspielraum und Gestaltungswille der Wirtschaft". An Beispielen aus der aktuellen Praxis der Wirtschaft (Least Cost Planning, Raumwärme, Personenverkehr) zeigt er auf, wie durch die Vermeidung von Energieeinsatz und durch die Erhöhung der Energieeffizienz zur CO_2-Reduktion beigetragen werden kann. Zur Entwicklung eines gesellschaftlichen Leitbildes, in dem die Erfordernisse von Nachhaltigkeit und internationaler Wettbewerbsfähigkeit in Einklang stehen, plädiert KRÄMER für einen offenen gesellschaftlichen Diskussionsprozeß, an dem sich auch die Wirtschaft beteiligen muß. Auf diesem Weg können durch griffige "Anwendungsvisionen" Schwerpunkte gesetzt werden. Anhand konkreter Beispiele wird beschrieben, wie solche Visionen im einzelnen aussehen. Auch innerhalb von Unternehmen kann die Leitidee der nachhaltigen Entwicklung durch praxisorientierte Ansätze wie "COSY", Umwelt-Auditing oder "Zukunfts-Labore" praktiziert werden.

Den Abschluß des Buches bildet der Beitrag "Das Ethos in der einen Welt – Ethische Begründung einer nachhaltigen Entwicklung" von HANS KÜNG. Aus philosophisch-theologischer Sicht wird im einzelnen beschrieben, wie sich die ethische Forderung einer nachhaltigen Entwicklung begründen läßt. Ausgehend vom Konzept der Verantwortungsethik kommt KÜNG zu dem Schluß, daß der Mensch in einer lebenswerten Umwelt grundsätzliches Ziel und Kriterium ethischen Handelns sein muß. Soll nachhaltige Entwicklung weltweit als ethische Grundoption wirksam werden, reichen Gesetze und Vorschriften alleine nicht aus; vielmehr braucht es Menschen, deren Handeln von bestimmten Überzeugungen und Haltungen getragen ist. Einen Zugang zum Konzept der Nachhaltigkeit gewinnt KÜNG von dem Begriff der Weltordnung her, der für ihn ohne ein Weltethos nicht gedacht werden kann. Unter diesem Ethos ist ein notwendiges Minimum von gemeinsamen humanen Werten, Maßstäben und Grundhaltungen erforderlich. Die Unbedingtheit und die Universalität ethischer Verpflichtungen können letztlich weder von der Philosophie noch den Naturwissenschaften begründet werden; nur die Religionen – und zwar jenseits ihrer dogmatischen Differenzen – sind in der Lage, diese Fundamentalbedingung nachhaltiger Entwicklung zu stiften. Wo sich die Weltreligionen im Gespräch auch mit Nichtgläubigen über einen gemeinsamen ethischen Konsens verständigen, wird durch das Weltethos ein entscheidender Beitrag zur Realisierung nachhaltiger Entwicklung geleistet.

Mit der Konkretisierung des Leitbildes einer nachhaltigen Entwicklung besteht die Möglichkeit, der Umweltpolitik einen kohärenten Bezugsrahmen für konkrete Entscheidungen und damit eine langfristige Perspektive zu geben. Damit nachhaltige Entwicklung als sektorübergreifendes, in sich abgestimmtes Handlungskonzept allerdings wirksam werden kann, ist eine Reflexion der methodischen Grundlagen sowie auch ein konsensuales Verständnis über die Formulierung und Begründung nachhaltiger Zielvorstellungen unerläßlich. Hierzu beizutragen, ist Ziel des vorliegenden Sammelbandes.

Nachhaltige Entwicklung: Ein Begriff als Ressource der politischen Neuorientierung

Cornelia Quennet-Thielen

1. Nachhaltige Entwicklung - Karriere eines Begriffs

Geprägt wurde der Begriff des "Sustainable Development" – für dessen schwierige deutsche Übersetzung sich aus verschiedenen Varianten (tragfähig, dauerhaft, zukunftsfähig, umweltverträglich) inzwischen nachhaltige Entwicklung herauskristallisiert hat – von der sog. Brundtland-Kommission. Diese "Weltkommission für Umwelt und Entwicklung" unter Leitung der norwegischen Ministerpräsidentin Gro Harlem Brundtland war 1983 von der Generalversammlung der Vereinigten Nationen beauftragt worden, "ein weltweites Programm des Wandels" für eine gemeinsame Zukunft der Menschheit auf diesem Planeten zu formulieren. Mit ihrem Bericht "Unsere gemeinsame Zukunft" legte die Kommission 1987 Handlungsempfehlungen vor, die "ein neues Zeitalter wirtschaftlichen Wachstums" – orientiert an der Vorgabe einer nachhaltigen Entwicklung – einleiten sollten. Den Begriff nachhaltige Entwicklung definierte die Kommission als eine "Entwicklung, die die Bedürfnisse der Gegenwart befriedigt, ohne zu riskieren, daß künftige Generationen ihre eigenen Bedürfnisse nicht mehr befriedigen können".

Dauerhafte Entwicklung bedeutet damit die Erkenntnis, daß die Befriedigung menschlicher Bedürfnisse das Hauptziel von Entwicklung ist. Sie verlangt die Übernahme von Verantwortung nicht nur innerhalb einer Generation, sondern vor allem auch zwischen den Generationen. Damit fordert sie einen Generationenvertrag nicht nur im sozialen, sondern auch im ökologischen Bereich ein. Nachhaltige Entwicklung verlangt dabei die Einsicht in die ökologischen Grenzen der Erde, die gegenwärtigen und künftigen Bedürfnisse der Menschen zu befriedigen.

Durch die Konferenz der Vereinten Nationen für Umwelt und Entwicklung im Juni 1992 in Rio de Janeiro ist die umfassende politische Zielbestimmung als wegweisende Programmatik für die Bewältigung der gemeinsamen Zukunft der Menschheit für die internationale Völkergemeinschaft verbindlich geworden. Dieser Leitbegriff macht deutlich, daß ökonomische, soziale und ökologische Entwicklung notwendig als eine innere Einheit zu sehen sind. Soziale Not kann einem verantwortungslosen Umgang mit den Ressourcen der Natur ebenso Vorschub leisten wie rücksichtsloses wirtschaftliches Wachstumsdenken. Dauerhafte Entwicklung schließt damit eine umweltgerechte, an der Tragfähigkeit der ökologischen Systeme ausgerichtete Koordination der ökonomischen Prozesse ebenso ein wie soziale Ausgleichsprozesse zwischen den in ihrer Leistungskraft immer weiter divergierenden Volkswirtschaften. Gleichzeitig bedeutet dies eine tiefgreifende Korrektur bisheriger Fortschritts- und Wachstumsvorstellungen, die so nicht länger aufrecht zu erhalten sind. Das Schicksal der Menschheit wird davon abhängen, ob es ihr gelingt, sich zu einer Entwicklungsstrategie durchzuringen, die der wechselseitigen Abhängigkeit dieser drei Entwicklungskomponenten, der ökonomischen, der sozialen und der ökologischen, gerecht wird.

2.   Grenzen des Wachstums - Wachstum der Grenzen

Zwar gibt es keine einheitliche und klar gezogene Grenzlinie für das noch verträgliche Wachstum von Bevölkerung oder Ressourcennutzung. Vielmehr gelten unterschiedliche Grenzen für die Tragfähigkeit der natürlichen Systeme, die das Leben auf der Erde erhalten: Atmosphäre, Wasser, Boden und Lebewesen.

Viele Begrenzungen zeigen sich zunächst nur in Form steigender Kosten und sinkender Erträge – und nicht als plötzlicher Verlust einer Ressourcenbasis. Dies ist übrigens ein wesentlicher Grund, warum sich Umweltpolitik und Politik für eine nachhaltige Entwicklung oft so schwertut, die notwendige Unterstützung zu mobilisieren.

Wir müssen uns um näherrückende Grenzen sorgen. Einige Daten aus dem Bericht zur Lage der Welt 1994 des renommierten Worldwatch Institute sind deutliche Warnsignale:

– Die Weltbevölkerung hat sich seit 1950 auf nunmehr fast 5 ½ Milliarden verdoppelt. Die mittlere Bevölkerungshochrechnung der Vereinten Nationen sagt vorher, daß sie bis zum Jahr 2030 8,9 Milliarden und bis 2050 10 Milliarden erreicht haben wird.

– Zwischen 1950 und 1990 haben sich weltweit die industrielle Nutzholzausbeute verdoppelt, der Wasserverbrauch verdreifacht, die Ölproduktion nahezu versechsfacht, die Weltwirtschaft insgesamt sich verfünffacht. In zweieinhalb Monaten des Jahres 1990 wurde also soviel produziert wie im gesamten Jahr 1950. Der Welthandel wuchs sogar noch schneller: Exporte von Rohstoffen und Industrieprodukten sind in dieser Zeit um das Elffache gestiegen.

– Demgegenüber nahm zwischen 1980 und 1990 die Ackerfläche weltweit nur um 2 % zu. Das bedeutet, daß Steigerungen des globalen Nahrungsmittelertrags fast vollständig höheren Ernten auf bestehendem Ackerland zuzurechnen sind.

– Der Waldbestand hat zwischen 1980 und 1990 weltweit um 130 Millionen Hektar abgenommen, überwiegend aufgrund der Rodung von Tropenwäldern, um Böden zu kultivieren, die den Anbau von Feldfrüchten nur wenige Jahre verkraften können.

– Die weltweite Wasserknappheit sowie die Verschmutzung und Belastung der begrenzten Wasserressourcen nimmt dramatisch zu.

Der ständige Zuwachs an Wissen und die rapide Entwicklung von Technologie können die Tragfähigkeit der Ressourcen dieser Erde beträchtlich erweitern. Deshalb gelten nicht nur die "Grenzen des Wachstums", die der Club of Rome 1972 in seinem Bericht zur Lage der Menschheit feststellte. Es gibt auch ein Wachstum der Grenzen. Aber auch dies ist kein endloser Prozeß:

Zwischen 1984 und 1993 sank der bis dahin durch Produktivitätsfortschritte erzielte 3 %ige jährliche Zuwachs der Getreidemenge auf weniger als 1 %, wodurch die verfügbare Menge pro Kopf um 11 % weltweit abnahm.

Es gibt auf diesem Planeten eine Endlichkeit von Ressourcen. Nachhaltigkeit erfordert deshalb: Die Welt muß einen gerechten Zugang und eine entsprechende Nutzung der beschränkten Ressourcen sicherstellen. Sie muß ihre wirtschaftlichen, technologischen, sozialen und ökologischen Strukturen an diesem Ziel neu orientieren.

3.   Pluralismus der Interessen

Der Brundtlandt-Bericht schärfte weltweit erneut das Bewußtsein für die globalen Bedrohungen und legte damit einen wichtigen Grundstein für die Einberufung der Konferenz über Umwelt und Entwicklung in Rio de Janeiro, mit deren Vorbereitungen die Vereinten Nationen 1989 begannen.

In außerordentlich schwierigen Verhandlungen zwischen weit mehr als 150 Staaten der Erde – in Rio waren schließlich 177 Staaten vertreten – rangen die Regierungen zwei Jahre lang um die Ergebnisse, die das Ziel einer nachhaltigen Entwicklung von Empfehlungen einer unabhängigen Kommission zu politisch und rechtlich verbindlichen Handlungsvorgaben weiterentwickeln sollten. Immer wieder drohten die Verhandlungen zu scheitern – nicht überraschend bei der Vielzahl der Interessengegensätze, die beispielsweise bei Themen wie Schutz der Wälder oder des Klimas aufeinanderprallen.

Nehmen wir nur das Beispiel der Verhandlungen zur Klimarahmenkonvention: Nicht nur stand der unterentwickelte Süden gegen die hochentwickelten Industrieländer des Nordens. Auch innerhalb dieser Gruppen gab und gibt es beträchtliche Unterschiede. Die rund 40 Entwicklungsländer umfassende Allianz der kleinen Inselstaaten vor allem aus dem Pazifik und der Karibik (AOSIS) gehörte zu den aktivsten Kämpfern für eine Konvention mit weitreichenden Verpflichtungen zur Reduktion der Treibhausgase, insbesondere des Kohlendioxids. Mehr als verständlich, denn ihnen droht beim prognostizierten weltweiten Temperaturanstieg aufgrund des Treibhauseffekts der wörtlich zu nehmende Untergang. Das andere Extrem bilden die erdölproduzierenden OPEC-Staaten, ebenfalls Entwicklungsländer. Sie bekämpften mit ganzen Heerscharen exzellent ausgebildeter Beamten und großer diplomatischer Raffinesse jede Verpflichtung für die Industrieländer, den Ausstoß von CO_2 und damit ihren Energieverbrauch aus fossilen Brennstoffen drastisch zu senken. Hinter den Kulissen wurden sie massiv unterstützt vor allem von amerikanischen Wirtschaftsvertretern aus den Bereichen Kohle und Öl.

Zwischen diesen Extremen finden sich die großen Entwicklungsländer mit schnell wachsender Bevölkerung – allen voran China, Indien, Brasilien. Zwar haben sie vor Rio starken Druck auf die Industrieländer ausgeübt. Aber sie erkannten zunehmend, daß spätestens Mitte des kommenden Jahrhunderts ihre Emissionen die der Industrieländer weit übertreffen werden und damit Maßnahmen zum globalen Klimaschutz ohne ihr Zutun nicht mehr hinreichend wirksam sein können. Deshalb drängten sie nicht mehr in gleicher Weise auf anspruchsvolle Maßnahmen der OECD-Staaten, um keine Verschärfung ihrer eigenen Verpflichtungen in der Konvention zu riskieren.

Auf der anderen Seite die Industrieländer: eine geeinte Europäische Union, die wenigstens eine Stabilisierung der CO_2-Emissionen bis 2000 und danach Beibehaltung dieses Niveaus als ersten Schritt erreichen wollte, biß vor und in Rio bei den USA auf Granit – und auch bei anderen wichtigen OECD-Partnern wie Japan, Kanada, Australien, Neuseeland, die sich hinter dem breiten Rücken von Präsident Bush recht gut bedeckt halten konnten. Übrigens ist – entgegen der in Präsident Bill Clinton und Vizepräsident Al Gore gesetzten Hoffnungen – die neue amerikanische Administration bislang nur zu geringen Fortschritten in der Klimavorsorge bereit. Zwar hat man sich jetzt zur Rückführung der Emissionen auf das Niveau von 1990 bis zum Jahr 2000 verpflichtet, eine Stabilisierung auch für die Zeit nach 2000 oder gar weiterreichende Reduzierungen werden aber weiterhin nicht mitgetragen.

Zwischen allen Stühlen saßen die Staaten Mittel- und Osteuropas sowie der früheren Sowjetunion: Einerseits hochindustrialisierte Länder mit sehr hohem Ressourcenverbrauch und entsprechender Umweltverschmutzung – die DDR hatte noch vor den USA den weltweit höchsten Energieverbrauch und CO_2-Ausstoß pro Kopf. Andererseits haben diese Staaten nach dem politischen Umbruch einen beispiellosen wirtschaftlichen Niedergang erfahren und sind in einem tiefgreifenden Umstrukturierungsprozeß begriffen. Beides macht sie nicht weniger bedürftig für Hilfe der westlichen Geberländer als viele Entwicklungsländer. Damit war ein Konflikt um die ohnehin begrenzten neuen und zusätzlichen Finanzmittel der Geberländer ebenso wie um deren technische und technologische Unterstützung vorprogrammiert.

Bereits dieses eine Beispiel verdeutlicht, warum globale Verhandlungen so langwierig sind und ihre Ergebnisse so oft als unzureichend kritisiert werden. Zwischen all diesen Staaten mit so unterschiedlichen wirtschaftlichen, aber auch sozialen und kulturellen Lebensverhältnissen müssen – so will es die Regel im VN-System – Entscheidungen grundsätzlich im Konsens getroffen werden. Es ist nicht verwunderlich, daß dabei oft nur ein recht kleiner gemeinsamer Nenner gefunden werden kann. Dennoch ist es nicht die richtige Schlußfolgerung, solche Verhandlungen gar nicht zu führen! Auf globaler Ebene gemeinsam getragene, bindende Handlungsvorgaben und völkerrechtlich verbindliche Verträge sind nämlich auch ein beträchtlicher Schritt nach vorn im notwendigen gemeinsamen Handeln gegen die globalen Bedrohungen. Wirksam kann globaler Umweltschutz, kann nachhaltige Entwicklung letztlich nur in internationaler Zusammenarbeit erfolgen. Im internationalen Geleitzug voranzugehen bedeutet allerdings zwangsläufig, daß nicht der Schnellste das Gesamttempo bestimmen kann. Ungeachtet dessen ist es selbstverständlich wichtig, daß es auch Vorreiter gibt, die mit nationaler Politik, nationalen Maßnahmen vorangehen.

4. Die Ergebnisse der Rio-Konferenz

Vor diesem Hintergrund können die Ergebnisse von Rio mit gutem Recht als ein erfolgreicher Schritt für eine globale Umwelt- und Entwicklungspartnerschaft gesehen werden:

Die *Rio-Deklaration* mit ihren 27 Prinzipien legt anspruchsvolle Ziele und Pflichten für das Verhalten der Staaten untereinander und gegenüber ihren Bürgern fest. Erstmals wurde global das Recht auf Entwicklung verankert – ein langjähriges Ziel der Entwicklungsländer – und das Vorsorge- und Verursacherprinzip als Leitprinzipien anerkannt. Armutsbekämpfung und angemessene Bevölkerungspolitik werden ebenso als unerläßliche Voraussetzung einer nachhaltigen Entwicklung betont wie Verringerung und Abbau nicht nachhaltiger Konsum- und Produktionsweisen und die umfassende Einbeziehung der Bevölkerung in politische Entscheidungsprozesse.

Die *Agenda 21* ist ein weltweites Aktionsprogramm für nachhaltige Entwicklung. Ihre 40 Kapitel behandeln von sektoralen Themen der Umwelt- und Entwicklungspolitik – wie Gesundheitsvorsorge, Abfall, Wasser, Boden, Chemikalien – über Energie-, Verkehrs- und landwirtschaftliche Fragen bis hin zu Querschnittsthemen – wie Armutsbekämpfung, Bevölkerungsfragen, technische und finanzielle Zusammenarbeit, Umwelt und Handel, Veränderung von Produktionsweisen und Beteiligung der gesellschaftlichen Gruppen – die wesentlichen Handlungsfelder für eine nachhaltige Entwicklung.

Die *Waldgrundsatzerklärung* stellt Leitsätze für die Bewirtschaftung, Erhaltung und nachhaltige Entwicklung der Wälder der Erde auf. Sie ist damit eine wichtige Stufe hin zu einer völkerrechtlich verbindlichen Waldkonvention. Eine solche Konvention hat die deutsche Bundesregierung in Rio zwar angestrebt. Sie konnte wegen des Widerstands der Entwicklungsländer, die sich vor allem auf ihre Souveränität über die nationale Ressource Wald beriefen, jedoch nicht erreicht werden.

Zwei wichtige internationale Abkommen wurden getrennt, aber parallel zu den Vorbereitungen auf dem Erdgipfel ausgehandelt und von mehr als 150 Staaten in Rio unterzeichnet:

Die inzwischen von mehr als 140 Staaten ratifizierte *Klimarahmenkonvention* will die Konzentration von Treibhausgasen in der Erdatmosphäre auf einem Niveau stabilisieren, das eine gefährliche anthropogene Störung des Klimasystems verhindert. Sie enthält allgemeine Pflichten für alle Staaten, beispielsweise nationale Treibhausgasinventare und Maßnahmenprogramme zu entwickeln und hierüber regelmäßig Bericht zu erstatten. Die Industrieländer haben darüber hinaus die – hinter den deutschen und europäischen Forderungen deutlich zurückbleibende – Verpflichtung übernommen, die Emissionen von CO_2 und anderen Treibhausgasen bis zum Jahr 2000 auf das Niveau von 1990 zurückzuführen. Sie haben sich auch verpflichtet, Entwicklungsländer mit neuen und zusätzlichen Finanzmitteln bei der Durchführung der Konvention zu unterstützen.

Bei der ersten Konferenz der Vertragsstaaten vom 28. März bis 7. April 1995 in Berlin – vielfach als Nachfolgekonferenz zu Rio apostrophiert – ist es darum gegangen, diese Verpflichtungen der Konvention fortzuentwickeln und zu verschärfen. Weitreichende Vorschläge für ein umfassendes Protokoll zur Konvention waren von der Allianz kleiner Inselstaaten und von der deutschen Bundesregierung vorgelegt worden. Sie reichen von Stabilisierung und anspruchsvoller Reduzierung von CO_2 (20 % bis 2005 ist hier die Forderung der Inselstaaten) und anderer Treibhausgase bis hin zu zahlreichen konkreten Maßnahmeforderungen. Ökonomische Instrumente wie eine CO_2-/Energiesteuer, Effizienzverbesserung bei Großfeuerungsanlagen, Heizungen und Haushaltsgeräten zählen ebenso dazu wie Verkehrsvermeidung und -verlagerung. Der durchschnittliche Kraftstoffverbrauch von Pkw soll bis 2005 schrittweise auf 5 l pro 100 km verringert werden.

Die Widerstände gegen solch verschärfte Verpflichtungen sind seit Rio leider nicht geringer geworden – sie sind oben bereits im einzelnen geschildert worden. So fand die deutsche Bundesregierung wenig internationale Unterstützung für ihre weitreichenden Zielsetzungen. Selbst die Verhandlungen in der Europäischen Union gestalteten sich äußerst schwierig. Es war deshalb aussichtslos, bis zum Frühjahr 1995 die für eine Protokollannahme notwendige Unterstützung aller Vertragsparteien der Konvention bzw. einer deutlichen Mehrheit von rund 90 Staaten zu finden. In jedem Fall jedoch – so die deutsche Position – sollte die Berliner Klimakonferenz einen Verhandlungsprozeß für ein Protokoll einleiten. Die Überprüfung der Angemessenheit der Industrieländerverpflichtungen in der Konvention stand im Mittelpunkt der Konferenz. Nach schwierigen Verhandlungen unter dem Vorsitz von Bundesumweltministerin Dr. Angela Merkel konnte schließlich Einigung über ein Verhandlungsmandat für die Erarbeitung eines Protokolls zur Weiterentwicklung dieser Verpflichtungen erreicht werden. Dieses sog. Berliner Mandat setzt Leitlinien und Vorgaben für die Verhandlungen einer ad hoc-Arbeitsgruppe, die das Protokoll bis 1997 – rechtzeitig zur Verabschiedung durch die 3. Vertragsstaatenkonferenz – erarbeiten soll. Für die Industrieländer sollen Politiken und Maßnahmen erarbeitet sowie quantifizierte Begrenzungs- und Reduktionsziele für Treibhausgasemissionen hinsichtlich bestimmter Zeithorizonte, wie 2005, 2010 und 2020 festgelegt werden. Damit konnten die Weichen für einen erfolgreichen Folgeprozeß zur Klimarahmenkonvention gestellt werden. Schwierige Verhandlungen stehen bevor, denn die unterschiedlichen Interessenlagen bestehen fort.

Für Deutschland erfreulich ist die Entscheidung der Vertragsstaatenkonferenz, das ständige Sekretariat der Klimarahmenkonvention in Bonn anzusiedeln. Es wird seine Arbeit in Bonn voraussichtlich Mitte 1996 aufnehmen.

Mit der zweiten Konvention von Rio, dem *Abkommen zum Schutz der biologischen Vielfalt*, sollen weltweit Tier- und Pflanzenarten geschützt sowie ihre bedrohten Lebensräume und das dort vorhandene genetische Potential gesichert werden. Sofern biologische Ressourcen genutzt werden, soll dies nachhaltig erfolgen. Die Vorteile, die sich aus der kommerziellen und sonstigen Nutzung ergeben, sollen gerecht und ausgewogen verteilt werden. Diese Konvention, seit Dezember 1993 ebenfalls in Kraft, haben bereits über 120 Staaten ratifiziert. Ihre erste Vertragsstaatenkonferenz fand im November 1994 in Nassau/Bahamas statt. Sie hat die notwendigen Voraussetzungen für die Umsetzung der Konvention geschaffen. So konnte insbesondere ein mittelfristiges Arbeitsprogramm bis 1997 vereinbart werden. Intensiv wurden Maßnahmen zur Sicherheit der Biotechnologie diskutiert. Es wurde hierzu eine Expertengruppe eingerichtet, die bis zur 2. Vertragsstaatenkonferenz Ende 1995 die Notwendigkeit für ein entsprechendes Protokoll und seine Kernelemente prüfen soll.

5.   Umsetzung in vielen kleinen Schritten

Vielfach wird gesagt: Rio war ein Feuerwerk der schönen Worte und
verabschiedeten Programmsätze. Wo bleibt die Umsetzung? Staaten weltweit haben sie in Angriff genommen:

–   Die Folgeprozesse für Umsetzung und Fortentwicklung der beiden
    Konventionen – die regelmäßig stattfindenden Vertragsstaatenkonfe-
    renzen – wurden bereits geschildert.

–   Die Verhandlungen für eine *Konvention zur Bekämpfung der Wüsten-
    bildung*, in Rio beschlossen und für den leidenden Kontinent Afrika von
    besonderer Bedeutung – konnten im Oktober 1994 in Paris erfolgreich ab-
    geschlossen werden. Schwerpunkt ist die Erarbeitung nationaler Aktions-
    pläne, die – eine Konsequenz aus vielen mißlungenen Entwicklungs-
    projekten der Vergangenheit – vor allem unter umfassender Einbe-
    ziehung der betroffenen Bevölkerung entwickelt und umgesetzt werden
    sollen. Dies ist eine wichtige Erkenntnis: "bottom-up", nicht "top down"
    ist der erfolgversprechende Ansatz.

–   Die *Globale Umweltfazilizät* (GEF), ein Finanzfond gemeinsam getragen
    von der Weltbank sowie dem Umwelt- und dem Entwicklungsprogramm
    der Vereinten Nationen (UNEP und UNDP), ist im März 1994 im
    Einvernehmen mit den Entwicklungsländern im Sinne demokratischer
    Entscheidungsstrukturen umgebildet und mit gut 2 Milliarden US-Dollar
    für die nächsten drei Jahre ausgestattet worden. Dieser Fond dient vor
    allem den Konventionen zu Klima und biologischer Vielfalt als
    vorläufiger Finanzmechanismus und fördert außerdem Maßnahmen
    zum Schutz der Ozonschicht sowie internationaler Gewässer. Ent-
    wicklungsländer können daraus die zusätzlichen Kosten finanzieren, die
    ihnen für Maßnahmen mit globalem Umweltnutzen entstehen.

–   Zentrales Instrument für die gesamte Umsetzung der Rio-Ergebnisse,
    insbesondere der Agenda 21, der Rio-Deklaration und der Waldgrund-
    satzerklärung, ist die *Kommisssion für nachhaltige Entwicklung*
    (Commission for Sustainable Development - CSD). Ebenfalls in Rio
    beschlossen, wurde sie im Dezember 1992 von der Generalversamm-
    lung der Vereinten Nationen eingesetzt.

6. Die Kommission für nachhaltige Entwicklung

Aufgabe der Kommission ist es, die Umsetzung der Ergebnisse von Rio und ihre Fortentwicklung in einem effizienten Folgeprozeß zu sichern. Die Kommission hat ein mehrjähriges Arbeitsprogramm festgelegt, das alle Themen der Agenda 21 umfaßt. Ihre Arbeit wird 1997 in eine Bestandsaufnahme und Bewertung der Umsetzung der Rio-Ergebnisse durch eine Sondergeneralversammlung der Vereinten Nationen münden.

Nachfolgend werden einige wesentliche Themen aus der Arbeit der Kommission, die 1994/1995 unter dem Vorsitz von Bundesminister Prof. Dr. Töpfer stand, kurz beleuchtet:

Die Verfügbarkeit von *Finanzmitteln* zur Förderung einer nachhaltigen Entwicklung ist ein zentrales Thema in Industrie- wie Entwicklungsländern. Jeder, der sich etwas näher mit Entwicklungspolitik befaßt hat, kennt das in Rio erneut bekräftigte Ziel, 0,7 % des Bruttosozialprodukts der Industrieländer für Entwicklungshilfe zur Verfügung zu stellen. Mehr als die Hälfte dieses Betrags ist im Durchschnitt der Industrieländer bislang nicht erreicht worden. Und die Tendenz ist seit Rio aufgrund der schwierigen Wirtschaftslage und der zusätzlich notwendigen Unterstützung der Staaten des Ostens fallend, nicht steigend. Der Kanadier Maurice Strong, Generalsekretär der Rio-Konferenz und inzwischen Vorstandschef eines der sieben größten Energieversorgungsunternehmen weltweit, faßte es kürzlich so: Noch nie haben sich die reichen Industrieländer so arm gefühlt. Kamal Nath, der indische Umweltminister, statuierte kurz und treffend: Seit Rio sind die Emissionen gestiegen, die Finanzmittel jedoch gesunken.

Innovative Instrumente sind deshalb unerläßlich, um neue Ressourcen zur Förderung nachhaltiger Entwicklung freizusetzen und Anreize zur Verringerung negativer Umweltauswirkungen zu schaffen. Dies gilt vor allem für die Industrieländer, deren Wirtschafts- und Lebensweise nicht nachhaltig ist. Ein Viertel der Weltbevölkerung verbraucht drei Viertel der weltweit genutzten Ressourcen, 20 % schöpften im Jahre 1989 83 % des global verfügbaren Einkommens ab. Dieser Wohlstand wurde jedoch vielfach ökologisch subventioniert – durch Abwälzen von Kosten auf die Umwelt. Erst wenn die Nutzung und der Verbrauch von Umwelt Eingang findet in die Kalkulation von Preisen, wird der notwendige Anreiz für umweltschonende Produktion und umweltverträglicheren Konsum geschaffen, ebenfalls ein wichtiges Thema der CSD. Integration externer Kosten lautet der Fachterminus hierfür. Die Preise müssen die ökologische Wahrheit sagen, hat es Prof. Dr. Ernst Ulrich von Weizäcker griffiger formuliert.

In diesem Zusammenhang kommt der Entwicklung verläßlicher und weltweit vergleichbarer *Indikatoren für eine nachhaltige Entwicklung* große Bedeutung zu. Sie sind außerdem notwendig, um Fortschritte hin zu einer nachhaltigen Entwicklung verläßlich zu messen. Die Kommission für nachhaltige Entwicklung wird sich mit diesem Thema in ihrer weiteren Arbeit detailliert befassen.

Abwasserabgabe, Mehrwegpfand sowie niedrigere Preise für bleifreies Benzin durch Steuervergünstigung sind bekannte Beispiele für wirksame *ökonomische Instrumente* und Marktanreize für mehr Nachhaltigkeit.

Ohne die konsequente Durchsetzung der Kreislaufwirtschaft, in der die umfassende Produktverantwortung des Herstellers dazu führt, daß die Produkte von der Herstellung bis zur Entsorgung und damit während ihres gesamten Lebenszyklus auf Umweltverträglichkeit hin bewertet werden, ist nachhaltige Entwicklung nicht erreichbar. Entsprechende Instrumente in der Abfallpolitik – wie Rücknahmeverpflichtungen der Hersteller – müssen deshalb weiter ausgebaut werden; integrierte Produktionssysteme in der industriellen Fertigung sind durch Förderung technischer Innovation, ordnungsrechtliche Vorgaben und ökonomische Instrumente verstärkt einzusetzen. Es gäbe noch eine Vielzahl weiterer interessanter Handlungsbereiche, die man detailliert beleuchten könnte: Vom Subventionsabbau in der Energie- und Landwirtschaft bis hin zur Förderung verkehrspolitischer Maßnahmen wie integrierte Gesamtverkehrskonzepte und umweltverträglichere Verkehrsträger.

Die Preise von heute sind ein Reflex der Strukturen von gestern, hat Bundesminister Prof. Dr. Töpfer formuliert. Nur wenn die heutigen Preise Ressourcenverbrauch und ökologische Belastung widerspiegeln, also die bestehende Knappheit an Umweltgütern reflektieren, entsteht der notwendige Innovationsdruck, um nachhaltigere Technologien zu entwickeln und Verhaltensweisen für umweltverträglicheres Leben und Wirtschaften zu stimulieren. Damit sind gleich zwei weitere zentrale Themen der CSD angesprochen: *Technologietransfer und technologische Zusammenarbeit*, eng verknüpft mit den Fragen von Umwelt und Handel.

Anders als in den Diskussionen der 70er Jahre um eine neue Weltwirtschaftsordnung, wo man die Probleme zwischen Nord und Süd vor allem durch staatliche Transfers von Geld und Technologie lösen wollte, setzt sich auch bei den Entwicklungsländern die Erkenntnis durch, daß marktwirtschaftliche Systeme und privatwirtschaftliche Kooperation der erfolgversprechendere Weg sind. Die asiatischen Tiger und andere Schwellenländer machen es vor: Direktinvestitionen, Joint-ventures und andere Formen privatwirtschaftlicher Zusammenarbeit führen bereits heute zu zunehmendem Investitionsfluß in Entwicklungsländer. Deshalb hat die VN-Kommission für nachhaltige Entwicklung beschlossen, sich auf die Untersuchung und Förderung solch neuer Formen der Technologievermittlung besonders zu konzentrieren und strebt konkrete Vorschläge an. Günstige makroökonomische Bedingungen sind dabei wichtige Voraussetzung, wobei ein Gleichgewicht zwischen demokratisch legitimierter Sozial- und Umweltpolitik und der Notwendigkeit frei operierender Märkte geschaffen werden muß. Unter solchen Bedingungen erscheint es gerade im Zuge der weltweiten Handels- und Wirtschaftsliberalisierung durchaus aussichtsreich, neue Kooperationsformen auch zwischen Regierungen und dem privaten Sektor zu schaffen – gerade auch in Entwicklungsländern und den Staaten des Ostens. Man denke nur an Industrieparks und Technologiezentren oder sogenannte Retrofit-Projekte, mit denen durch Einsatz fortschrittlicher Technik und verbesserten Know-hows kränkelnde Unternehmen marktfähig und zugleich umweltfreundlicher gemacht werden können.

Ein letztes Beispiel: *Umwelt und Handel* hat die Kommission für nachhaltige Entwicklung angesichts der Globalisierung der Märkte und der zunehmenden Verflechtung der Wirtschaft ebenfalls als wesentliches Thema identifiziert. Sie wird sich jährlich damit befassen, um so die Arbeiten zahlreicher internationaler Institutionen wie GATT, UNCTAD und OECD sinnvoll zu komplementieren. Bereits Agenda 21 besagt: Umwelt und Handel müssen gegenseitig verträglich gestaltet werden. Hier gilt es, eine Fülle von Fragen zu lösen, die viel politischen Sprengstoff enthalten: Wie können die weltweiten Handelsbedingungen, die sog. terms of trade, umweltverträglicher bzw. nachhaltiger gestaltet werden? Wie kann verhindert werden, daß Umweltanforderungen an ein Produkt (z. B. hinsichtlich seiner Verpackung oder Inhaltsstoffe), die ein Staat national aus gutem Grund festlegt, von einem anderen Land als nichttarifäres Handelshemmnis angeprangert und damit als potentieller Verstoß gegen das GATT beklagt werden?

Dies sind nur einige Beispiele aus der umfassenden Agenda 21 und dem Arbeitsprogramm der Kommission für nachhaltige Entwicklung.

7.   Keine Aufgabe nur der Regierungsdiplomatie

Die Beschlüsse von Rio mit dem Ziel der nachhaltigen Entwicklung haben zweifellos zahlreiche positive Prozesse in Gang gesetzt oder verstärkt. Aber es bleibt noch sehr viel zu tun, bis umgesteuert und klarer Kurs auf ein nachhaltiges Deutschland, eine nachhaltige Weltgesellschaft, genommen ist.

Dies erfordert zweifellos aktives und verstärktes Handeln der internationalen Staatengemeinschaft und vor allem der nationalen Regierungen. Die bisherigen Ausführungen galten diesen Anforderungen an Politik und Regierungen. Der Prozeß von Rio wie die dort verabschiedete Rio-Deklaration und die Agenda 21 unterstreichen jedoch auch: Politik und Regierungen können diesen Prozeß nicht allein bewältigen. Alle Gruppen und Ebenen der Gesellschaft sind gefordert, wenn nachhaltige Entwicklung erreicht werden soll.

Ausgehend von dieser Erkenntnis wurde bereits während der Vorbereitungen für die Rio-Konferenz ein breiter öffentlicher Beteiligungs- und Meinungsbildungsprozeß unter Einbeziehung aller gesellschaftlichen Gruppen organisiert – auf nationaler wie internationaler Ebene. Für das System der Vereinten Nationen bedeutete dies grundlegende Neuerungen: Noch nie hatten die sog. Nichtregierungsorganisationen so umfassende Beteiligungsrechte an den Verhandlungen vor, während und im Folgeprozeß zu einer VN-Konferenz. Ein demokratischer Gewinn für die Vereinten Nationen! Für uns vertraut, wurde und wird er jedoch nicht von allen Ländern mit Wohlgefallen betrachtet. Denn Umwelt- und Entwicklungsgruppen sind heute oft zu wichtigen Kämpfern für mehr Demokratie und Menschenrechte geworden. Man konnte ihre Rolle beim friedlichen Umbruch in der DDR beispielhaft verfolgen. Die Nichtregierungsorganisationen verteidigen nun ihren im Rio-Prozeß erreichten Besitzstand – mit breiter Unterstützung der Industrieländer – und wollen vergleichbare Rechte in anderen Bereichen des VN-Systems durchsetzen.

In Deutschland hat Bundeskanzler Kohl im Frühjahr 1991 ein *Nationales Komitee* berufen. Seine 35 Mitglieder aus allen gesellschaftlichen Bereichen – Umwelt- und Entwicklungsverbände, Wirtschaft und Gewerkschaften, Industrie und Handel, Landwirtschaft, Wissenschaft, Kirchen, Frauen und Jugend ebenso wie Parlamente, Länder, Städte und Gemeinden haben die Bundesregierung bei den Vorbereitungen und der Durchführung der Konferenz kritisch begleitet – und tun dies auch heute noch im Folgeprozeß. Eine vom Bundesumweltministerium geförderte Koordinierungsstelle übernahm es, die Informationen unter zahlreichen Organisationen und Verbänden breit zu streuen.

Dieser Mitwirkungsprozeß hat seit Rio erfreulicherweiser zu einem deutlich verstärkten Interesse in Deutschland an Fragen der nachhaltigen Entwicklung und auch an den entsprechenden internationalen Verhandlungen geführt. So haben sich, nunmehr aus eigener Initiative, die Umwelt- und Entwicklungsverbände zum *"Forum für Umwelt und Entwicklung"* zusammengeschlossen. Seine Geschäftsstelle nimmt nationale Koordinationsaufgaben wahr und ist auch Verbindungsstelle zu internationalen Nichtregierungsorganisationen in Europa und weltweit.

Agenda 21 enthält auch eigenständige Kapitel zur Rolle bestimmter gesellschaftlicher Gruppen, beispielsweise der Wirtschaft und Gewerkschaften, der lokalen Behörden und Nichtregierungsorganisationen sowie zur Rolle von Wissenschaft und Technik. Dieses letztgenannte Kapitel schlägt beispielsweise Maßnahmen zur Verbesserung des Meinungsaustausches und der Zusammenarbeit auf nationaler wie internationaler Ebene zwischen den Vertretern aus Wissenschaft und Technologie sowie den politischen Entscheidungsträgern und der Öffentlichkeit vor. Hier liegt ein beträchtliches Potential für verbesserte Zusammenarbeit zum allseitigen Nutzen. Besonders wichtig ist es, die Wissenschaft stärker an internationalen Verhandlungen im Bereich nachhaltiger Entwicklung und den sie begleitenden und beratenden Fachgremien zu beteiligen. Hier sind andere Länder wie die USA oder Großbritannien bislang erfolgreicher als Deutschland.

Nachhaltige Entwicklung ist eine Überlebensfrage – schon heute für viele Menschen in unterentwickelten Ländern der Erde und ganz sicher für die uns nachfolgenden Generationen weltweit. Nachhaltige Entwicklung ist auch Friedenspolitik der Zukunft. Sie kann jedoch nicht einfach verordnet werden. Ihr Erfolg hängt von der Kreativität und Energie, der Innovationsbereitschaft, dem Handlungswillen, aber auch der Bereitschaft zum sinnvollen – und vielleicht ja auch gewinnbringenden – Verzicht von Menschen in allen Lebensbereichen ab. Zweifellos ist die Politik gefordert – und sie sollte oft mutiger sein und mehr Vertrauen in Vernunft und Einsicht ihrer Wähler zeigen. Aber auch jeder Einzelne in seinem beruflichen und privaten Lebensumfeld ebenso wie als Wähler kann und muß viel beitragen, wenn wir die Zukunft von Mensch und Natur auf dieser Erde sichern wollen.

Beweist die Geschichte die Aussichtslosigkeit von Umweltpolitik?

Joachim Radkau

1.   Aus der Geschichte lernen?

Manche angeblichen "Lehren aus der Geschichte" genießt man besser mit Vorsicht: Oft handelt es sich in Wahrheit um aktuell motivierte Positionen, die nur mit Geschichte verkleidet sind. Wer sich dagegen intensiv und kritisch mit Vergangenem befaßt, dürfte häufig zu dem Schluß kommen, daß die Geschichte in ihren Lehren für die Gegenwart mehrdeutig, wenn auch nicht beliebig auslegbar ist. Es hatte seine Gründe, wenn die moderne Geschichtswissenschaft, so wie sie in Deutschland im 19. Jahrhundert entstand, gegenüber der lehrhaften Historiographie der Aufklärung teilweise einen antididaktischen Grundimpuls besaß und großen Wert darauf legte, vergangene Zeiten erst einmal aus sich selbst heraus zu verstehen und nicht mit Blick auf die Gegenwart durchzukorrigieren. Dieses historistische Ideal ist freilich in Reinform unerreichbar; irgendwie betrachtet der Historiker – wie alle Menschen – die Vergangenheit stets durch die Brille seiner Gegenwart, und er tut gut daran, dies nicht zu vergessen. Und die Menschen lernen stets durch historische Erfahrung, ob sie wollen oder nicht; auch hinter abstrakten Theorien verbirgt sich ein raum- und zeitgebundener Erfahrungsfundus. Unter diesen Umständen stellt sich dem Historiker vor allem die Aufgabe, dafür zu sorgen, daß das Lernen aus der Geschichte auf überlegte Art und unter Berücksichtigung der Ambivalenz historischer Erfahrungen geschieht. Manchmal ist schon damit etwas erreicht, daß man irreführende Lehren aus der Geschichte zerpflückt.

Wie es scheint, gibt es in dieser Hinsicht heutzutage in der Umweltdiskussion einiges zu tun. Zwar mehren sich seit dem Ende der 70er Jahre die Ansätze zu einer historischen Umweltforschung; aber diese standen zumeist ganz im Bann der gegenwärtigen Umweltbewegung, durch die sie inspiriert wurden. Es ist gar nicht so leicht, sich von diesem Bann zu lösen, auch wenn man das möchte, und beispielsweise die Auseinandersetzungen um Wald und Wasser vor hundert oder zweihundert Jahren aus sich selbst heraus zu verstehen und nicht durch die heutige Ökobrille zu betrachten. Zwei Basler Studenten, die an einer Vortragsreihe "Umweltgeschichte heute" (1992) teilnahmen, quittierten diese am Schluß mit einem Artikel "Warum ist Umweltgeschichte langweilig?", wo sie ihrem "diffusen Gefühl" Ausdruck gaben, "daß die Umweltgeschichte lediglich die gesellschaftliche Umweltdiskussion reproduziere" (Hodel u. Kalt 1993, S. 121). Dieses "diffuse Gefühl" ist nicht unverständlich.

In der Umwelthistorie spiegeln sich sowohl die polemisch-aktivistische als auch die resignativ-kulturpessimistische Seite der Öko-Bewegung. Auf der einen Seite gibt es jenen Darstellungstyp, der davon auszugehen scheint, frühere Zeiten hätten schon das Umweltbewußtsein der 1980er Jahre oder 90er Jahre haben müssen, und zwischen dessen Zeilen fortwährend ein vorwurfsvolles "Wie konnten sie nur ...?" zu vernehmen ist (kritisch hierzu Büschenfeld 1993, S. 5). Da wird so getan, als hätte es Umweltpolitik im heutigen Sinne schon immer geben können. Fragt sich nur, warum das nicht so war. Manche – besonders amerikanische – Umwelthistoriker finden schon in einer weit zurückliegenden Vergangenheit Inkarnationen des wahren zukunftsweisenden Umweltbewußtseins: bei den Indianern, den weisen Frauen, den Anhängern der Baumkulte. Auf der anderen Seite begegnet man jedoch auf oder zwischen den Zeilen der Umweltgeschichte sehr häufig der Annahme, daß der Mensch in seinem Wesen ein rücksichtsloser Egoist und Umweltzerstörer sei und die gesamte menschliche Geschichte seit dem Aufkommen des Pfluges nur von der Vergewaltigung der Natur handele. In der Logik dieses Denkens hätte Umweltpolitik keine Chance, wenn nicht durch einen Großen Sprung aus der Geschichte hinaus. Nicht selten allerdings findet man in ein- und derselben Abhandlung sogar eine Mixtur beider Geschichtsbilder. Die Vermengung von Gedankenfragmenten unterschiedlicher Herkunft und das ewige Fortschleppen unausdiskutierter Widersprüche scheint überhaupt ein charakteristischer Zug des Redens über Umwelt zu sein (vgl. Radkau 1991).

Da weiß man es zu schätzen, wenn Prämissen einmal offengelegt und ausformuliert werden. Das ist ein Vorzug einschlägiger Publikationen Rolf Peter Sieferles, der der letztgenannten Auffassung zuneigt. Er stellt geradezu die These auf: "Jede Technik, jede Wirtschaftsweise hat in der Vergangenheit ebenso operiert wie heute die Automobilindustrie, und die Konsumenten haben die Güter so benutzt, wie dies heute die Autofahrer tun." Nur seien ihre technischen Möglichkeiten zur Naturzerstörung eben ungleich geringer gewesen als die der heutigen Menschheit (Sieferle 1988, S. 345). In einer anderen Veröffentlichung führt er aus, die Idee einer "Krise der Natur" sei zwar in alter Zeit auf der Grundlage der christlichen Anschauung von der "natura lapsa", der natürlichen Verdorbenheit des Menschen, theoretisch vorstellbar gewesen, aber "mit der new science des 17. Jahrhunderts... außerhalb menschlicher Denkmöglichkeiten geraten" (Sieferle 1989, S. 79). Von da ab hätte also nicht einmal ein Gedanke an Umweltschutz aufkommen können. Der Gedanke ist heute da; aber die Praxis? In einem Artikel über die "Grenzen der Umweltgeschichte" kommt Sieferle zu dem Schluß, schon theoretisch betrachtet sei die Idee "naiv", die menschliche Kultur könne sich im Anblick der "heraufziehenden Umwelt-krise" umsteuern. Diese Forderung verlange von ihr, "sich wie Münchhausen selbst am Zopf aus dem Sumpf zu ziehen" (Sieferle 1993, S. 19).

Ein paar Einwände gegen Sieferle lassen sich schon hier machen. Zu dem "Autofahrer"-Argument: Die Wegwerf-Mentalität ist in ihren heutigen Ausmaßen sehr jungen Datums; in Deutschland begann sie sich frühestens in den 1950er Jahren zu verbreiten. Erst von den 60er Jahren an konnten Müllverbrennungsanlagen funktionieren: Früher warf kaum einer etwas Brennbares weg. Die 1886 erbaute Hamburger MVA, die erste Anlage des Kontinents, mußte 1924 schließen, weil der Müll in der mageren Zeit nicht mehr genug Brennbares enthielt (Gesundheitsbehörde Hamburg 1928, S. 601). Bis zum 19. Jahrhundert gab es noch nicht einmal das Wort "Abfall" im heutigen Sinne; es gab nur den "Abfall der Niederlande" (vom spanischen Weltreich) (vgl. Kuchenbuch 1989). Resteverwertung war so selbstverständlich, daß niemand auf die Idee gekommen wäre, daraus ein Programm zu machen.

Zu dem "New-Science"-Argument: Die Wissenschafts- und Ideen-geschichte ist zum Glück nicht alles; die Gedanken der großen Geister steuern die Wahrnehmung der Durchschnittsmenschen nur sehr begrenzt, und das ist manchmal gut so. Zwar erweckte Immanuel Kant den Eindruck, als könne es dank des Waltens einer "über die Natur gebietenden Weisheit" Holzmangel nicht geben (vgl. Radkau 1986), aber viele seiner Zeitgenossen wußten es besser: Gerade um 1800 wimmeln die Quellen von Klagen über Holznot und "Waldverödung". Da die Abholzung um die Straßen und Sied-lungen herum besonders augenfällig war, bestand sogar die Neigung zu übertriebenen Vorstellungen von Zerstörung der Wälder. Viele Zeitzeug-nisse schilderten die Waldsituation viel katastrophaler, als sie in Wirklich-keit war (vgl. Radkau 1983, 1986)!

Aber was ist von Sieferles dritter These, dem "Münchhausen"-Argument zu halten? Seine dortige Argumentationsfigur verrät deutlich den Einfluß von Niklas Luhmanns ironischer Schrift über die "Ökologische Kommuni-kation" (Luhmann 1986). Es ist eine Abhandlung über die gekünstelte Naivität der Öko-Rhetorik. Luhmann geht davon aus, daß sich die moderne Gesellschaft als Antwort auf die wachsende Komplexität der ihr gestellten Aufgaben in Subsysteme ausdifferenziert habe, die alle gemäß ihrer eigenen partikularen Handlungslogik funktionierten. Die großspurigen Umwelt-Proklamationen, die auf ein umfassendes Ganzes zielten und Veränderungen auf vielen Ebenen forderten, ignorierten diese Ausdifferenzierung und ignorierten damit auch die Handlungslogik dieser Subsysteme; sie merkten nicht oder wollten nicht merken, daß es für ihre großen Worte gar keinen handlungsfähigen Adressaten gebe. Luhmann hält fest, "so verwirrend es klingen mag: Die Gesellschaft kann sich ökologisch nur selbst gefährden" (Luhmann 1986, S. 68).

Die Auseinandersetzung mit Luhmann ergäbe ein eigenes Buch. Der Historiker wird als erstes anmerken, daß er den Erfahrungsstand der frühen 80er Jahre – und zwar besonders im damaligen sozialwissenschaftlichen Milieu – spiegelt. Aus heutiger Sicht könnte man fragen, ob nicht jene phrasenhafte Globalrhetorik , die in der Tat die "ökologische Kommunikation" der Nichtökologen häufig kennzeichnet, vom Wesen der Umweltpolitik einen irreführenden Eindruck erweckt. "Umweltschutz" zerfällt, genau besehen, größtenteils in eine Vielzahl begrenzter Aufgaben, bei denen sich in der Regel sehr wohl vorstellen läßt, daß sie mit der Handlungslogik bestimmter Subsysteme in Einklang gebracht werden können (vgl. Radkau 1993). Auch aus Luhmanns Sicht resultiert die Systemdynamik aus Anforderungen der (sozialen und natürlichen) Umwelt; warum sollen Gesellschaftssysteme dann zu bewußter Umweltpolitik prinzipiell unfähig sein? Sagt nicht auch die Mächtigkeit der modernen Umweltbewegung etwas über die Funktionsweise gegenwärtiger sozialer Systeme aus? Könnte der Eindruck der Irrelevanz der "ökologischen Kommunikation" auch dadurch entstehen, daß sich die ökologischen Probleme dem Luhmann-Jargon entziehen und daher in der luhmannianischen Kommunikation nie so recht präsent sind?

Luhmanns besonderer Spott gilt den Öko-Theologen. Deren "Beiträge zur ökologischen Diskussion" – so Luhmann – blieben bei allem guten Willen "mehr als dürftig". "Fast gewinnt man den Eindruck, als ob die Religion sich heute als eine Art Parasit gesellschaftlicher Problemlagen entwickele" (Luhmann 1986, S. 183 und S. 191). Man fühlt sich an das Gefrotzel eines Managers der Energiewirtschaft aus der Zeit der großen Brokdorf- und Gorleben-Demonstrationen erinnert: Wenn die Anti-Atom-Pastoren so weitermachten, solle man die Stromerzeugung der Kirche übertragen. Aber selbst Luhmanns "ökologische Kommunikation" enthält Spurenelemente spiritualistischer Öko-Romantik. Auch er glaubt, "relativ einfache, auf archaischem Niveau lebende Gesellschaftssysteme" hätten noch in Eintracht mit ihrer Umwelt gelebt, und zwar deshalb, weil die Religion bei ihnen noch kein marginales Subsystem wie heute, sondern Grundlage des Gesamtsystems gewesen sei. "Diese Gesellschaften konnten sich überirdische Dinge besser vorstellen als irdische. Ihre ökologische Selbstregulierung ist daher in mythisch-magischen Vorstellungen zu suchen, in Tabus und in der Ritualisierung des Umgangs mit Umweltbedingungen des Überlebens" (Luhmann 1986, S. 68 ff.). Aber wenn die heutige Ökobewegung eine Art Naturreligion wiederzubeleben versucht, und schon dann, wenn sie überhaupt ethische und spirituelle Register zieht, stellt sie sich – Luhmann zufolge – ahnungslos gegenüber dem gesamten Prozeß der Ausdifferenzierung der modernen Gesellschaft.

Es ist Sache des Historikers, das Argumentieren mit der alten Zeit genauer unter die Lupe zu nehmen. Sieferle wie Luhmann artikulieren Grundmuster, die auf ökologischen Exkursionen in die Geschichte vielerorts herumgeistern. Besonders gute Beispiele bietet die Forstgeschichte, die von allen Sparten der Umwelthistorie die bei weitem älteste Tradition besitzt.

Da auch der Begriff der "Nachhaltigkeit" aus dem Forstwesen stammt, werden diese Ausführungen immer wieder zum Wald zurückkehren.

Um es salopp und ein wenig boshaft zu formulieren: Bei einem Großteil der waldgeschichtlichen Literatur kann man zwei Typen und zwei Grundtöne unterscheiden. Bei dem einen ertönt immer wieder der Refrain "Im Wald, da sind die Räuber", bei dem anderen der Refrain "Da sprach der alte Häuptling der Indianer". Manchmal ertönt auch abwechselnd der eine und der andere Refrain. "Im Wald, da sind die Räuber": Da ist die gesamte dem menschlichen Einfluß unterliegende Waldgeschichte eine einzige Raubbaugeschichte. Der Mensch ist im Grunde ein Schädling, eine Naturkatastrophe; die einzig guten Zeiten sind die der großen Seuchen und verheerenden Kriege, wenn der Bevölkerungsrückgang vielen Waldgebieten eine Ruhepause verschafft. Schon die herkömmliche Forstgeschichtsschreibung der Forstleute pflegte einem Großteil der Waldgeschichte als Raubbaugeschichte zu präsentieren: nämlich die Zeit bis zum 18. Jahrhundert, damit danach umso mehr die Forstreformer, die Gründerväter des modernen Forstwesens, als Retter des Waldes dastanden. Aber aus heutiger Sicht war die Aufforstung von Nadelholz-Monokulturen ein fragwürdiger Fortschritt, und in vielen Ländern der Erde – schon in Teilen Englands und Italiens – schritt die Waldvernichtung seit dem 19. Jahrhundert erst recht voran. Für Vito Fumagalli, der sich vor allem auf Norditalien bezieht, ist die gesamte Waldgeschichte seit dem 10. Jahrhundert ein endloser Niedergang (vgl. Fumagalli 1992).

Und der andere Typus mit dem Refrain "Da sprach der alte Häuptling der Indianer", der selbst bei Luhmann durchklingt: Da gibt es immerhin, je tiefer man in urtümliche Gefilde der Geschichte vordringt, noch naturverbundene Kulturen: Naturmenschen, die vor alten Baumriesen in Ehrfurcht erschauern oder sich zumindest bekreuzigen, bevor sie einen Baum fällen. Während der erste Typus als Quelle für die ältere Zeit die Forstordnungen mit ihrer ewigen Klage über die Mißachtung der jeweils vorangegangenen Verordnung bevorzugt, zeigt der zweite Typus eine besondere Vorliebe für Mythen und Legenden. Ein neuerliches Musterbeispiel sind die "Wälder" des amerikanischen Romanisten Robert P. Harrison. Da tritt der königliche Jagdherr als Prachtexemplar einer animalischen Verbindung von Mann und Waldesnatur in Erscheinung. Harrision ist entzückt über den Vers auf Wilhelm den Eroberer: "Er liebte die Hirsche so sehr / als ob er ihr Vater wär". "Der König verkörpert und repäsentiert in seiner Person die zivilisierende Kraft der Geschichte, aber andererseits hegt er in seiner Souveränität eine Wildheit, die größer und mächtiger ist als die Wildnis selbst. Besäße er nicht diese urtümliche Natur, könnte er weder Beschützer noch Herrscher seines Reiches sein. ... Eine Doppelnatur verknüpft daher den König mit dem Forst nicht weniger als mit dem Hof." Diese "königlichen Jäger" seien "die ersten öffentlichen oder institutionellen Umweltschützer" der Geschichte. Daher könne "ein Ökologe heute nicht mehr umhin, irgendwie Monarchist zu sein" (Harrison 1992, S. 91, S. 96 ff.).

Wie man sieht, tritt eine "Ökologie von rechts", die in der deutschen Öko-
Szene noch eine Mischung von Schauder und Ekel auslöst (vgl. Jahn u.
Wehling 1991, Politische Ökologie 1993), anderswo ganz unbefangen und
wohlgelaunt auf den Plan.

Im Hintergrund der "Wälder" Harrisons erkennt man das alte "Wilderness"-Ideal der amerikanischen Umweltbewegung (vgl. Nash 1973), das
auch die dortige Umweltgeschichtsschreibung bis heute prägt. Dieses Ideal
der "Wildnis" stammt aus der "Conservation"-Bewegung, die zur Schaffung
der großen Nationalparks beitrug, aber schon frühzeitig eine Frontstellung
gegen die Forstwirtschaft bezog (Fleming 1988, S. 223 ff.), während das
Forsthaus in Deutschland zu einem locus amoenus der Waldromantik
wurde. Da die amerikanische Forstwirtschaft zwar das Prinzip der Nachhaltigkeit ("sustained-yield forestry") schon seit der Jahrhundertwende
proklamierte, aber nicht wirklich praktizierte (vgl. Steen 1984), ist die
Gegnerschaft der Waldschützer verständlich. Aber das "Wilderness"-Ideal
führte dazu, daß die historische Umweltforschung in den USA bis heute den
Bestrebungen zur Verbesserung der vom Menschen gestalteten Umwelt ein
erstaunlich geringes Interesse entgegenbrachte.

Ob man von einer ewigen Raubwirtschaft oder von einer ursprünglichen
Naturverbundenheit der Menschen ausgeht: von beiden Geschichtsbildern
aus gelangt man zu Konsequenzen, die für die gegenwärtige Umweltpolitik
nicht gerade ermutigend sind. Denn auch die alten Indianer und königlichen
Jäger, mögen sie auch durch tiefe Instinkte mit ihren Wäldern verbunden
gewesen sein, bieten der heutigen Umweltpolitik keine geeigneten Identifi-
kationsfiguren. Insofern kann man es verstehen, wenn die Öko-Bewegung
bislang zur Geschichtsforschung kein allzu gutes Verhältnis besaß, sondern
die reale Geschichte lieber durch Mythen substituierte oder als abzuschüt-
telnden Ballast empfand.

Gegen die beiden dargestellten Geschichtsbilder, die nicht selten
komplementär auftreten, ist jedoch viel zu sagen. Auf der einen Seite läßt
sich der gesamte vormoderne Umgang mit dem Wald ganz gewiß nicht als
bloße Raubwirtschaft charakterisieren. Mochten Forstordnungen auch
häufig übertreten werden, so hielten sich doch auch diese Verstöße gewöhnlich in bestimmten Grenzen; und unter ökologischem Aspekt konnten
manche Regelwidrigkeiten sogar ihre Vorzüge haben: Wenn sich die Bauern
entgegen der Weisung des Försters nicht die Mühe machten, den Wald-
boden von "totem Holz" zu säubern, so kam diese Trägheit dem Nährstoffgehalt des Bodens zugute. Wenn sie an ihrer "Plenterwirtschaft" mit Einzel-
stammentnahme je nach Bedarf festhielten, statt den Wald schlagweise
abzuholzen, so förderte diese "unordentliche" Waldwirtschaft die natürliche
Verjüngung des Waldes. Viele Bauernwälder besaßen unter forstlich-
kommerziellem Aspekt nur einen geringen Wert; aber sie waren viel artenreicher als die Försterwälder und artenreicher sogar als der Naturwald.
Selbst die Brandwirtschaft, in den Augen vieler Forstreformer ein
Verbrechen, ist unter heutigen Umweltschützern wieder zu Ehren gekommen

(Radkau u. Schäfer 1987, S. 59 ff., S. 157 ff.). Die Wilderer förderten indirekt das Hochkommen von Laubmischwald, indem sie einen zu hohen Wildbestand reduzierten. Die Waldgeschichte ist bislang viel zu sehr als die Geschichte der Forstordnungen und ihrer Nichtbeachtung geschrieben worden; die sich selbst regulierenden Systeme im Umgang mit dem Wald bedürfen noch weithin der Entdeckung.

Schwieriger ist es mit dem anderen Geschichtsbild, das von einem urtümlichen Naturinstinkt der Menschen ausgeht. Ein überzeugender Nachweis der Bedeutung der Baumkulte und des in Mythen zu erahnenden Naturverhältnisses für den tatsächlichen Umgang der Menschen mit dem Wald ist bislang noch nicht so recht gelungen (bislang ausführlichster Ansatz dieser Art: Allmann 1989). Die Liebhaber der Mythen und literarischen Phantasiewelten haben im allgemeinen kein Verhältnis zu den Archivalien der historischen Faktizität. Daß es auch schon in vormodernen Kulturen einen achtlosen und zerstörerischen Umgang mit dem Wald gegeben hat, ist nicht zu bezweifeln. Vieles spricht dafür, daß sich eine vorsorgliche Waldwirtschaft nicht aus Instinkt, sondern über negative Erfahrungen und Lernprozesse herausgebildet hat; und längst nicht überall verliefen solche Lernprozesse erfolgreich. Sicherlich war das Verhältnis der Menschen zum Wald nicht nur von nüchternen Interessen, sondern auch von Phantasien und Emotionen bestimmt. Aber wie sahen diese in bestimmten Regionen zu bestimmten Zeiten aus? Entgegen verbreiteten Auffassungen kann man für die ältere Zeit weder erkennen, daß die Menschen den Wald stets als Freund, noch, daß sie ihn stets als Feind betrachtet hätten.

Beide Geschichtsbilder, die zu pessimistischen Folgerungen gegenüber den Chancen der Umweltpolitik führen, beruhen auf einem bestimmten "Approach", einem bestimmten Stil des Umgangs mit Geschichte. Es ist wichtig, sich diese Ausgangsbasis bewußt zu machen, da sie nicht nur die historische Reflexion von Umweltpolitik, sondern die historische Umweltforschung überhaupt blockiert. Dieser "Approach" ist durch folgende Merkmale charakterisiert:

(1) Häufig erkennt man zumindest zwischen den Zeilen die Meinung, es gebe – zumindest in der Neuzeit – ein einziges Grundmuster des menschlichen Umgangs mit der Umwelt. Dieses Grundmuster fällt dann fast zwangsläufig nicht sehr erfreulich aus; denn die Umweltzerstörung ist stets auffälliger als der schonende Umgang mit der Umwelt. Teilweise besitzt die Umwelthistorie, gerade auch von ihren amerikanischen Ursprüngen her, einen Hang zur Ideengeschichte. Aber auf dieser Ebene ist das umweltbewußte Handeln für die längste Zeit der Geschichte am wenigsten zu fassen. Die mächtigen Ideen spiegeln eher den Traum von der Herrschaft über die Natur; das Sich-Einfügen in die Natur war eher eine unauffällige und unartikulierte Weisheit des Alltags, die keine Philosophen brauchte.

Die Auffassung, daß der Mensch gar nicht anders könne, als sich auf der Erde bis zum Geht-nicht-mehr breit zu machen, begegnet mitunter mit biologisch-anthropologischer Begründung: Alle Arten seien so programmiert, daß sie sich schrankenlos vermehrten, bis sie auf ihre ökologischen Grenzen stießen bzw. durch natürliche Feinde dezimiert würden. Aber stimmt es, daß der Mensch unter einem inneren Zwang steht, sich grenzenlos zu vermehren? Man könnte aus der Geschichte mindestens ebenso herauslesen, daß sich der menschliche Sexualtrieb erstaunlich leicht verunsichern läßt und die Kinderfreundlichkeit der Menschen durchaus ihre Grenzen hat. Die Geschichte der Geburtenkontrolle beginnt nicht erst mit der Anti-Baby-Pille: Schon im Frankreich des 19. Jahrhunderts, ja schon im alten Rom ertönte das Lamento über die mangelnde Vermehrungsfreudigkeit der Menschen (vgl. McLaren 1990).

(2) Die Umwelthistorie, hier im Einklang mit der Öko-Bewegung, kultiviert im allgemeinen einen viel zu hohen und edlen Begriff von Umweltbewußtsein. Sie möchte darunter am liebsten einen selbstlosen Idealismus, eine Anerkennung des Eigenrechtes der Natur verstehen. Natürlich findet sie dieses Bewußtsein in der Vergangenheit fast nie, außer bei dem einen oder anderen halb-mythologischen Indianerhäuptling. Das real wirksame Umweltbewußtsein dagegen, das vor allem dafür sorgte, daß eine Region nicht überbevölkert wurde, enthielt aus heutiger Sicht manches Unerfreuliche: so etwa eine restriktive Einstellung zur Sexualität oder eine Abwehrhaltung gegenüber Fremden, – genau das, was liberale Intellektuelle heutzutage am wenigsten mögen! Daher wird diese Geschichte des Umweltbewußtseins in der Regel gar nicht wahrgenommen. Auf ein Ideal von Umweltbewußtsein fixiert, übersieht man die reale Geschichte des Umweltbewußtseins.

Auch eine bestimmte Idealvorstellung von der Natur führt dazu, daß die gesamte menschliche Geschichte nur als Niedergang und Naturzerstörung begriffen wird: das Ideal der vom Menschen unberührten Natur. Zeitweise konnte dieses Ideal als "ökologisch" gelten; denn man erkannte stabile Ökosysteme nur in der sich selbst überlassenen Natur. Aber dieser Stand der Erkenntnis gehört längst der Vergangenheit an: Heute weiß man, daß zum einen auch unter menschlichem Einfluß einigermaßen stabile Ökosysteme entstehen können, und daß es zum anderen eine totale Stabilität auch bei natürlichen Ökosystemen nicht gibt. Daher meint heute ein forstwissenschaftlicher Berater von "Greenpeace", schützenswert sei nicht ein bestimmtes statisches Bild vom Wald, sondern seien naturgemäße Prozesse in der Waldentwicklung, – und "naturgemäß" bedeute, daß auch dem Zufall Raum gelassen werde (vgl. Sturm 1993). Daraus ergäben sich ganz neue Möglichkeiten einer Historisierung der Umweltanalyse. Denn das prozessuale und ungeplante Element der Wirklichkeit war ja stets Objekt des Historikers. Unter dem Umweltaspekt wäre darauf zu achten, wieweit der Mensch in der Vergangenheit nicht nur die Natur regulierte, sondern sich von ihr auch treiben ließ, – wenn vielleicht auch mehr stillschweigend als absichtsvoll. In dieser Beziehung gibt es in der Geschichte vermutlich viel zu entdecken.

Die unberührte Natur, die "Wildnis" ist für den deutschen Umwelthistoriker schon deshalb ein sinnloses und irreführendes Ideal, weil die menschliche Beeinflussung der Natur in Mitteleuropa historisch viel weiter zurückreicht, als man einst glaubte. "Urwälder" sind gewöhnlich ehemalige bäuerliche Hudewälder. Schon die Varusschlacht spielte sich, neuesten archäologischen Untersuchungen zufolge, wahrscheinlich nicht im undurchdringlichen Urwald, sondern schon in einer durch den Menschen aufgelockerten Waldlandschaft ab (Diekmann u. Pott 1993, S. 82).

(3) Die Forstgeschichtsschreibung hat ein quellenkritisches Niveau vielfach noch nicht erreicht; sie neigt noch zu sehr dazu, alle Klagen der Forstadministration über die Waldverwüstungen der im und am Walde wohnenden Bevölkerung für bare Münze zu nehmen, obwohl die herrschaftliche Forstverwaltung solche Klagen brauchte, um ihr eigenes Interventionsrecht zu begründen. Durch unkritischen Umgang mit forstlichen Quellen kommt jene Pseudo-Umweltgeschichte zustande, bei der die Geschichte des Waldes eine einzige Geschichte der Waldverwüstung ist, obwohl viele Wälder, die eigentlich schon mehrmals hätten verschwunden sein müssen, am Ende – oh Wunder – immer noch bestehen. Für England hat sich vor allem Oliver Rackham, für Frankreich Andrée Corvol mit diesen Entwaldungslegenden auseinandergesetzt (Rackham 1980, Corvol 1987). Oft könnte man die Pointe geradezu umgekehrt setzen: Viele Holznot- und Entwaldungsklagen dokumentieren, wie rasch und empfindlich sich ein Rückgang der verfügbaren Wälder bemerkbar machte, während ein heutiger Autofahrer an der Tankstelle nicht das geringste Gefühl für die Begrenztheit der Ölressourcen entwickelt. Teilweise impliziert die übliche Forstgeschichtsschreibung auch die naive Annahme, als ob der Wald nur bei Befolgung der Forstordnungen wüchse und nicht auch von alleine. "Herrlich hat's die Forstpartie / Es wächst der Wald auch ohne sie": Das war der Spottvers, mit dem die Bauern die Förster ärgerten. Erst in allerneuester Zeit, da steigende Personalkosten eine intensive Waldpflege immer schwieriger machen, wird sogar aus Forstkreisen hier und da anerkannt, daß auch ohne Zutun des Försters sehr schöne Wälder heranwachsen können und der "naturgemäße" Wald nicht unbedingt einen besonders hohen Personalaufwand erfordert (vgl. Bode u. Hohnhorst 1994).

Wenn man in letzter Zeit manchmal den Eindruck hat, daß die Umwelthistorie trotz hoffnungsvoller Anläufe an einem toten Punkt angelangt sei, so scheint das Dilemma ganz wesentlich mit den dargestellten Denkschablonen zusammenzuhängen. Immer wieder findet man, daß Nachwuchshistoriker, die sich in die Umweltgeschichte begeben, von Zweifeln befallen werden, je tiefer sie in die Materie eindringen; denn gerade wenn man gründlich und kritisch recherchiert, entdeckt man gewöhnlich, daß es bei den "Umweltkonflikten" nicht um die Umwelt, sondern um bestimmte Interessen ging. Aber was soll man anderes erwarten? Muß man nicht Umweltbewußtsein innerhalb der Wahrnehmung von Interessen identifizieren, statt es in

einem Jenseits hinter den Interessen zu suchen? Aber wo ist der Punkt, wo der
Kampf um Wald und Wasser zur Umweltpolitik wird? Das ist die große Frage!
Man könnte die folgende Lösung anbieten: Umweltpolitik entsteht dort, wo die
Notwendigkeit erkannt wird, eine nachhaltige Nutzbarkeit bestimmter Res-
sourcen für eine Mehrzahl von Interessenten auf eine unbestimmte Zukunft zu
sichern, und wo diese Erkenntnis auch zu einer genaueren Wahrnehmung dieser
Ressourcen und kontinuierlichen Beachtung ihres Zustandes führt. Die moderne
Forstwissenschaft entstand, als sich die Forstwirtschaft, die sich zunächst vor-
wiegend als Funktion bestimmter einzelner Interessen (Flottenbau, Montan-
wesen) entwickelt hatte, vor der Aufgabe sah, eine Vielzahl von Interessen am
Wald miteinander in Einklang zu bringen. Bei dem Kampf um das Wasser ist
die Geschichte der Kanalisation vor und nach 1900 besonders lehrreich.
Zuerst propagierten die Städte die "Selbstreinigungskraft der Flüsse", da sie
die Kosten für Klärwerke sparen und die Abwässer am liebsten ungeklärt in
die Flüsse einleiten wollten. Bis zu einem gewissen Grade setzten sie sich
durch; aber dieser Erfolg erwies sich als "Pyrrhussieg", da viele Städte immer
mehr unter stromaufwärts liegenden Flußverschmutzern litten, die sich ebenfalls auf die "Selbstreinigungskraft der Flüsse" beriefen (vgl. Büschenfeld
1994). Konflikte dieser Art sind Schlüsselereignisse in der Entstehungs-
geschichte der Umweltpolitik.

Dabei liegt die Annahme zugrunde, daß die Umwelthistorie es im Kern
stets mit menschlichen Interessen zu tun hat: allerdings mit langfristigen und
kollektiven Interessen, und nicht nur mit dem Interesse an der eigenen nackten
Existenz, sondern auch mit der Sorge für das Wohlbefinden und der Vorsorge
für künftige Generationen. Die Forderung nach einer "nichtanthropozen-
trischen" Umweltgeschichte gehört zu jenen rein rhetorischen Postulaten, die
auf Öko-Podiumsdiskussionen so beliebt sind. Der springende Punkt besteht
vor allem darin, daß die Umwelthistorie sich nicht auf eine Geschichte des
intentionalen Handelns der Menschen beschränken darf, sondern auch unbe-
absichtigten Folgewirkungen und dem Querschießen natürlicher Prozesse
besondere Aufmerksamkeit zu widmen hat. In diesem Sinne kann man
Carolyn Merchants These bekräftigen: "An ecological approach to history
reasserts the idea of nature as historical actor" (Merchant 1989, S. 7). Nur darf
man sich von dieser aktiven Natur kein zu hehres allegorisches Bild machen.
Auch die unerfreulichen Reaktionen der vom Menschen teilweise
manipulierten Natur gehören dazu: der Verbiß des in Jagdrevieren überhegten
Wildes an jungen Bäumen oder die Darmgase der in Massen gehaltenen Kühe,
die angeblich die Atmosphäre stören. Die "Mensch-und-Natur"-Rhetorik
suggeriert noch viel zu sehr die Vorstellung einer geordneten Partner-
beziehung; demgegenüber wäre eine wirklichkeitsnahe Umwelthistorie darauf
angewiesen, eine Ästhetik des Unordentlichen zu kreieren.

2. Zur historischen Verankerung einer Politik der Nachhaltigkeit

Wenn man Umweltgeschichte in der oben bezeichneten Art begreift, dann eröffnet sich der historischen Umweltforschung ein riesengroßes Forschungsfeld, und dann bekommt auch die heutige Umweltpolitik eine weit zurückreichende Vorgeschichte. Auf welche Weise die begrenzte Verfügbarkeit von Wald und Holz, von Wasser und Wasserkraft, von fruchtbarem Boden die menschlichen Verhaltensweisen und sozialen Ordnungen beeinflußte: Mit dieser Fragestellung erschließt sich eine Unendlichkeit von Geschichte. Für die längste Zeit dürfte sich die Umwelthistorie mehr auf der Ebene der Lokal- und Alltagsgeschichte als auf der der großen Politik bewegen. Nur unter bestimmten Bedingungen wird die Sicherung eines nachhaltigen Umgangs mit den menschlichen Lebensgrundlagen zu einer Aufgabe, die sich auf eine höhere Ebene des Gesellschaftssystems verschiebt.

In der längsten Zeit der Geschichte und auch heute noch in weiten Teilen der Welt war und ist Überbevölkerung der entscheidende Faktor bei der Destabilisierung der Mensch-Umwelt-Beziehung. Ob eine Wirtschaftsform zu einem nachhaltigen oder destruktiven Umgang mit den natürlichen Ressourcen führt, hängt wesentlich an der Bevölkerungsdichte. Selbst die Brandwirtschaft kann bei einer nicht allzu dichten Besiedlung stabile und artenreiche Ökosysteme hervorbringen. Wie schon gesagt, enthielten alle sozialen Regulative und Verhaltensweisen, die dazu geeignet waren, die Bevölkerungszahl stabil zu halten, auch ein Stück Umweltbewußtsein. Die individuelle Geburtenkontrolle ist während des größten Teils der Geschichte vom Schleier des Geheimnisses umgeben; niemand kann genau nachweisen, welche Rolle der Kindesmord, empfängnisverhütende Sexualpraktiken und Abtreibungsmittel "weiser Frauen" dabei spielten. Die in den schriftlichen Quellen faßbaren Methoden – Heirats- und Zuzugsbeschränkungen und Diskriminierung unehelicher Kinder – waren nicht gerade erfreulich, aber doch so wirkungsvoll, daß die Peuplierungspolitik der absolutistischen Regierungen gegen den Malthusianismus der traditionellen Gesellschaft anzukämpfen hatte.

Ein Bedarf nach staatlicher Regulierung entstand in vielen Regionen besonders früh bei dem Wasser. Fast alle aus der Geschichte bekannten frühen Hochkulturen zeichnen sich durch Bewässerungssysteme aus; auf diesen Umstand gründete Karl-August Wittfogel seine Theorie von der "hydraulischen Gesellschaft", die davon ausging, daß die Erfordernisse der Bewässerung zur Entstehung zentralistischer Staaten führten (vgl. Wittfogel 1931, Balley u. Llober 1981). Es gibt gleichwohl viele Bewässerungssysteme von lediglich lokaler Dimension. Dennoch ist der Wasserbau derjenige Technikbereich, der in vormoderner Zeit schon am ehesten eine Tendenz zum großen System aufwies (vgl. Radkau 1994). Wenn Erfordernisse sowohl der Be- als auch der Entwässerung zusammentrafen und auch hygienische Besorgnisse mit ins Spiel kamen, ergab sich ein komplizierter

Balanceakt, der eine kontinuierliche Sorgfalt und Umsicht erforderte und durchaus den Namen "Umweltpolitik" verdient. Ein Musterbeispiel dafür bietet Venedig, das in seiner Lagune stets die richtige Balance zwischen Versumpfung und Überflutung zu wahren hatte; die venezianische Geschichte führt vor Augen, wie die kunstvolle Bewältigung extremer Umweltbedingungen ein kulturelles Wunderwerk hervorbringen kann, und wie die historische Umweltforschung eine Vollblutgeschichte und nicht nur eine lamentierende Marginalie zur real geschehenen Geschichte hervorbringen könnte (Vanzan-Marchini 1985, S. 151 ff.). Die Lagunenstadt, die sich schon im späten Mittelalter die "Utopie der gesunden Stadt" zu eigen machte, ging auch in der Medizinalpolitik international voran (vgl. Rodenwaldt 1956, Bergdolt 1992); nicht umsonst stammen das "Lazarett" und das Konzept der "Isolierung" der Seuchenkranken aus Venedig. Überhaupt wurden Krankheit und Gesundheit durch die großen Seuchen des späten Mittelalters erstmals zu einem Politikum, und dem Zusammenhang von Krankheit und Umwelt galt von Anfang an einige Aufmerksamkeit. Vom 17. bis zum frühen 19. Jahrhundert erschien eine Fülle "medizinischer Topographien" (Zimmermann 1989, S. 166 ff.). Wenn man realistischerweise davon ausgeht, daß mit "Umwelt" in vielen Fällen die Gesundheit – soweit sie von äußeren Bedingungen abhängt – gemeint ist, dann besitzt Umweltpolitik eine lange Tradition und enthält weder ungewohnte noch unsinnige Anforderungen an die Gesellschaft.

Ähnliches gilt für eine Umweltpolitik, die sich am Prinzip der Nachhaltigkeit orientiert. Zwar behauptet eine neuerliche "Einführung in die Umweltgeschichte", daß sich "Nachhaltigkeit" in Deutschland erst "seit kurzem" als Lehnübersetzung von "sustainable development" eingebürgert habe (Jaeger 1994, S. 231); aber das zeigt nur, wie sehr es selbst innerhalb der Umwelthistorie noch an Geschichtsbewußtsein hapert: Denn innerhalb der deutschen Forstgeschichte ist das Prinzip der Nachhaltigkeit schon über vier Jahrhunderte alt! In Deutschland beginnt im 16. Jahrhundert das "Zeitalter der Forstordnungen". Durch das damalige Bevölkerungswachstum und den Boom gewerblicher Holzgroßverbraucher verstärkte sich der Druck auf die Wälder; dieser traf sich mit dem Interesse der Fürsten, durch Forstordnungen ihre territorialen Hoheitsrechte auszubauen (Radkau u. Schäfer 1987, S. 91 ff.). In Forstordnungen jener Zeit taucht erstmals in ausdrücklicher Form so etwas wie das Prinzip der Nachhaltigkeit auf. Verordnungen der Saline Reichenhall verkünden schon im 16. Jahrhundert den Grundsatz des "ewigen" Waldes; mit der Ewigkeit erlangte der Wald eine gottähnliche Qualität. Mehr als viele Montanwerke, die oft einem raschen Auf und Ab der Konjunktur unterlagen, bildeten die Salinen, deren Besitzanteile sich über viele Generationen vererbten, eine langfristig orientierte Wirtschaftsgesinnung heraus; da sie zum Versieden der Sole Massen von Brennholz brauchten – Holz war bei der Salzgewinnung der Kostenfaktor Nummer eins! –, tendierten sie relativ früh zu einer nachhaltigen Waldwirtschaft. Die Reichenhaller Forstordnung von 1661 enthält die klassische Formulierung: "Gott hat die Wäld(er) für den Salzquell erschaffen, auf daß sie ewig wie er kontinuieren mögen; also solle der Mensch es halten: ehe der alte (Wald) ausgehet, der junge bereits wieder zum Verhacken hergewachsen ist (von Bülow 1962, S. 159f.)." Der Begriff "Nachhaltigkeit" taucht anscheinend erstmals in der "Sylvicultura oeconomica" des sächsischen Oberberghauptmanns v. Carlowitz (1713) auf, einem bahnbrechenden Werk der deutschen Forstlehre (Peters 1984, S. 4, S. 261). Im 19. Jahrhundert wurde die "Nachhaltigkeit" zum Zauberwort der deutschen Forstwirtschaft und strahlte von dort auf die Forstschulen der ganzen Welt aus (vgl. Raumolin 1990).

Dabei ist jedoch wichtig, sich bewußt zu machen, daß es sich bei der Nachhaltigkeit um einen vieldeutigen Begriff handelt. Das hat sich schon in der Geschichte des Forstwesens oft gezeigt; dennoch kann man diese Vieldeutigkeit bei der Lektüre forstlicher Literatur leicht vergessen. Selbst Heinrich Rubner, einer der erfahrensten deutschen Forsthistoriker, bekannte mir, er sei lange gar nicht auf die Idee gekommen, daß "Nachhaltigkeit" kein eindeutiger Terminus sei; denn in dem Forstschrifttum könne man das nirgends lesen. Aber Wiebke Peters fand in der Literatur über ein Dutzend verschiedene Definitionen (Peters 1984, S. 7 f.). Es kommt eben ganz darauf an, worauf man die Nachhaltigkeit bezieht: auf die Erhaltung der Waldfläche, den Holzvorrat, das schlagbare Holz, den Holzertrag, den Nährstoffgehalt des Waldbodens, den Wildbestand, den Erholungswert oder verschiedene ökologische Funktionen des Waldes. Und auch dann, wenn man sich auf eine oder mehrere Bezugsgrößen festlegt, steht immer noch offen, auf welche Weise man diese Größen berechnet und daraus die Folgerung zieht, was nachhaltige Wirtschaft bei einem bestimmten Wald hier und jetzt bedeutet. Daher konnte mit dem Gebot der Nachhaltigkeit Politik betrieben werden. Unter dieser Devise konnten Forstbeamte die Plenterwirtschaft der Bauern zur "Plünderwirtschaft" erklären. Diese Art, dem Wald je nach Bedarf einzelne Stämme zu entnehmen, war zwar – mit Maßen betrieben – der Erhaltung des Ökosystems Wald durchaus förderlich; aber die Bauern konnten nicht nachweisen, daß sie mit dieser Methode einen jährlich gleichbleibenden Waldertrag garantierten.

Die Tücke der Nachhaltigkeit ist teilweise nicht in der Zieldefinition als solche enthalten, sondern in dem methodischen Problem, wie man nachhaltiges Wirtschaften im konkreten Fall ermittelt und nachweist. Will man ganz exakt sein, muß man den Wald erst einmal auf eine berechenbare Art erfassen. Das führt dazu, vor allem die quantifizierbaren Aspekte des Waldes zu berücksichtigen und qualitative Gesichtspunkte zu vernachlässigen.

Die einfachste und daher traditionell beliebteste Definition bezieht Nachhaltigkeit auf die Waldfläche. Nachhaltige Waldwirtschaft wäre demnach dann gegeben, wenn eine bestimmte Waldfläche auf alle Zeit erhalten bleibt, ganz gleich, welche Qualtität der Wald besitzt. Diese Art von Nachhaltigkeit ist am leichtesten mit folgender Methode zu gewährleisten: Je nach der geplanten Umtriebszeit – dem Alter, in dem die Bäume gefällt werden – teilt man den Forst in eine entsprechende Zahl von gleichgroßen Schlägen ein. Wenn jedes Jahr ein Schlag abgeholzt wird, hat man die Sicherheit, daß stets eine gleichgroße Waldfläche abgeerntet werden kann und der gesamte Waldumfang erhalten bleibt. Nachhaltigkeit, so verstanden, fördert also die Kahlschlagwirtschaft und die ökologisch instabile Monokultur. Eine auf die Erhaltung der Ökosysteme des Waldbodens gerichtete Nachhaltigkeit würde ganz anders aussehen; aber da diese Ökosysteme kompliziert und noch längst nicht vollständig erforscht sind, wären die praktischen Konsequenzen einer so definierten Nachhaltigkeit ohnehin nicht exakt zu berechnen. Aber auch ökonomisch gesehen, ist Nachhaltigkeit durch die eben beschriebene Methode in keiner Weise garantiert. Denn wenn jedes Jahr eine gleichgroße Waldfläche abgeerntet wird, so ist damit noch längst nicht gesagt, daß der Holzertrag ebenfalls gleichgroß ist. Wenn sich die Ökologie des Waldes verschlechtert hat, kann die Masse und Qualität des Holzes pro Waldfläche sinken; außerdem aber schwanken die Holzpreise, und zwar oft ganz erheblich. Jedes Jahr eine bestimmte gleichgroße und seit Generationen festgelegte Waldfläche abzuernten, ist ökonomisch unsinnig; denn dieses starre System macht die Forstwirtschaft vollkommen inflexibel gegenüber den Konjunkturen des Marktes. Was ökonomische Nachhaltigkeit für die Forstwirtschaft in einem bestimmten Jahr konkret bedeutet, läßt einen weiten Interpretationsspielraum. Aber selbst die auf die Waldfläche bezogene Nachhaltigkeit kann man beliebig manipulieren, je nachdem, welche Umtriebszeit man für die Bäume festlegt.

Auf der internationalen Umweltkonferenz in Rio de Janeiro 1992 avancierte das Prinzip der Nachhaltigkeit ("Sustainability") zum allgemeinen Wirtschaftsprinzip. Dadurch ist dieser Begriff weltweit ins Zentrum der Umweltdiskussion gerückt, aber auch mehr denn je ins Zwielicht geraten. Ökologische Fundamentalisten kritisieren, daß es auch bei der Nachhaltigkeit nur um die Konsolidierung der Ausbeutung der Natur gehe. All denen, die konkrete Taten sehen wollen, mißfällt die Vieldeutigkeit dieses Konzeptes. Sozial denkende Menschen bemängeln die soziale Indifferenz des Nachhaltigkeitsideals. "Nachhaltigkeit ist eine grandiose Lüge": Unter dieser Schlagzeile berichtete eine Alternativzeitung über ein Interview mit Elmar Altvater, der sich seit geraumer Zeit um eine Synthese von Marxismus und Ökologie bemüht. Altvater hatte dieses Verdikt folgendermaßen begründet: "Nachhaltigkeit funktioniert nicht vor dem Hintergrund einer Weltwirtschaft, wie sie heute strukturiert ist. Man müßte hier im Norden zunächst anfangen mit der Nachhaltigkeit. ... Solange ein nachhaltiges Wirtschaften nicht im Norden funktioniert, wird es auch in den Ländern der Dritten Welt nicht greifen. Man sollte daher den Begriff wieder aus der politischen Diskussion streichen, zumindest aus hygienischen Gründen." (StadtBLATT, 10. Februar 1994, S. 7)

Aber auch Altvater läßt erkennen, daß er dieses Ziel an und für sich nicht für falsch hält. Es ist schwer, einen Alternativbegriff vorzuschlagen, wenn man das Ziel von Umweltpolitik in kurzen Worten zusammenfassen will. Begriffe wie "naturgemäße Wirtschaft" oder Ähnliches sind noch unbestimmter. Man kann am Begriff der Nachhaltigkeit schon festhalten, wenn man sich dessen bewußt bleibt, daß er einer weiteren Spezifizierung bedarf. Und man muß im Auge behalten, daß Nachhaltigkeit kein über den Interessen schwebendes Ziel darstellt, sondern stets von bestimmten Interessen her mit Inhalt gefüllt und durchgesetzt wird.

Dieses Problem, das der Weltöffentlichkeit vor allem nach Rio bewußt wurde, ist aus der Forstgeschichte längst bekannt. Ein Forstwissenschaftler aus Seattle stellte in einem Referat über "Sustained-Yield and Social Order" (1983) fest, daß das Prinzip der Nachhaltigkeit, von amerikanischen Forstlehrern schon längst verkündet, sich in der Holzindustrie des amerikanischen Nordwestens erst in den 1920er Jahren durchsetzte, und zwar im Rahmen einer kartellartigen Absprache unter den großen Holzgesellschaften zur Begrenzung des Holzeinschlags im Interesse der Hochhaltung der Preise (Lee 1984, S. 97). Eine derartige Allianz ist in der Geschichte nichts Neues und kann den historisch versierten Umweltforscher nicht sonderlich erschüttern. Wenn viele gewerbliche Holzgroßverbraucher in vormoderner Zeit ein Gleichgewicht zwischen Produktion und verfügbaren Waldressourcen einigermaßen aufrechterhielten, so wurde diese Balance in der Regel dadurch gefördert, daß eine Wachstumsmentalität in der damaligen Wirtschaft ohnehin noch relativ schwach ausgebildet war: All die Zünfte und zunftähnlichen Gewerbevereinigungen verfolgten nicht zuletzt den Zweck, die Produktion zu begrenzen, um Preise und Absatz zu sichern. Noch das deutsche Kalisyndikat von 1901, das Flußversalzung in größtem Stil betrieb, zeigte in der Folge eine wachsende Bereitschaft, das Abwasserproblem durch Regulierung und Begrenzung in den Griff zu bekommen: denn die "Endlaugenkonzessionen" erwiesen sich als geeignetes Mittel zum Ausbau des Kalisyndikats und zur Niederhaltung der Newcomer (vgl. Büschenfeld 1993, Stoepel 1904, S. 228 ff.).

Umweltbewußtsein, Umweltängste, Umweltpolitik sind in der Vergangenheit nie in Reinform, sondern stets nur in bestimmten Kontexten, verquickt mit Interessen und Ideologien zu finden; und diese Kontexte sind nicht immer erfreulich. In der Zeit der großen Pest verband sich die Angst vor Brunnenverschmutzung mit Judenfeindschaft; Juden wurden als Brunnenvergifter verfolgt und getötet. Der Gedanke an die Begrenztheit der natürlichen Ressourcen wurde um 1900 zu einem Leitmotiv des Imperialismus. Später verband sich die Natur- und Heimatschutzbewegung mit der nationalsozialistischen Blut- und Boden-Ideologie. Soll man daraus folgern, daß es sich in all diesen Fällen nur scheinbar um Umweltbewußtsein gehandelt habe? Manchmal vielleicht. Aber auch heute muß die Umweltpolitik in der Regel Allianzen eingehen, um etwas zu bewirken. Man darf darin nicht bloß eine Verschmutzung des Umweltgedankens sehen: Dieser ist und bleibt vielmehr interessengebunden, und Interessenallianzen gehören zu seinem Wesen. Umweltpolitische Konzepte, die davon nicht reden, zeichnen sich nicht durch besondere Lauterkeit aus, sondern verschleiern nur ihre Interessenbasis. Es ist besser, über diese Interessenbasis offen zu reden und über ihre Stimmigkeit nachzudenken.

Manche Umwelthistoriker versuchen die Geschichte auf ähnlich dichotomische Art aufzubereiten wie früher die linken und linksliberalen Historiker: Ebenso wie jene die Geschichte nach "fortschrittlichen" und "reaktionären" Tendenzen sortierten, sehen diese über weite Strecken der Geschichte eine böse Tradition der "harten" und eine gute der "sanften" Technik. Lewis Mumford hat diese Sichtweise mit seinen verschiedenen visionären und universal angelegten Überblicken über die Technikgeschichte inspiriert (vgl. Mumford 1977). Seine Werke enthalten eine Fülle von Anregungen und Kenntnissen; es wäre unfair, sie als primitive Schwarzweißmalerei abzutun. Teilweise hat es tatsächlich Sinn, unter den Kulturen und ihren Technikstilen umweltzerstörerische und umweltfreundliche Typen zu unterscheiden. Aber der Respekt vor der Natur und die Manipulation der Natur liegen in der Geschichte oft eng beieinander, vielleicht sogar mit einer gewissen inneren Logik: Auf diese Idee könnte man bei der Lektüre von Bacons "Novum organon" kommen. Je besser man die Natur versteht, desto wirksamer kann man sie verändern: Das zeigt die moderne Molekularbiologie. Mumford pries einst die Elektrizität als Bahnbrecher einer neuen, naturfreundlichen Technik; für die Umweltbewegung der 70er Jahre dagegen wurden die Großkraftwerke zu Hochburgen der feindlichen Macht. Das Fahrrad, heute Inbegriff der sanften Technik, fungierte in seiner Frühzeit vielfach als Pionier des Motorrads und des Autos. Das Wandern über alte Bewässerungsterrassen kann den Umwelthistoriker zum Philosophieren verleiten: Hier hat man ein Äußerstes an sorgsamem Umgang mit dem Wasser und dem Boden vor Augen, zugleich aber ein sehr künstliches und ökologisch höchst fragiles System (vgl. Amboise et al. 1989). Immer wieder stößt man darauf, daß umweltbewußtes Handeln kein Reich für sich ist, das mühelos zu identifizieren und abzugrenzen wäre. Das gilt nicht nur für die Vergangenheit, sondern auch für die Gegenwart: Man denke etwas an die Kontroverse darüber, ob es sich bei der elektrischen Wärmepumpe um eine umweltfreundliche Technik oder um das genaue Gegenteil davon handelt! Ganz besonders ist das Recycling zum geradezu klassischen Beispiel für die unsichere Grenze zwischen umweltfreundlicher und umweltfeindlicher Technik geworden. Häufig bedarf es der Definition, in welchem Sinne eine Technik umweltfreundlich ist; und bei technischen Entwicklungen können fließende Übergänge zwischen umweltschonenden und zerstörerischen Tendenzen bestehen.

Immer wieder zeigt sich, daß zwar die ideale und mystifizierte, nicht aber die real existierende Umweltpolitik historisch in der Luft hängt; sie ist vielmehr die gebündelte Fortsetzung längst bestehender Politiktraditionen. Klaus Georg Wey, der mit seiner Geschichte der Umweltpolitik in Deutschland um 1900 beginnt, erkennt bei aller Kritik sogar eine "lange gute Traditon" der Umweltpolitik, und zwar vor allem innerhalb der Bürokratie (Wey 1982, S. 230). Die Hygienebewegung des 19. und frühen 20. Jahrhundert, die erst allmählich als eine der größten und einflußreichsten Bewegungen jener Zeit begriffen wird (vgl. Berndt 1987), läßt sich als die wirkliche Vorgeschichte der heutigen Umweltbewegung und nicht nur als ihre Pseudomorphose begreifen. Schon bei der Hygienepolitik erwies es sich als ein Problem, die geeignete systemare Ebene zu finden. Edwin Chadwick, der englische Hygienepapst, sah in den Kommunen seine Gegner und kämpfte für den Aufbau einer zentralen staatlichen Gesundheitsbehörde (Wohl 1983, S. 142 ff.). In Deutschland dagegen entwickelte sich ein Bündnis zwischen der Hygienebewegung und den Städten. Die deutsche Konstellation der Hygienepolitik erwies sich gegenüber dem in hygienischer Hinsicht zunächst überlegenen England auf die Dauer als effektiver (vgl. Hietala 1987). Die technischen Netzwerke der Wasserver- und -entsorgung boten den Kommunen die Chance, von ihren eigenen Umweltproblemen zu profitieren und sich zu einer Zeit, als die alte autonome Städteherrlichkeit vorbei war, eine neue technische Basis zuzulegen. In den Städten wurden Umweltprobleme am deutlichsten wahrgenommen; und die damals praktikablen Strategien der Hygienepolitik ließen sich am ehesten im städtischen Rahmen durchführen. Heute ist die Umweltpolitik immer mehr im Begriff, zu einem Teil der Europapolitik zu werden, und Teile der Ökobewegung möchten aus ihr noch lieber Globalpolitik machen. Bei manchen Umweltnormen ist dieses Generalisierungsstreben auch vernünftig. Aber wenn man sieht, aus welch heterogenen Politikbereichen die heutige Umweltpolitik zusammengewachsen ist, dann wird man sie sich nicht en bloc als einheitliches großes Ganzes vorstellen. Vieles läßt sich am leichtesten auf regionaler und nationaler Ebene regeln; und daher gibt es Grund, davor zu warnen, in der Umweltpolitik ohne zwingenden Grund nationale Kompetenzen zu opfern.

3.   Die Attraktivität der Umweltpolitik für den Staat

"Umweltschutz" ist nach heutiger Definition ein Projekt von derart umfassender und komplizierter Art, daß – wenn überhaupt – nur der Staat mit seinem bürokratischen Apparat dieser Aufgabe gewachsen ist. Die bundesdeutsche Ökobewegung der letzten Jahrzehnte zeigte gleichwohl eine ausgeprägte Vorliebe für basisdemokratische Prozeduren. Daher konnte man in der Bundesrepublik leicht vergessen, daß Umweltschutz eigentlich eine ideale Legitimation von Herrschaft und staatlicher Intervention darstellt. Für den Kenner der Forstgeschichte ist dieser Sachverhalt nichts Neues:

Waldschutz war stets auch eine Manifestation von Herrschaft. Die Auf-
forstungsbewegung des 19. Jahrhunderts mit ihrer auf Generationen im
voraus kalkulierten Nachhaltigkeit folgte nicht zuletzt einer bürokratischen
Rationalität: Bei dieser Hochwaldpolitik ließ sich am ehesten die Notwendigkeit einer energischen staatlichen Forstadministration rechtfertigen.
Aber dieser bürokratische Zug der Forstwirtschaft war nicht nur von Vorteil
(Bode u. Hohnorst 1994, S. 165). Da Umweltpolitik immer auch Macht-
ausübung ist, entgeht sie nicht den Gefahren der Macht. Eine Hauptgefahr
bürokratischer Macht besteht in der Tendenz zur Erstarrung; in Umwelt-
angelegenheiten könnte sich diese Tendenz so äußern, daß sich die Umweltpolitik auf ganz bestimmte "klassische" Gefahrenpotentiale gleichsam
einschießt und darüber neuartige Gefahren vernachlässigt. Diese Tendenz
bestand bereits in der Hygienepolitik vor hundert Jahren, die zunächst vor
allem das Fäkalienproblem sah und industrielle Emissionen viel weniger
beachtete.

Obwohl "Umwelt" in den 70er Jahren zum Schlagwort einer großen
Oppositionsbewegung wurde, war die "Umweltpolitik" in Bonn 1970 eine
Erfindung des damaligen sozialliberalen Innenministers Genscher, der sogar
Bürgerinitiativen gründete und finanzierte (vgl. Kloepfer 1994, Filmer u.
Schwan 1988, S. 152)! Wenn man sieht, in welchem Maße die EG-
Verwaltung in Brüssel die Umweltpolitik als Aktionsfeld begriffen hat, und
wie die Umweltgesetzgebung immer riesenhafter und komplizierter ge-
worden ist und bereits ein Heer von Umweltjuristen hat entstehen lassen,
dann wird einem bewußt, wie abseits der Ökobewegung die Entdeckung des
Umweltschutzes als Legitimation bürokratischer Herrschaft im vollen
Gange ist. Sogar in der US-amerikanischen Sicherheitsdebatte spielen "öko-
logische" Argumente eine wachsende Rolle (Böge, S. 22 ff.). Von der
Geschichte her gesehen, ist das alles weder überraschend noch schockierend.
Viele historische Bauten erweisen sich schon durch die Tatsache, daß sie die
Zeiten überdauerten, als Monumente der Zukunftsvorsorge. "Umwelt-
politik" war in der Vergangenheit sehr oft integraler Bestandteil von Macht-
und Interessenpolitik. So gesehen verweist die Geschichte nicht nur auf die
Möglichkeit, sondern sogar auf die Wahrscheinlichkeit von Umweltpolitik.
Der Mensch ist ja in seinem Wesen gar kein im bloßen Augenblick lebendes
Geschöpf, sondern er hat – vor allem in winterkalten Gebieten – eine ausgeprägte und geradezu zwanghafte Neigung, für die Zukunft vorzusorgen
und dafür ganze Systeme aufzubauen. Bekanntlich hat diese Neigung nicht
nur ihre angenehmen Seiten. Umso mehr ist es wichtig, über die real
existierende Umweltpolitik zu reden und nicht nur – wie es so beliebt ist –
über jene imaginäre Umweltpolitik, die die Natur um ihrer selbst willen
kultiviert.

Zum Schluß noch einige Gedanken über die Chancen der Umweltpolitik
aus historischer Sicht:

(1) Die Umwelthistorie, in den USA von dem Mediävisten Lynn White inauguriert, hatte zunächst eine Neigung, den Ursprung der heutigen Umweltprobleme in weiter Ferne zu suchen: bei dem Dominium-terrae-Gebot des Alten Testamentes ("Macht euch die Erde untertan"), bei der Einführung des Pfluges, der die Erde aufriß, oder spätestens bei den früh-neuzeitlichen Anfängen der modernen Wissenschaft (vgl. White 1970). Das hat sich jedoch in jüngster Zeit verändert. Christian Pfister brachte das Schlagwort "1950er Syndrom" in Umlauf (Pfister 1993 S. 23 f.); die allerneueste Zeit wird immer mehr als ganz tiefe Zäsur in der Mensch-Umwelt-Beziehung erkannt. Vielleicht sind in vielen Ländern sogar die 60er Jahre noch einschneidender als die 50er Jahre gewesen. Der sibirische Schriftsteller Walentin Rasputin sagte 1985, um in der Sowjetunion zur Umweltbewegung zu gehören, brauche man "sehr wenig: man muß sich erinnern und vergleichen, was unsere Erde vor zwanzig oder gar zehn Jahren war und was daraus geworden ist" (Der Spiegel, 8. April 1985, S. 126 f.). Die Umweltpolitik sieht sich also nicht vor der absurden Aufgabe, die Uhr der Geschichte um Jahrhunderte oder Jahrtausende zurückzustellen, sondern sie hat es vor allem mit politisch-wirtschaftlichen Weichenstellungen ziemlich jungen Datums zu tun. Unter dieser Bedingung ist das "Umsteuern" keine unsinnige Forderung!

(2) Das Ziel der Nachhaltigkeit sollte gegenüber der Dritten Welt möglichst so formuliert und so konkretisiert werden, daß es sich mit eigenen Interessen der Entwicklungsländer deckt. In der Geschichte hat nachhaltige Wirtschaft nie anders funktioniert. Daher ist es – aller guten Argumente für den Schutz des Regenwaldes unbeschadet – sehr zweifelhaft, ob es klug war, die tropischen Regenwälder in derart paradigmatischer Weise in den Mittelpunkt zu stellen. Die dadurch entstehende Frontstellung "Natur um ihrer selbst willen" gegen Modernisierungsbestrebungen der Entwicklungsländer ist geeignet, die gesamte Umweltpolitik in den Augen der Dritten Welt in ein schiefes Licht zu rücken. Hier wäre es nützlich, wenn die Ökobewegung ihre eigene Geschichte reflektiert. Geht es ihr in den Amazonaswäldern wirklich um die Natur um ihrer selbst willen oder nicht vielmehr um einen alten westlichen Traum vom Paradies? Das europäische Naturschutzinteresse entwickelte sich im 17. und 18. Jahrhundert zuerst an Kolonialgebieten (vgl. Grove 1992). 1904 verherrlichte der brasilianische Geograph und Schriftsteller Euclides da Cunha die brasilianischen Wälder als das verlorene Paradies (Hecht u. Cockburn 1989, S. 16); aber diese Art von Romantik scheint den realen Umgang mit dem Wald erstaunlich wenig zu beeinflussen. Ein davon inspiriertes Umweltschutzkonzept erweckt zu leicht den fatalen Eindruck, als solle den Einheimischen etwas aufgedrängt werden, was ihren eigenen Interessen zuwiderläuft. Dabei besteht gerade in Tropenregionen, wie Dieter Oberndörfer schreibt, schon "kurz- und mittelfristig ... kein Gegensatz zwischen Ökonomie und Ökologie" (Oberndörfer 1989, S. 10).

Die gesamte Waldgeschichte zeigt, daß sich Waldschutz nur im Bündnis mit einheimischen Interessen durchsetzen läßt. Weder mit Zuckerbrot noch mit Peitsche, d. h. weder mit Schuldenerlaß noch mit Tropenholzboykott sind die Regenwälder zu retten; denn die Einhaltung etwaiger gegen Schuldenerlaß eingetauschten Waldschutz-Zusagen läßt sich nicht wirksam kontrollieren, und der Boykott provoziert Trotzreaktionen. Die eine wie die andere Strategie inszeniert Waldschutz als etwas, zu dem die Dritte Welt gegen ihr Interesse gebracht werden muß; schon dies verurteilt diese Art von Umweltpolitik zur Wirkungslosigkeit. Das Naturschutz-Konzept funktioniert stets nur für eng begrenzte Reservate, nicht aber für die weiten Waldgebiete, deren Erhaltung schon im Blick auf Klima und Wasserhaushalt der Erde notwendig ist: all die Sekundärwälder, Trockenwälder, Waldfeldbau-Plantagen und borealen Nadelwälder, die bei der Fixierung der Aufmerksamkeit auf den tropischen Regenwald ganz draußen bleiben.

(3) Einen Hinweis auf die Bedingungen erfolgreicher Umweltpolitik gibt Goethe in einer Tagebucheintragung auf seiner italienischen Reise von 1786: "Übrigens hat Venedig nichts zu besorgen, die Langsamkeit, mit der das Meer abnimmt, läßt ihr Jahrtausende Raum, und sie werden schon den Kanälen klug nachhelfend sich im Besitz des Wassers zu halten wissen" (zitiert nach Diederichs 1994, S. 441). So konnte man es zumindest damals sehen. Auf modernere Art könnte man die Chance von Umweltpolitik mit einer Metapher aus der Brütertechnik verdeutlichen. Die Steuerbarkeit des Schnellen Brüters beruht (wenn überhaupt) auf dem Vorhandensein verzögerter Neutronen. Auch die Chance des Umsteuerns verhängnisvoller Entwicklungen in der Mensch-Umwelt-Beziehung scheint in "verzögerten Neutronen" zu liegen: in dem Element der Trägheit, das den meisten historischen Prozessen anhaftet. Wenn es wahr wäre, was oft behauptet wird: daß sich in moderner Zeit alle Prozesse zunehmend beschleunigen, dann stünden die Chancen der Umweltpolitik nicht gut. Aber bei genauerem Hinsehen entdeckt man überall bremsende Elemente, wenn auch nicht durchweg sympathische: Man denke etwa an die bremsende Rolle der Bürokratie in der Atompolitik! Umweltpolitik ist eben nicht unbedingt eine besonders edle und erhabene Angelegenheit, sondern ein echtes Stück Geschichte. Eine "Entdeckung der Langsamkeit" – frei nach Sten Nadolny – auch in der modernen technischen und wirtschaftlichen Entwicklung könnte unvermutete Möglichkeiten des Umsteuerns zum Vorschein bringen.

Literatur

Allmann, J. (1989). Der Wald in der frühen Neuzeit. Eine mentalitäts- und sozialgeschichtliche Untersuchung am Beispiel des Pfälzer Raumes 1500-1800. - Berlin

Amboise, R., Frappa, P. und Giorgidis, S. (1989). Paysages de terrasses. - Aix-en-Provence

Balley, A. M. und Llobera J. R. (Hrsg.) (1981). The Asiatic Mode of Production. Science and Politics. - London

Bergdolt, K. (1992). Pest, Stadt, Wissenschaft - Wechselwirkungen in oberitalienischen Städten vom 14. bis 17. Jahrhundert. Berichte zur Wissenschaftsgeschichte 15, 201-211

Berndt, H. (1987). Hygienebewegung des 19. Jahrhunderts als vergessenes Thema von Stadt- und Architektursoziologie. Die Alte Stadt 14, 140-163

Bode, W. und von Hohnhorst, M. (1994). Waldwende. Vom Försterwald zum Naturwald. - München

Böge, V. (1994). Die Militarisierung der Umweltpolitik. Wechselwirkung 67/6, 22-25

Büschenfeld, J. (1993). Kaliindustrie und Umwelt in der Geschichte. Manuskript. - Bielefeld

Büschenfeld, J. (1994). Deutsche Flüsse oder deutsche Kloaken? Städtehygiene und Gewässerschutz in Preußen (1870-1918) zwischen Wasserversorgung und Abwasserbeseitigung. Ein Beitrag zur historischen Umweltforschung. Dissertation. - Bielefeld

Corvo, A. (1987). L'Homme aux Bois. Histoire des relations de l'homme et de la forêt XVIIe-XXe siècle. - Paris

Diederichs, U. (Hrsg.) (1994). Vom Glück des Reisens. - München

Dieckmann, U. und Pott, R. (1993). Archäobotanische Untersuchungen in der Kalkrieser-Niederwedder Senke. In: Schlüter, W (Hrsg.): Kalkriese - Römer im Osnabrücker Land, S. 81-105). - Bramsche

Filmer, W. und Schwan, H. (1988). Hans-Dietrich Genscher. - Düsseldorf

Fleming, D. (1988): Wurzeln der New-Conservation-Bewegung. In: Sieferle, R.-P. (Hrsg.): Fortschritte der Naturzerstörung, S. 216-306. - Frankfurt

Fumagalli, V. (1992). Mensch und Umwelt im Mittelalter. - Berlin

Gesundheitsbehörde Hamburg (Hrsg.) (1928). Hygiene und soziale Hygiene in Hamburg. - Hamburg

Grove, R. H. (1992). Origins of Western Environmentalism. Scientific American 7, 42-47

Harrison, R. P. (1992). Wälder. Ursprung und Spiegel der Kultur. - München

Hecht, S. und Cockburn, A. (1989). The Fate of the Forests. Developers, Destroyers and Defenders of the Amazon. - London

Hietala, M. (1987). Services and Urbanization at the Turn of the Century. The Diffusion of Innovations. - Helsinki

Hodel, J. und Kalt, M. (1993). Warum ist Umweltgeschichte langweilig? Environmental History Newsletter Special issue No. 1, 108-127

Jaeger, H. (1994). Einführung in die Umweltgeschichte. - Darmstadt

Jahn, T. und Wehling, P. (1991). Ökologie von rechts. - Frankfurt

Kloepfer, M. (1994). Zur Geschichte des deutschen Umweltrechts. - Berlin

Kuchenbuch, L. (1989). Abfall. Eine stichwortgeschichtliche Erkundung. In: Calliess, J. (Hrsg.): Mensch und Umwelt in der Geschichte, S. 257-276. - Pfaffenweiler,

Lee, R. G. (1984). Sustained-Yield and Social Order. In: Steen, H. K. (Hrsg.): History of Sustained-Yield Forestry. A Symposium. Session I, S. 33-133. - Portland

Luhmann, N. (1986). Ökologische Kommunikation. Kann die moderne Gesellschaft sich auf ökologische Gefährdungen einstellen? - Opladen

McLaren, A. (1990). A History of Contraception from the Antiquity to the Present Day. - Oxford

Merchant, C. (1989). Ecological Revolutions. Nature, Gender, and Science in New England. - London

Mumford, L. (1934). Technics and Civilization. - New York

Mumford, L. (1977). Mythos der Maschine. - Frankfurt

Nash, R. (1973). Wilderness and the American Mind. - New Haven

Oberndörfer, D. (1989). Schutz der tropischen Regenwälder durch Entschuldung. - München

Peters, W. (1984). Die Nachhaltigkeit als Grundsatz der Forstwirtschaft, ihre Verankerung in
der Gesetzgebung und ihre Bedeutung in der Praxis. Dissertation. - Hamburg

Pfister, C. (1993). Ressourcen, Energiepreis und Umweltbelastung - was die Geschichtswissenschaft zur umweltpolitischen Debatte beitragen könnte. Environmental History
Newsletter Special issue No. 1, 13-28

Politische Ökologie (1993). Grün Heil! Ökologie als trojanisches Pferd der Neuen Rechten.
Spezial Nov./Dez, S1-S27

Rackham, O. (1980). Ancient Woodland, its History, Vegetation and Use in England.
- London

Radkau, J. (1986). Holzverknappung und Krisenbewußtsein im 18. Jahrhundert. Geschichte
und Gesellschaft 9, 513-543

Radkau, J. (1986). Warum wurde die Gefährdung der Natur durch den Menschen nicht
rechtzeitig erkannt? Naturkult und Angst vor Holznot um 1800. In: Lübbe, H und
Stroeker, E. (Hrsg.): Ökologische Probleme im kulturellen Wandel, S. 47-78. - Paderborn

Radkau, J. (1986). Zur angeblichen Energiekrise des 18. Jahrhunderts. Revisionistische
Betrachtungen über die "Holznot". Vierteljahrschrift für Sozial- und Wirtschafts-
geschichte 73, 1-37

Radkau, J. und Schäfer, I. (1987). Holz. Ein Naturstoff in der Technikgeschichte. - Reinbek

Radkau, J. (1991) Unausdiskutiertes in der Umweltgeschichte. In: Hettling, M., Huerkam, C.,
Nolte, P. und Schmuhl, H. W: (Hrsg.): Was ist Gesellschaftsgeschichte? Positionen,
Themen, Analysen (Hans-Ulrich Wehler zum 60. Geburtstag), S. 44-57. - München

Radkau, J. (1993). Was ist Umweltgeschichte? Environmental History Newsletter Special
issue No. 1, 86-108

Radkau, J. (1994). Zum ewigen Wachstum verdammt? In: Braun, I. und Joerges, B. (Hrsg.):
Technik ohne Grenzen, S. 50-106. - Frankfurt

Raumolin, J. (1990). The Problem of Forest-Based Development as Illustrated by the
Development Discussion, 1850-1918. - Helsinki

Rodenwaldt, E. (1956). Die Gesundheitsgesetzgebung des Magistrato della sanità Venedigs,
1486-1550. Sitzungsberichte der Heidelberger Akademie der Wissenschaften, mathemat.-
naturwiss. Klasse. - Heidelberg

Sieferle, R.-P. (1988). Perspektiven einer historischen Umweltforschung. In: Sieferle, R.-P.
(Hrsg.): Fortschritte der Naturzerstörung, S. 307-368. - Frankfurt

Sieferle, R.-P. (1989). Die Krise der menschlichen Natur. Zur Geschichte eines Konzepts.
- Frankfurt

Sieferle, R.-P. (1993). Die Grenzen der Umweltgeschichte. GAIA 3, 8-21

Steen, H. K. (Hrsg.) (1984). History of Sustained-Yield Forestry. A Symposium. Session I, S.
33-133. - Portland

Stoepel, K. T. (1904). Die Deutsche Kaliindustrie und das Kalisyndikat. - Halle

Sturm, K. (1993). Prozeßschutz - ein Konzept für naturschutzgerechte Waldwirtschaft.
Zeitschrift für Ökologie und Naturschutz 1, 37-48

Vanzan-Marchini, N. E. (1985). Venezia da laguna à città. - Venezia

von Bülow, G. (1962). Die Sudwälder von Reichenhall. - München

Wey, K.-G. (1982). Umweltpolitik in Deutschland. Kurze Geschichte des Umweltschutzes in
Deutschland seit 1900. - Opladen

White JR., L. (1970). Die historischen Ursachen unserer ökologischen Krise. In: Lohmann,
M. (Hrsg.): Gefährdete Zukunft, Prognosen angloamerikanischer Wissenschaftler, S. 20-
29. - München

Wittfogel, K. A. (1983). Wirtschaft und Gesellschaft Chinas. - Leipzig

Wohl, A. S. (1983). Endangered Lives. Public Health in Victorian Britain. - London

Zimmermann, V. (1989). Gesundheit und Krankheit: zur Rolle der Umwelt in der Geschichte der
Medizin. In: Herrmann, B. und Budde, A. (Hrsg.): Natur und Geschichte, Naturwissenschaftliche Beiträge zu einer ökologischen Grundbildung, S. 164-169. - Hannover

Wieviel Erde braucht der Mensch? Untersuchungen zur globalen und regionalen Tragekapazität

Hans Mohr

1. Einleitung

Die Erde ist ein begrenztes und – abgesehen von Strahlungsenergie und Meteoriten – abgeschlossenes System. In einem solchen System sind dem Wachstum naturgesetzliche Grenzen gesetzt. Wie lange kann auf unserem Planeten die Wirtschaft wachsen? Bei welcher Populationsgröße und bei welchem Verzehr an natürlichem Kapital ist die maximale Wohlfahrt erreicht? Ökonomen betonen den Umstand, daß Wachstum unökonomisch wird, sobald es eine allgemeine Verarmung bewirkt, anstatt die Wohlfahrt voranzutreiben. Aber wann ist dieser Umschlagpunkt erreicht? Wieviel Erde braucht der Mensch für ein "glückliches Leben"?

Hier kommt die "Tragekapazität" ins Spiel. Wie viele Menschen kann die Erde, wie viele Menschen kann ein regionaler Wirtschaftsraum, wie zum Beispiel das Bundesland Baden-Württemberg, tragen?

Die ökologische Definition von Tragekapazität (carrying capacity) bezieht sich auf einen bestimmten Raum und auf eine bestimmte Spezies. Tragekapazität ist die größte Zahl von Individuen einer bestimmten Spezies, die ein definierter Raum tragen kann (maximale Population).

Die ökonomische Definition der Tragekapazität bezieht sich auf den Menschen und berücksichtigt explizit das Konzept der Nachhaltigkeit: Tragekapazität ist die Eigenschaft eines Wirtschaftsraumes, eine bestimmte Bevölkerung nachhaltig zu tragen (Diese Definition liegt dem vorliegenden Beitrag zugrunde)[1]. Als "nachhaltig" gilt eine Entwicklung dann, wenn sie (mittelfristig, langfristig) mit den ökologischen, sozialen und ökonomischen Rahmenbedingungen verträglich, also auf Dauer angelegt ist.

Als ein Kriterium für strenge Nachhaltigkeit gilt: Jede Generation soll einen Pro-Kopf-Vorrat an natürlichem Kapital erben, der nicht kleiner ist als der von der vorangegangenen Generation geerbte Vorrat. Natürlich kann

---

[1] Der Begriff der Tragekapazität ist in den letzten Jahrzehnten unter verschiedenen Blickwinkeln "bewertet" worden. Bemerkenswerte Beispiele: Cohen (1995), Wetzel u. Wetzel (1995), Postel (1994), House u. Williams (1976), Borcherdt u. Mahnke (1973).

dieses Kriterium nur bei stationärer Bevölkerung und für die erneuerbaren Ressourcen (Biomasse, Wasser, Luft, Boden, Kreisläufe, Klima, Schadstoff-Senken = sinks) gelten; bei den nicht-erneuerbaren Ressourcen (zum Beispiel den fossilen Energieträgern) wird die Basis an natürlichem Kapital auf jeden Fall von Generation zu Generation schmaler. Das Postulat der Nachhaltigkeit kann hier lediglich bedeuten, die begrenzten Vorräte so lange wie möglich zu strecken.

2.   Die Tragekapazität als Funktion der Produktionsbedingungen

Die Tragekapazität eines Wirtschaftsraumes ist eine Funktion der Ressourcen (einschließlich sink-Kapazitäten), des Handels, der menschlichen Bedürfnisse (Ansprüche), der Ressourceneffizienz, der Produktivität sowie des Humankapitals[2] (und damit eine Funktion des verfügbaren Wissens, des Standes von Technologie und Ökonomie und des Innovationspotentials). Da diese Faktoren sich zum Teil gegenseitig ersetzen können, ist es zum Beispiel möglich, eine gegebene Tragekapazität mit vermindertem Ressourceneinsatz aufrecht zu erhalten, wenn die Ressourceneffizienz entsprechend ansteigt. Wenn aber regional die Bevölkerung rasch wächst, kann in aller Regel die gesteigerte Nachfrage nach Ressourcen nicht durch eine Verbesserung des Wirkungsgrades ausgeglichen werden. Es erfolgt entweder infolge Übernutzung ein Zusammenbruch der Tragekapazität, oder es kommt über Handelsbeziehungen zu einem Import von Tragekapazität aus anderen, noch nicht übervölkerten Regionen (angeeignete Tragekapazität, appropriated carrying capacity). Die Möglichkeit, durch eine freiwillige Reduktion der Bedürfnisse pro Kopf die Tragekapazität zu erhöhen bzw. die angeeignete Tragekapazität zu vermindern, wird meist überschätzt. Die Bereitschaft der Menschen zum freiwilligen Verzicht ist derart begrenzt, daß sie im ökonomischen Kalkül außer Betracht bleiben kann.

Die Steigerung der globalen Tragekapazität in historischer Zeit spiegelt vorrangig die Änderung der Produktionsbedingungen wieder:[3]

Tabelle. 1: Abschätzung der globalen Tragekapazität

$\approx$ 10000 v.Chr.	$5 \cdot 10^6$ (Menschen)	Sammler und Jäger
$\approx$ Christi Geburt	$200 \cdot 10^6$	Sammeln und Jagen, einfache Landwirtschaft
$\approx$ 1780 n.Chr.	$750 \cdot 10^6$	vorindustrielle Agrargesellschaft
$\approx$ 1830 n.Chr.	$1 \cdot 10^9$	Anfänge der Industriegesellschaft
$\approx$ 2000 n.Chr.	$> 6 \cdot 10^9$	moderne Industriegesellschaft

2   Humankapital ist ein Ausdruck für die (volks-)wirtschaftlich nutzbare Qualifikation einer Bevölkerung. Das in ausgebildeten Arbeitskräften repräsentierte Leistungspotential ("Humankapital") gilt als eine besonders wertvolle erneuerbare Ressource.
3   Die klassischen Daten wurden kürzlich kritisch gesichtet und ergänzt (vgl. Catton 1994).

Vor etwa 12000 Jahren setzte die "Neolithische Grüne Revolution", die Entwicklung der Landwirtschaft, ein. Davor bestritten die Menschen ihren Lebensunterhalt durch verschiedene Formen der Jagd und des Sammelns. Ab 10 000 v.Chr. wurde in verschiedenen Gebieten der Erde unabhängig voneinander damit begonnen, Pflanzen und Tiere zu domestizieren, zuerst im Fruchtbaren Halbmond des Nahen Ostens. Die Einführung des Feldbaus geschah – gemessen an der menschlichen Vorgeschichte – in extrem kurzer Zeit. Die damit verbundene Steigerung der Tragekapazität führte zu einer Art "Bevölkerungsexplosion": Vor 12 000 Jahren lebten 5 bis 10 Millionen Menschen, vor 4000 Jahren bereits 100 Millionen (Lewin 1992). Die "Industrielle Revolution" im 19. Jahrhundert löste eine ähnliche Entwicklung aus, allerdings auf einem viel höheren Niveau.

3.   Läßt sich die derzeitige Tragekapazität aufrecht erhalten?

Von der Natur kann der moderne Mensch nicht leben. Von selbst bietet sie uns nur kärgliche Existenzbedingungen. Nur wenige Menschen, etwa 5 Millionen weltweit, konnten als Sammler und Jäger unter naturnahen Produktionsverhältnissen überleben. Die allermeisten der heutigen 5 Milliarden Menschen hätten nicht die geringste Chance eines naturnahen Lebens, selbst wenn dieses Leben im Ernst erstrebenswert wäre. Der moderne Mensch lebt von seiner Umwelt, nicht von der Natur. Umwelt ist ein Kulturprodukt – vom Menschen geschaffen, nicht vorgefunden. Die Verwandlung von Natur in produktive Umwelt im Zusammenhang mit der Entwicklung von Agrikultur gilt mit Recht als der Kulturakt schlechthin. Aber selbstverständlich fordert die höhere Produktivität ihren Preis, nämlich einen entsprechend erhöhten Energie- und Stoffumsatz.

Die entscheidende Frage lautet: Ist die hohe Tragekapazität, die sich der moderne Mensch mit Hilfe von Landwirtschaft und Industrialisierung geschaffen hat, mit dem Kriterium der Nachhaltigkeit verträglich?

Die nicht-erneuerbaren Ressourcen, z.B. die fossilen Energieträger, gehen auf jeden Fall der Erschöpfung entgegen. Der triviale Sachverhalt ist unbestreitbar: Die Oberfläche unseres Planeten und das Ressourcenpotential, das die Erde birgt, sind endlich. Populationswachstum und Ressourcenverzehr sind deshalb endlich. Die Krise der Tragekapazität war (und ist) nur eine Frage des Zeitpunkts. Ein rationaler Umgang mit knappen Ressourcen – das Ziel der Ökonomie – kann diesen Zeitpunkt hinausschieben, aber natürlich nicht ad libitum.

4.   Wie ernst ist die Lage wirklich?

Die hohe Tragekapazität, die aufgebaut wurde, verlangt nicht nur die völlige Verwandlung der Natur in produktive Umwelt und damit eine Substitution der ursprünglichen Schöpfung durch anthropogene Ökosysteme; sie verlangt

darüber hinaus den rapiden Verbrauch der einmaligen Energie- und Rohstoffreserven und den Raubbau an den regenerierbaren Ressourcen: Fruchtbare Böden, Wasser, Wälder, Atmosphäre, Klima, Ozeane, Biodiversität,
Stoffkreisläufe – alles wirkt instabil und gefährdet. Auch die Regenerationsfähigkeit der Schad- und Abfallstoffe absorbierenden Ökosysteme (sinks) ist
gefährdet, da vielerorts die kritische Belastbarkeit (critical load) überschritten ist. Globale Sanierungsprogramme erscheinen überfällig, zum
Beispiel beim CO_2- Problem[4]. Aber man darf sich keinen Illusionen hin-
geben: Ökologische Probleme lassen sich nicht global anpacken, ge-
schweige denn lösen. Es gibt kein weltweit gleiches Bewußtsein für den
Wert ökologischer Güter. Wir sind darauf zurückverwiesen, gestützt auf die
Einsichten ökologischer Ökonomik, regional das Richtige zu tun und
(vielleicht) durch unser Vorbild überregional zu wirken.

Aber selbst auf nationaler oder EU-Ebene wird man sich kaum darauf
einigen können, den teuren Weg in eine CO_2-reduzierte Energiewirtschaft
einzuschlagen. Auf globaler Ebene erscheint der Versuch aussichtslos. Auch
wenn fühlbare Folgen einer Klimaänderung der Welt zu schaffen machten,
bliebe es fraglich, ob es zu einem weltweiten Konsens käme, denn Klimaänderungen würden mit Sicherheit die verschiedenen Regionen der Erde
quantitativ und qualitativ unterschiedlich betreffen. Nur wenn internationale
Organisationen in eine supranationale Ordnungsfunktion hineinwüchsen,
bestünde Hoffnung. Aber wer mag daran noch glauben?

5. Tragekapazität und Energie

Die Entwicklung der menschlichen Gesellschaft vom Zustand der Sammler
und Jäger bis zur modernen Industriegesellschaft ist nicht nur durch eine
enorme Steigerung der Siedlungsdichte gekennzeichnet, sondern auch durch
einen wachsenden Pro-Kopf-Energieverbrauch. Die Größenordnungen sind
in der folgenden Tabelle dargestellt (Fritsch et al. 1994, S. 45):

---

[4] Während die Konzentration des Kohlendioxids (CO_2) in der Atmosphäre noch im Jahr
1800 bei 0.28% lag, ist sie ab dem 19. Jahrhundert stark angestiegen (1990: 0.35%). Die
Zunahme ist auf die Minderung der terrestrischen Biomasse (Abholzung der Wälder) und
auf die Verbrennung fossilen Kohlenstoffs zurückzuführen. Der Anstieg der CO_2-
Konzentration in der Atmosphäre führt vermutlich zu einer globalen Erwärmung, da sich
der Treibhauseffekt der Atmosphäre verstärkt. Um die Folgen eines "Global Warming"
begrenzt zu halten, sollte weltweit der CO_2-Ausstoß eingeschränkt werden.

Tabelle 2: Entwicklung der Siedlungsdichte und des Energieverbrauchs

	Siedlungsdichte (Menschen/km^2)	Energieverbrauch (KW/Kopf)
Sammler und Jäger	0.25	0.1
Agrargesellschaften	25	1.0
Industriegesellschaften	250	10

Eine nachhaltige Energieversorgung ist zum Kernproblem der ökologischen Ökonomik geworden. Wie läßt sich eine hohe Tragekapazität aufrechterhalten, wenn die fossilen Energieträger ausgehen oder ihre Nutzung aus ökologischen Gründen eingeschränkt werden muß? Das ist die Kardinalfrage.

Auch ernst zu nehmende Analysten kommen zu dem Schluß, daß in Mitteleuropa (> 100 Menschen/km^2) mit einer etwa zehnfachen Überlastung der Ökosphäre durch die derzeitigen anthropogenen Energieflüsse und ihre Auswirkungen zu rechnen ist (vgl. Ziegler 1992). Das zentrale Problem ist die Zahl der Menschen unter den Rahmenbedingungen der weltweit etablierten Industriegesellschaft. Es ist offenkundig, daß auch für die im allgemeinen robusten Ökosysteme der gemäßigten Breiten der kritische Wert der Bevölkerungsdichte überschritten ist. Man muß einsehen, "daß bei hohen Bevölkerungsdichten (über 100 Einwohner/km^2) die anstehenden Probleme allein mit dem verfügbaren technischen Instrumentarium nicht mehr bewältigt werden können." ... "Weder die anspruchsvollste High-Technology noch die sanfteste Alternativtechnik können irreversible Schädigungen oder Zerstörungen der sie tragenden Ökosysteme verhindern, wenn die daran teilnehmenden Menschen zu zahlreich sind" (Ziegler 1992, S. 17 ff.). Die Energiegrenzbelastung der Ökosphäre wird von Hans-Peter Dürr mit 8 - 10 TW global angesetzt. Dies entspräche beim Stand von 1990 etwa 1.5 KW/Kopf ("1.5 KW-Gesellschaft") (Dürr 1994). In Wirklichkeit lag 1990 der durchschnittliche Energieverbrauch aber um ein Mehrfaches höher (siehe Tabelle 2). Entweder muß der Energieverbrauch pro Kopf dramatisch abgesenkt werden, oder die Menschenzahl muß entsprechend abnehmen. Um den gegenwärtigen Ansprüchen längerfristig zu genügen, dürfte die Zahl der Menschen eine Milliarde (den Stand von 1830) nicht übersteigen. Die Alternative, den pro Kopf-Energieverbrauch der Industriegesellschaft auf das Niveau der vorindustriellen Agrargesellschaft zu drükken, erscheint ebenfalls illusionär, da keine supranationale Ordnungsmacht in Sicht ist, die derart unerhörte Maßnahmen weltweit durchsetzen könnte.

Der regionale und globale Beitrag der Biomasse zur Bereitstellung von Nutzenergie wird in der Regel weit überschätzt. Dem unvoreingenommenen Betrachter erscheint eine Energieversorgung über die Netto-Primärproduktion der Biosphäre (siehe nächstes Kapitel) bereits beim derzeitigen Stand der Erdbevölkerung (5.7 Milliarden) völlig unrealistisch (vgl. Flaig u.

Mohr 1993, Hohl 1994). Eine ins Gewicht fallende Substitution der fossilen Energieträger durch andere regenerierbare Quellen, die wie die Biomasse-produktion aus der Neg-Entropie der Sonne gespeist werden müssen, ist derzeit nicht in Sicht. Die sogenannten alternativen Energien sind nicht nur für absehbare Zeit prohibitiv teuer, sie sind vor allem technologisch nicht ausreichend verfügbar (vgl. Mohr 1995). Beim derzeitigen Stand der Technik wäre es zum Beispiel schierer Leichtsinn, in großem Maßstab auf das Substitutionspotential der Photovoltaik zu setzen.

Zumindest auf dem Energiesektor ist somit – regional und global – eine nachhaltige Entwicklung noch in weiter Ferne: Die derzeitige Trage-kapazität erscheint, verglichen mit einer nachhaltigen Tragekapazität, weit überzogen. Man kann die Sachverhalte drehen und wenden, es bleibt bei dem ernüchternden Ergebnis, daß die Erde nur deshalb 6 Milliarden Menschen tragen kann, weil (noch) die fossilen Energieressourcen zu Gebote stehen. Aber die Nutzung dieser Ressourcen ist ökologisch riskant. Das CO_2-Problem ist kein Phantom.

Regional, bezogen auf den politisch definierten Wirtschaftsraum Baden-Württemberg, erscheint die Situation besonders prekär: Auch bei Aus-schöpfung des gesamten Potentials an Netto-Primärproduktion der Bio-sphäre und bei Berücksichtigung von Effizienzsteigerungen und einer schmerzhaften Einsparung an Endenergie (>30%) könnten keinesfalls mehr als 10-20% der derzeitigen Bevölkerung von Baden-Württemberg (10.2 Mio) aus regionalen Energieträgern nachhaltig versorgt werden (vgl. Hohl 1994).

6.   Tragekapazität und Nettoprimärproduktion

Auch bei der Versorgung der Menschheit mit Lebensmitteln und biogenen (nachwachsenden) Rohstoffen ist der Spielraum weit enger als man gemein-hin annimmt. Dies zeigt vielleicht am ehesten die Nutzung der Nettoprimär-produktion durch den Menschen. Die jährliche Nettoprimärproduktion (NPP) wird definiert als jene solare Energie, die global biologisch fixiert wird, abzüglich der Atmung der pflanzlichen Primärproduzenten, die im Prozeß der Photosynthese diese biologische Fixierung bewirken. NPP ist somit jene Biomasse, bzw. die in dieser Biomasse deponierte Energie, die für alle Konsumenten einschließlich des Menschen übrigbleibt. Von dieser NPP (derzeit etwa 120 Pg Trockenmasse/a) lebt alles, was kreucht und fleucht. Es ist ein Leben von der Hand in den Mund. Reserven, die ins Gewicht fielen, gibt es nicht. Der heutige Mensch beansprucht – oder beein-flußt zu seinen Gunsten – bereits 40% der potentiellen NPP der Landflächen (vgl. Vitousek et al. 1986). Die vom Menschen unabhängigen Konsumenten – darunter 3 Mio Tierarten – müssen sich mit den restlichen 60% begnügen. Derzeit dürften bereits rund 43% der terrestrischen Vegetationsflächen mehr oder minder geschädigt sein (vgl. Daly 1995). Dies hat eine Reduktion der NPP um etwa 10% zur Folge. Eine völlige Erholung der betroffenen Flächen erscheint ausgeschlossen. Verfahren, die NPP über den ursprünglichen natürlichen Pegel hinaus zu steigern, sind nicht in Sicht. Man muß vielmehr damit rechnen, daß im Zusammenhang mit den drohenden weltweiten Klimaveränderungen die globale NPP in der Bilanz eher ab- als zunimmt.

Dies bedeutet, daß der globalen Tragekapazität für Menschen enge Grenzen gesetzt sind. Global gesehen läßt sich der pro-Kopf-Anspruch auf die Nettoprimärproduktion kaum zurückschrauben, zumal dann, wenn vermehrt Biomasse als Energieträger eingesetzt werden soll.

Die häufig kolportierte Formel, "auf der Erde wachse in der Land- und Forstwirtschaft jährlich der zehnfache Energiewert des weltweiten Verbrauchs an fossilen Energieträgern heran ... die Nutzung von nur zehn Prozent dieser Pflanzen reiche aus, um sämtliche fossile Energieträger zu ersetzen" (Agro-Europe 11/95, 13. März 1995), ist irreführend. Richtig ist zwar, daß der weltweite Einsatz an fossilen Energieträgern pro Jahr etwa dem Energieäquivalent von 15 Pg Trockenmasse entspricht, aber nur ein kleiner Teil der NPP von 120 Pg Trockenmasse pro Jahr steht in einer auf Nachhaltigkeit zielenden Ökonomie für den technischen Einsatz als Energieträger zur Verfügung. Hinzu kommt, daß die geringe Energiedichte (Energieinhalt pro Volumen) der Biomasse längere Transportwege ausschließt. Biomasse als Energieträger ist und bleibt eine regionale Ressource.

7. Angeeignete Tragekapazität

Bei der Frage nach der Nachhaltigkeit einer regionalen Tragekapazität spielt die angeeignete Tragekapazität (appropriated carrying capacity) eine wesentliche Rolle (vgl. Steiner u. Schütz 1993). Bedingt durch Austauschvorgänge zwischen den Regionen (Handel) kommt es zum Import und Export von Tragekapazität.

Ein Beispiel: Die regional abgegrenzte Bevölkerung von Baden-Württemberg beansprucht zur Befriedigung ihrer Bedürfnisse zusätzliche Ressourcen und zusätzliche Landflächen in anderen Teilen der Welt. So importiert Baden-Württemberg einen hohen Anteil an "angeeignetem Wasser", vor allem in Form von importierter Biomasse (Mayr 1994). Damit ist jenes Wasser gemeint, das außerhalb des Landes für die Produktion der importierten Biomasse (wie z. B. Holz, Futtermittel, Fleisch, Milchprodukte, Ölfrüchte, Wolle, Baumwolle, Getreide) benötigt wird. In besonderem Maße ist Baden-Württemberg auf "angeeignete Energieträger" angewiesen, da auch unter günstigsten Annahmen allenfalls 10-20% der derzeitigen Bevölkerung (10.2 Mio) aus regionalen Energieträgern versorgt werden könnten. Zu ähnlichen Ergebnissen gelangte man kürzlich in der Schweiz: "Würde sich die Wirtschaft nur auf die landeseigenen erneuerbaren Quellen ... stützen, könnten in der Schweiz nur etwa 1 Million Menschen mit dem heutigen Lebensstandard leben" (Pillet 1993, S. 6).

8. Regionale Tragekapazität: Wasserversorgung

Die Versorgung mit Wasser ist deshalb so wichtig, weil sich Wasser nur sehr bedingt durch andere Stoffe substituieren läßt: Wasser ist – wie Energie – eine *essentielle* Ressource. Man kann an ihr sparen, aber nicht darauf verzichten. Im Nahen Osten zum Beispiel könnte sich der Konflikt um Wasser als ein Fallstrick für den Friedensprozeß erweisen (vgl. Schiffler 1995). Manche Klimatologen gehen davon aus, daß sich im Zuge eines "Global Warming" die nördlichen Zonen der Sahara bis ins Mittelmeergebiet ausdehnen werden. Die Tragekapazität Nordafrikas dürfte unter diesen Umständen dramatisch absinken.

Die seit 1990 sich verstärkende Austrocknung Marokkos und der iberischen Halbinsel (Weimer 1995, S. 14) wird vielfach als ein Vorbote dieser Entwicklung angesehen. Mit umfangreichen Wasserimporten will Spanien die schlimmsten Folgen der Dürre im Land lindern. Im August 1995 suchte ein Verbund von Wasserwerken Andalusiens und der Balearen nordeuropäische Lieferanten, die auf dem Schiffsweg große Mengen Trinkwasser nach Südspanien bringen könnten (Frankfurter Allgemeine Zeitung vom 24. 8. 1995, S. 14). Sollte die Dürre anhalten, würde auch die Tragekapazität Spaniens aller Voraussicht nach absinken. Besonders betroffen ist derzeit bereits die Landwirtschaft, auf die 80% des Wasserverbrauchs entfallen. Immer größere Mengen Getreide müssen im Ausland eingekauft werden, um die Versorgung des Landes sicherzustellen. In einigen Provinzen (Valencia, Alicante, Murcia) droht vielen Citrus- und Obstbaumplantagen – den größten in Europa – der Trockentod. Erwartungsgemäß ist zwischen den einzelnen Regionen ein regelrechter Wasserkrieg entbrannt. Überall wird um Notreservoirs und letzte Stauseebestände gestritten.

Es gilt die Faustregel (vgl. Harrison 1994): Länder, die weniger als 10% ihrer jährlich erneuerbaren Wasservorräte verbrauchen, haben bei Nutzung moderner Technologie des Wasserferntransports keine Probleme mit der Wasserversorgung. Wenn sie zwischen 10 und 20% konsumieren, kann es zu regionalen Engpässen kommen. Bei einer Entnahme von mehr als 20% gibt es in der Regel große Probleme mit der Lagerung und langen Transportwegen. Die U.S.A. verbrauchen rund 20% – und haben eine ernste Wasserknappheit im ariden Westen und in Teilen der östlichen Ballungszentren. Großbritannien verbraucht 24% und hat ständig regionale Wasserprobleme (Frankfurter Allgemeine Zeitung vom 23. 8. 1995, S. 18). Kritiker der Wassernutzung in England weisen mit Recht darauf hin, daß riesige Mengen an Trinkwasser durch das ungenügend gewartete Wassernetz verlorengehen (Großbritannien verschwendet über Lecks etwa 25% seines Wassers gegenüber 9.8% in Deutschland); aber auch bei einer Sanierung des Leitungssystems müssen sich die Briten darauf einstellen, daß Wasser ein knappes Gut wird.

Das Bundesland Baden-Württemberg ist hingegen von Natur aus eine wasserreiche Region. Aber anstatt sich auf die örtlichen Wasservorkommen zu beschränken und mit entsprechenden technischen Anstrengungen und finanziellen Aufwendungen eine Autonomie der Wasserversorgung anzustreben, ziehen es die Badener und Württemberger vor, das Trinkwasser für 4.5 Mio Menschen – von Tuttlingen bis Bad Mergentheim – ohne Vergütung aus dem Bodensee zu beziehen und den wasserliefernden Nachbarländern (Schweiz, Österreich, Liechtenstein) gewässerschützerische Auflagen zu unterbreiten. Die Alpenländer stellen sich mit Recht die Frage, warum sie eigentlich das Alpenwasser schützen und kostenlos abgeben sollen, anstatt es als Handelsgut in einem freien Tauschgeschäft an ihre Nachbarn zu verkaufen (vgl. Vischer 1994). Zumindest müßte sich Baden-Württemberg am Gewässerschutz in Vorarlberg, Liechtenstein, Graubünden, St. Gallen und Thurgau finanziell angemessen beteiligen. Warum gibt es eigentlich bei der Wasserversorgung keine freie Marktwirtschaft? Man sollte sich darauf einstellen, daß es sie bald geben wird.

Bei den Verhandlungen Israels mit seinen Nachbarn kommt zum Beispiel der internationale Handel mit Wasserrechten immer stärker ins Spiel: Der palästinensische Staat möchte seine Entwicklung zum Teil durch die Verpachtung von Wasserrechten an das wirtschaftlich fortgeschrittene Israel finanzieren. Ein weiteres Beispiel für zukünftiges Konfliktpotential ist die Auseinandersetzung zwischen Syrien, dem Irak und der Türkei um das Wasser von Euphrat und Tigris. Nach Vollendung der im Bau befindlichen türkischen Dämme und Bewässerungsprojekte dürfte sich der Durchfluß des Euphrat mindestens halbieren. Die Folgen für die Unterlieger, besonders den Irak, werden als "verheerend" bezeichnet (vgl. Schiffler 1995).

Die Situation an der Südgrenze Baden-Württembergs ist weniger dramatisch. Noch sehen die Repräsentanten der Schweiz eine genuine Verpflichtung darin, "die Unterlieger der wasserreichen Schweiz mit genügend Wasser zu versorgen" ... "Die Schweiz muß ihren Gewässerschutz derart betreiben, daß die Flüsse, die das Land verlassen, sowie die Grenzseen sauber sind. Die Wasserqualität dieser Gewässer muß dabei nicht einer Trinkwasserqualität entsprechen. Es genügt eine Qualität, die den Unterliegerländern eine Aufbereitung zu Trink- und Brauchwasser mit vernünftigem Aufwand ermöglicht. Bei Zukunftsszenarien darf davon ausgegangen werden, daß die Technik der Trinkwasseraufbereitung Fortschritte macht" (Vischer 1994, S. 32). Aber mit Recht wird die (bislang kostenlose) Wasserabgabe an Vorbedingungen geknüpft: Erstens die Schweiz braucht dieses Wasser weder heute noch in Zukunft und zweitens die Bezieherländer sind bezüglich Gewässerschutz sowohl heute wie in Zukunft auf dem gleichen Stand wie die Schweiz (Vischer 1994, S. 33).

Die Bodenseewasserversorgung ist für Baden-Württemberg eine äußerst günstige Lösung. Aber man sollte sich nicht darüber hinwegtäuschen, daß sich damit eine weitere Abhängigkeit ergeben hat: Der Rückweg zu einer autochthonen Wasserversorgung wäre so aufwendig, daß er zumindest kurzfristig nicht begehbar erscheint.

9. Regionale Tragekapazität: Schadstoffsenken (sinks)

Boden, Luft und Wasser sind Schadstoffsenken mit begrenzter Aufnahmefähigkeit. Das Postulat "Nachhaltigkeit" schließt ein, daß die vom Menschen
bewirkte Freisetzung von potentiellen Schadstoffen nicht größer ist als die
Entsorgungskapazität der Umwelt. Die auf die Abfälle bezogene Tragekapazität dürfte in der Regel weniger flexibel sein als die "produktive Tragekapazität". Deshalb finden neuerdings die Dichte der Umweltbelastung und
die Entsorgungskapazität der Umwelt das besondere Interesse der Ökologen. Mit dem Konzept der critical levels (kritische Konzentrationen) und
critical loads (kritische Eintragsraten) wurde eine Sichtweise eingeführt, die
sich bei der Etablierung einer nachhaltigen Abfallwirtschaft und bei der
Evaluierung von Umweltschäden als besonders hilfreich erwiesen hat (Lehn
et al. 1995[5].) Dies soll nachfolgend am Beispiel "Atmogene Schadstoffe als
Verursacher von Waldschäden" verdeutlicht werden (vgl. Mohr 1993).

SO_2 *als Schadstoff:* In einigen Regionen des östlichen Mitteleuropas, vor
allem in den Hochlagen der Mittelgebirge (Erzgebirge, Iser- und Riesengebirge, Sudeten, aber auch im grenznahen Fichtelgebirge) kam es großflächig zum Zusammenbruch der (Fichten-)Forste. Der Verursacher dieser
deprimierenden Schadbilder konnte leicht identifiziert werden: Es handelt
sich bei diesem "Waldsterben" (diesmal im wahrsten Sinn des Wortes) um
die "klassischen", seit dem Mittelalter aus der Umgebung von Hüttenwerken
bekannten Rauchschäden, die durch hohe Immissionen von Schwefeldioxid
(SO_2) verursacht werden. Die genannten Schadgebiete liegen 20 bis 100 km
von den veralteten SO_2-emittierenden Braunkohlekraftwerken in Sachsen,
der Lausitz und Böhmen entfernt, die unter der kommunistischen Planwirtschaft ohne Rücksicht auf Umweltbelange betrieben wurden.

Gehölze nehmen gasförmiges SO_2 praktisch nur über die Spaltöffnungen
auf. Geringe Konzentrationen an SO_2 in der Luft kann die Pflanze sehr
effektiv als Nährstoff nutzen. Pflanzenphysiologen haben darüber hinaus
festgestellt, daß Pflanzen im Laufe der Evolution sehr leistungsfähige
Resistenzmechanismen gegenüber SO_2-Immissionsspitzen entwickelt haben.
Dennoch kann es langfristig zu chronischen SO_2-Schäden kommen, wenn
bestimmte Grenzwerte ständig überschritten werden. Es ist deshalb für die
Gesundheit der Wälder unabdingbar, daß die SO_2-Immissionsgrenzwerte
(critical levels) der physiologischen Leistungsfähigkeit der Gehölze
entsprechen und in der Praxis strikt eingehalten werden. Die seit 1986 in der
Bundesrepublik geltende Technische Anleitung Luft (TA-Luft) erlaubt
50 µg SO_2/m^3 Luft. Dies steht im Einklang mit den internationalen Richtlinien
zur Luftreinhaltung, die verbindliche SO_2-Toleranzgrenzen (Jahresmittelwerte)

---

[5] Die Begriffe critical level bzw. critical load werden hier weit gefaßt:
Naturwissenschaftlich begründete Belastungsgrenzen von Ökosystemen, Teilökosystemen
und Organismen - bis hin zu Materialien. Dies deckt sich mit der Verwendung der
Begriffe durch den Sachverständigenrat für Umweltfragen (1994, vgl. auch Halbritter
1994).

für Forstgehölze in der gleichen Größenordnung festlegen. Zum Vergleich: An exponierten Standorten im Erzgebirge wurden in den achtziger Jahren regelmäßig SO_2-Immissionen >120 µg/m^3 Luft (Jahresmittel) und >350 µg/m^3 Luft (höchste Monatsmittel) gemessen. Unter diesen Umständen wird ein "Waldsterben" in Kauf genommen. Die SO_2-Immissionen im Schwarzwald lagen stets viel niedriger. Seit 1965 besteht die Meßstelle Schauinsland bei Freiburg. Sie war ursprünglich eine Einrichtung der Deutschen Forschungsgemeinschaft, dann des Bundesinnenministeriums und wurde schließlich mit der Gründung des Umweltbundesamtes dort integriert. Im langjährigen Mittel liegen auf dem Schauinsland die Meßwerte für SO_2 bei 5.0 µg/m^3 Luft. Die SO_2-Pegel liegen oft tage-, ja wochenlang unter der Nachweisgrenze. Unter diesen Umständen kommt das Gas SO_2 als Schadstoff für eine Erklärung der Waldschäden nicht in Betracht. Vom SO_2 her gesehen kann der Schwarzwald vielmehr als ein "Reinluftgebiet" gelten. Um so irritierender war das objektiv registrierte Ausmaß der Waldschäden.

Die Rolle des Stickstoffs: Früher herrschte an vielen Waldstandorten Mitteleuropas Mangel an anorganischem Stickstoff (N). Er war also der wachstumsbegrenzende Faktor, besonders bei Nadelbäumen. In den letzten Jahrzehnten hat sich dies durch den zunehmenden Eintrag aus der Luft wesentlich geändert: Die Emissionen von Ammoniak (NH_3) aus der Landwirtschaft (zu rund 90% aus Jauche und Mist), aus Kläranlagen und Mülldeponien sowie die bei allen Verbrennungsvorgängen anfallenden Stickoxide gelangen in Form von Nitrat und Ammonium mit den Niederschlägen zur Erdoberfläche zurück.

Unter naturnahen Verhältnissen wird jährlich weniger als 1 Kilogramm Stickstoff pro Hektar aus der Luft eingetragen; der meiste verfügbare Stickstoff stammt somit aus der Verwesung organischen Materials in der Streuschicht und aus der quantitativ bescheidenen Stickstoff-Fixierung durch Mikroorganismen wie Knöllchen- und Cyanobakterien (sie reduzieren Stickstoff der Luft - N_2- zu Ammonium). Der heutige Stickstoffeintrag aus der Luft liegt weit höher als unter naturnahen Verhältnissen. Hier einige repräsentative Beispiele: im Höglwald nahe Augsburg sind es pro Jahr und Hektar 35 Kilogramm (mehrheitlich in Form von Ammonium), in der Wingst in Nordwestdeutschland 72 Kilogramm (davon allein 50 als Ammonium) und an der Immelsklinge im Schwarzwald 23 Kilogramm (davon 9 als Ammonium).

In niederländischen Forsten werden allenthalben Stickstoffdepositionen in der Größenordnung von 40 bis 80 Kilogramm gemessen (mehrheitlich wieder als Ammonium), in österreichischen Waldökosystemen zwischen 12 und 50, in Baden-Württemberg derzeit zwischen 8,5 und 50, davon mehr als die Hälfte in Form von Ammonium. In dieser Region finden sich Werte von unter 15 Kilogramm nur noch an der Ostabdachung des Schwarzwaldes.

Derzeit dürfte die Stickstoffdeposition die Kapazität der meisten mitteleuropäischen Forste, diese Ionen zum Aufbau stickstoffhaltiger Biomasse zu verwenden, bereits erheblich übersteigen. Man rechnet generell damit, daß diese Waldungen auch unter günstigen klimatischen Bedingungen nicht mehr als 5 bis 12 Kilogramm eingetragenen Stickstoff pro Hektar und Jahr in organische Substanz assimilieren können. 12-15 kg N pro Hektar und Jahr gilt demnach als die critical load. Die Schlußfolgerung liegt auf der Hand: Die deutschen Forste dürften in der Regel mit Stickstoff bereits gesättigt oder der Sättigung nahe sein. Dies gilt auch für die angrenzende Region.

Unter früheren Verhältnissen im Wald war ein hohes Stickstoffangebot regelmäßig mit einem reichlichen Angebot an basischen Nährkationen verbunden. Durch den hohen atmogenen Stickstoffeintrag, der auf vielen Standorten die bodeninterne Versauerung und damit die Auswaschung kationischer Nährelemente wie Magnesium, Kalium und Calcium fördert, kommt es zu einer Unausgewogenheit des Nährstoffangebots. Die atmogene Stickstoffdüngung bringt die Waldbestände somit in eine ernährungsphysiologische Schere: Das durch den Stickstoff angeregte Wachstum – seit drei Jahrzehnten liegt der Zuwachs 20- 40% über dem Erwartungwert – bedeutet, daß die Bäume zugleich mehr Mineralstoffe wie Kalium, Magnesium, Calcium und Mangan (jeweils in Ionenform) sowie mehr Wasser aufnehmen müssen. Die verfügbaren Vorräte sind jedoch äußerst knapp, zumal bei tendenziell zunehmender Bodenversauerung (die ein verstärktes Auswaschen von Kationen, also positiv geladenen Nähr-Ionen, zur Folge hat), langfristig unzureichenden Niederschlägen und ausgeprägten Trockenperioden. Die atmogene Stickstoffzufuhr treibt somit die Bäume in akute Mangelsituationen hinein. Die klassischen Krankheitssymptome im Wald – Vergilben und Abwurf von Blättern oder Nadeln – gelten als Indizien für Trockenstress oder als Zeichen für Nährstoffmangel (vor allem Magnesium und Kalium). Die latente Mangelsituation verstärkt sich durch Stickstoffzufuhr (die einen höheren Mineral- und Wasserbedarf nach sich zieht) massiv.

Die derzeit vorherrschenden Schadbilder – ins Auge fallen besonders die Nadelverluste – lassen sich tatsächlich als reversible physiologische Stressreaktionen erklären: Trocknis – verstärkt durch Stickstoffeintrag – ist der hauptsächliche Stressor. An manchen Standorten kommt ein akuter Mangel an mono- und divalenten Kationen dazu. Waldbauliche Fehler, Bodenversauerung und Ozonbelastung spielen allenfalls lokal eine Rolle. Da das Trocknissyndrom unter den Schadbildern vorherrscht, wurde dringend empfohlen (Mohr 1993), die Wasserentnahme aus den Mittelgebirgen zu reduzieren und Grundwasserabsenkungen in Waldgebieten nicht mehr hinzunehmen.

10. Handel mit Tragekapazität

Handel zwischen den Regionen bedeutet Import und Export von Tragekapazität. Die neoliberalen Ökonomen gehen davon aus, daß nur der freie Handel eine optimale Nutzung des globalen Ökosystems durch die Wirtschaft gestattet. Die Marktmechanismen seien geeignet, die bestmögliche Mikroverteilung von Gütern, Dienstleistungen und Tragekapazität zu gewährleisten.

Die Kritiker des Freihandels weisen demgegenüber darauf hin, daß die Marktmechanismen weitgehend blind seien für die Gesamtbelastung des globalen Ökosystems durch die Wirtschaft (Daly 1990). Insbesondere würden die enormen externen Kosten der Stoffströme und Transportleistungen, die die Mikroverteilung verursacht, nicht gebührend berücksichtigt. Dies gelte auch für den Transfer von Tragekapazität (Bringezu 1994).

Vom Standpunkt einer ökologischen Ökonomik ist es nur konsequent, wenn Gegenmodelle zur derzeit praktizierten Mikroverteilung statt eines deregulierten globalen Marktes eine verstärkte Regionalisierung verlangen. Dem Standardargument für den Freihandel – komparative Kostenvorteile (Bhagwati 1994) – werden die Allokationsprobleme entgegengestellt, die der Freihandel verursacht (Daly 1994). Die ordnungspolitischen Forderungen laufen darauf hinaus, im Interesse der Umwelt die wirtschaftliche Autarkie der Regionen zu begünstigen und den interregionalen Handel zu dämpfen (Steiner u. Schütz 1993).

Über die subtilen Kontroversen der Ökonomen hinaus vermutet der Ökologe, daß beim Welthandel das Ende der Fahnenstange ohnehin in Sicht ist, unabhängig von den für eine nachhaltige Entwicklung gewählten Indikatoren, und unabhängig von den Modalitäten der Mikroverteilung: In vielen Regionen der Welt ist die nachhaltige Tragekapazität bereits (weit) überzogen. Die globale Tragekapazität erscheint ausgeschöpft. Eine wesentliche Erweiterung der globalen Tragekapazität ist ohne technische und geopolitische "Durchbrüche" nicht zu leisten. Die Erde kann andererseits nur deshalb 6 Milliarden Menschen tragen, weil uns (noch) die regional konzentrierten fossilen Ressourcen zu Gebote stehen. Aber deren Mikroverteilung und Nutzung erscheinen ökologisch hoch riskant: Manche Fachleute glauben, daß die Energiegrenzbelastung der Ökosphäre (8-10 TW global) bereits weit überschritten ist.

Das Kardinalproblem liegt einmal darin begründet, daß eine globale Konsensfähigkeit bei Fragen der Umwelt- und Ressourcenschonung nicht unterstellt werden darf. Darüber hinaus bestätigt sich die alte Erfahrung, daß die Fähigkeit des Menschen, schmerzhafte Anpassungsprozesse zu bewältigen, begrenzt ist. "Evolution, even cultural evolution, is not reversible – man would rather die in the penthouse than live in the cave" (Nicolas Georgescu-Roegen, zitiert in Wade 1975, S. 447).

Verbale Verzichterklärungen werden in aller Regel nicht als bindend aufgefaßt ("Asketen in Samt und Seide", nannte Bruno Kreisky die Ökosozialisten in seinem Gefolge). Absurde Science Fictions, wie sie neuerdings auch in seriösen Journalen kolportiert werden (Kempkens 1994), täuschen technische Lösungen vor, für die in Wirklichkeit keine Hoffnung besteht (zum Beispiel Verstromung von Wasserstoff aus Biomasse).

11. Regionale und globale Tragekapazität - ein Resümee

Tragekapazität ist die Eigenschaft eines Wirtschaftsraumes, eine bestimmte Bevölkerung nachhaltig zu tragen. Es wurde von der Frage ausgegangen, ob die hohe Tragekapazität, die sich der moderne Mensch aufgebaut hat, mit dem Kriterium der Nachhaltigkeit verträglich ist.

In vorliegenden Beitrag wurde die Energieversorgung, die Versorgung mit Biomasse (Nettoprimärproduktion), die Wasserversorgung und die sink-Kapazität für atmogene Stickstoffdeposition auf Nachhaltigkeit hin geprüft.

Was die globale Tragekapazität anbelangt, hat sich die Menschheit – so besagt die Analyse – im Fall der Energie bereits weit von der Nachhaltigkeit entfernt. Im Fall der Nettoprimärproduktion besteht praktisch kein Spielraum mehr. Was die sink-Kapazitäten angeht, erweisen sich globale Strategien der Vorsorge als wirkungslos. Ein bekanntes Beispiel ist das CO_2-Problem.

Im Fall der regionalen Tragekapazität der politisch definierten Region Baden-Württemberg ist bei der Energieversorgung keine Nachhaltigkeit in Sicht. Man bleibt auch im günstigsten Fall darauf angewiesen, mehr als 80% (in der Praxis vermutlich > 90%) des Energiebedarfs zu importieren. Selbst beim Wasser hat sich Baden-Württenberg bereits für mehr als 40% der Bevölkerung in die Abhängigkeit vom Fernwasser (Alpenwasser) begeben. Wie lange diese Quellen im Fall einer globalen Erwärmung sprudeln werden, weiß derzeit niemand. Was die atmogene Stickstoffdeposition anbelangt, ist die sink-Kapazität der naturnahen Ökosysteme in Baden-Württenberg (Wälder, Brachen, Gewässer, Schutzgebiete) derzeit erheblich überfordert (vgl. Lehn et al. 1995). In den Wäldern gelangt heute bereits ein erheblicher Teil der atmogenen Stickstoffdeposition als Nitrat direkt ins Quellwasser. Eine Annäherung an nachhaltige critical loads setzte eine Reduktion der atmogenen Stickstoff-Einträge um etwa 2/3 voraus.

Diese Bilanz macht deutlich, daß ein nachhaltiges Wirtschaften gravierende Änderungen künftiger Lebensstile voraussetzt: Die Zahl der Menschen, ihr Konsumniveau und ihre Technologie müssen regional und global in ein vernünftiges Gleichgewicht mit der Umwelt gebracht werden. Dabei muß der "Dreiklang" von Ökologie, Ökonomie und Sozialvertäglichkeit gewahrt bleiben. Das sagt sich leicht. In Wirklichkeit hatte in der ganzen Geschichte der Menschheit noch keine Generation eine vergleichbare Aufgabe zu meistern.

Literatur

Bhagwati, J. (1994). Ein Plädoyer für freien Handel. Spektrum der Wissenschaft 1, 34-39

Borcherdt, Ch. und Mahnke, H.-P. (1973). Die "Tragfähigkeit der Erde" als wissenschaftliches Problem. Stuttgarter Geographische Studien 85, 7-27

Bringezu, St. (1994). Strategien einer Stoffpolitik. Wuppertal Papers 14. - Wuppertal

Catton, W.R. (1994). Consideration of three issues pertaining to "A Regional Concept of Qualitative Growth and Sustainability". Paper prepared for the International Workshop on the topic of "Regional Sustainability", 8. bis 10. Juni 94. - Stuttgart

Cohen, J.E. (1995). Population growth and earth's human carrying capacity. Science 269, 341-346

Daly, G.C. (1995). Restoring value to the world's degraded lands. Science 269, 350 - 354

Daly, H.E. (1990). Towards an environmental macroeconomics. In: The Ecological Economics of Sustainability, S. 32-46. The World Bank. - Washington

Daly, H.E. (1994). Die Gefahren des freien Handels. Spektrum der Wissenschaft 1, 40-46

Dürr, H.-P. (1994). Die 1.5 Kilowatt-Gesellschaft. Intelligente Energienutzung als Schlüssel zu einer ökologisch nachhaltigen Wirtschaftsweise. Vortragsreihe Wuppertal Institut für Klima, Umwelt, Energie im Wissenschaftszentrum NRW, 25.1.1994. - Wuppertal

Flaig, H. und Mohr, H. (Hrsg.) (1993). Energie aus Biomasse. - Berlin

Frankfurter Allgemeine Zeitung (1995). Wasserverschwendung in Großbritannien. FAZ Nr. 195, 23. August 95, 18

Frankfurter Allgemeine Zeitung (1995). Spanien will Trinkwasser im Ausland kaufen. FAZ Nr. 196, 24. August 95, 14

Fritsch, B., Schmidheiny, St. und Seifritz, W. (1994). Towards an Ecologically Sustainable Growth Society. - Berlin

Halbritter, G. (1994). Meßlatte für den Erfolg. Politische Ökologie Nov./Dez., 34-47

Harrison, P. (1994). Die Dritte Revolution - Antworten auf Bevölkerungsexplosion und Umweltzerstörung. - Heidelberg

Hohl, M. (1994). Versuch einer Abschätzung der globalen Tragekapazität und der baden-württembergischen Tragekapazität bei Nachhaltigkeit, d.h. auf der Basis erneuerbarer Ressourcen ohne Raubbau. Gutachten für die Akademie für Technikfolgenabschätzung. - Stuttgart

House, P. und Williams, E.R. (1976). The carrying capacity of a nation. Growth and the quality of life. - Lexington

Kempkens, W. (1994). Reise im Rohr. Wirtschaftswoche Nr. 52, 22. Dezember 94, 102-113

Lehn, H., Flaig, H., und Mohr, H. (1995). Vom Mangel zum Überfluß: Störungen im Stickstoffkreislauf. GAIA 4, 13 - 25

Lewin, R. (1992). Spuren der Menschwerdung: die Evolution von Homo sapiens. - Heidelberg

Mayr, U. (1994). Ökologische Import- und Exportbilanz für Baden-Württemberg. Gutachten für die Akademie für Technikfolgenabschätzung. - Stuttgart

Mohr, H. (1993). Waldschäden in Mitteleuropa - wo liegen die Ursachen? In: Verhandlungen der Gesellschaft Deutscher Naturforscher und Ärzte, 117. Versammlung, Aachen 1992, S. 43-59. - Stuttgart

Mohr, H. (Hrsg.) (1995). Spannungsfeld Energie - Probleme und Perspektiven. - Rombach

Pillet, G. (1993). Elemente einer Untersuchung der ökologischen Tragefähigkeit von national begrenzten Lebensräumen. - Carouge-Genf

Postel, S. (1994). Carrying capacity: Earth's bottom line. In: State of the World 1994. A Worldwatch Institute Report on Progress Towards a Sustainable Society, S. 3-21. - New York

Sachverständigenrat für Umweltfragen (SRU) (1994). Für eine dauerhaft-umweltgerechte Entwicklung. Umweltgutachten 1994. - Stuttgart

Schiffler, M. (1995). Konflikte um Wasser - ein Fallstrick für den Friedensprozeß im Nahen Osten. Aus Politik und Zeitgeschichte B 11/95, 13-21

Steiner, D. und Schütz, J. (1993). Wieviel Erde braucht der Mensch? GAlA 2, 235-236

Vischer, D. (1994). Nachhaltige Gewässernutzung am Beispiel der überregionalen Wasserversorgung – Überlebensfrage oder Sehnsucht nach dem Paradies? Geographica Bernensia P30, 21-34

Vitousek, P.M., Ehrlich, P.R., Ehrlich A.H. und Matson, P.H. (1986). Human appropriation of the products of photosynthesis. BioScience 34, 368-373

Wade, N. (1975). Nicholas Georgescu-Roegen: Entropy the measure of economic man. Science 190, 447

Weimer, W. (1995). Sechs Millionen Spaniern wird das Wasser rationiert. Frankfurter Allgemeine Zeitung Nr. 182, 8. August 1995, 14

Wetzel, K.R. und Wetzel, J.F. (1995). Sizing the earth: recognition of economic carrying capacity. Ecological Economics 12, 13-21

Ziegler, W. (1992). Zur Tragfähigkeit ökologischer Systeme. Wiss. Zeitschrift Technische Universität Dresden 41, 17-20

Ökonomische Indikatoren für eine nachhaltige Umweltnutzung

Dieter Cansier

1. Nachhaltige Entwicklung in der Ökonomie

Die wissenschaftliche Auseinandersetzung mit Fragen der Nachhaltigen Entwicklung hat seit der Rio-Konferenz starken Auftrieb erhalten. Neben der konventionellen neoklassischen Ressourcen- und Umweltökonomie ist mit der ökologischen Ökonomie eine neue Forschungsrichtung entstanden (Constanza 1991, Daly 1990, Pearce u. Turner 1990, Pearce et al. 1989, Pearce 1987). Diese ist bestrebt, Erkenntnisse aus der Ökologie in der ökonomischen Theorie zu berücksichtigen. Hierbei wird davon ausgegangen, daß die Ökonomie als Teil des ganzen planetarischen Ökosystems zwingend natürlichen Restriktionen unterliegt und diese respektieren muß. Des weiteren sind bestimmte wissenschaftlich begründbare natürliche Grenzen durch das Wirtschaften einzuhalten, um die Lebensbedingungen in der Zukunft nicht zu gefährden. Die neue Richtung betont den intergenerationellen Aspekt. Jede Gesellschaft soll eine Entwicklung einschlagen, die die zukünftigen Generationen nicht belastet. Umweltqualität und natürliche Ressourcenbasis sollen sich langfristig nicht verschlechtern. Soweit Irreversibilitäten unvermeidlich sind – wie bei den erschöpfbaren Ressourcen – sollen die zukünftigen Generationen durch Bereitstellung funktionsgleicher Substitute kompensiert werden. Eine erste Konkretisierung erfährt die Idee der Nachhaltigkeit durch zwei Merkmale: Künftige Generationen sollen mindestens den gleichen Nutzen realisieren können wie die heute lebenden Generationen, und es soll – um dies zu erreichen – von Generation zu Generation ein konstanter Umweltkapitalstock weitergegeben werden (Pearce u. Turner 1990, S. 43).

Die ökologische Ökonomie versteht sich als Gegenposition zur Neoklassik, die Umwelteingriffe von Nutzen-Kosten-Abwägungen abhängig macht (Turner u. Pearce 1990). Die Neoklassik betrachtet die Umwelt als knappes Gut, dessen Erhalt nicht nur Nutzen stiftet, sondern auch Kosten verursacht. Umwelteingriffe werden einem Wirtschaftlichkeitskalkül unterworfen, das eine Quantifizierung und Monetarisierung der Nutzen und Kosten zukünftiger Generationen und die Angabe von Wahrscheinlichkeitsverteilungen für die unsicheren Effekte voraussetzt. Belastungen, die zukünftige Generationen treffen, werden nicht in voller Höhe berücksichtigt, sondern mit einem diskontierten Wert. Eingriffe gelten immer dann als gerechtfertigt, wenn der Gegenwartswert der gesamten Nettonutzen positiv ist. Eine prominente Anwendung dieser Methode hat kürzlich Nordhaus mit der Bilanzierung der Kosten und Nutzen des Klimaschutzes geliefert (Nordhaus 1994). Nach seiner Beurteilung ist der künstliche Treibhauseffekt eher harmlos. Die Schäden seien ziemlich gering und die Kosten der Vermeidung hoch. Der Zeithorizont der Rechnung reicht bis in das übernächste Jahrhundert. Die Berechnung wird in Gegenwartswerten durchgeführt, beginnend mit einer Diskontierungsrate von 6 Prozent und langfristig endend mit einer Rate von 3 Prozent. Nordhaus schätzt, daß im Falle einer Verdoppelung der CO_2-Konzentration (gegenüber dem vorindustriellen Niveau) die laufenden Produktionseinbußen ab Mitte des nächsten Jahrhunderts nur 0,25 bis 1 Prozent des Sozialprodukts betragen werden und diskontiert auf die Gegenwart deutlich unter den notwendigen Vermeidungskosten liegen. Ein Temperaturanstieg von 3° Celsius (gegenüber heute) könne hingenommen werden. Diese Grenze gilt dagegen für die Klimaforscher als äußerst kritisch. Nach ihrer Auffassung sollte der Temperaturanstieg nicht über 1° Celsius hinausgehen. Dieser Meinung schließt sich bspw. Pearce als renommierter Nachhaltigkeitstheoretiker an (Pearce 1991, S. 16ff). Oberhalb dieser Grenze befände man sich in einer "Zone des Unwissens", denn in den letzten Millionen Jahren habe auf der Erde niemals eine so hohe Temperatur geherrscht, so daß man über keinerlei Erfahrungen verfüge, wie sich das Leben unter diesen Bedingungen entwickeln werde. Angesichts der totalen Ungewißheit müsse es das Ziel sein, das Umweltrisiko so gering zu halten, wie das heute noch möglich ist.

Die Schwachstellen der neoklassischen Position sind klar: Über so lange Zeitspannen wie 50, 100 und mehr Jahre lassen sich keine zuverlässigen Angaben über Nutzen, Kosten und Wahrscheinlichkeitsverteilungen machen. Als außerordentlich problematisch erweist sich auch die Diskontierung. Sie führt zu einer starken perspektivischen Verkleinerung der langfristigen Effekte. Heutige Verminderungen der CO_2-Emissionen wirken sich erst ab Ende des nächsten Jahrhunderts positiv auf das Klima aus. Bei einer Diskontierungsrate von bspw. 3% geht der Nutzen dann nur mit dem geringen Gewicht von 5% in die akuellen Entscheidungen über die Klimaschutzpolitik ein. Kosten fallen dagegen sofort an und finden in voller Höhe Berücksichtigung. So kann es leicht dazu kommen, daß der langfristige Umwelt- und Ressourcenschutz als unwirtschaftlich ausgewiesen wird und Risiken für zukünftige Generationen aus Langfristbelastungen und irreversiblen Umweltveränderungen hingenommen werden (bspw. Abholzung der Regenwälder, Tolerierung des künstlichen Treibhauseffektes, Raubbau an Fisch- und Tierbeständen, Dezimierung der biologischen Vielfalt und Vernichtung von Naturdenkmälern). Dann werden die zukünftigen Generationen schlechtergestellt, was einem nachhaltigen Entwicklungspfad widerspricht.

Die ökologischen Nachhaltigkeitstheoretiker lassen diese Art von Rationalität nicht gelten. Für sie sind die Bewertungen nicht nur zu spekulativ, sondern auch Ausdruck einer Haltung, die die Langfristrisiken unterschätzt. Die Diskontierung für zukünftige Generationen wird von ihnen aus ethischen Gründen abgelehnt (zur Diskontierungsproblematik bei zukünftigen Generationen: Birnbacher 1988, S. 28ff; Hampicke 1992, S. 283ff; Cansier 1993, S. 121ff). Sie widerspricht ihren intergenerationellen Gerechtigkeitsvorstellungen. Jeder Generation komme der gleiche moralische Rang zu. Durch die Diskontierung wird das Gleichbehandlungsgebot verletzt. Zur ethischen Rechtfertigung wird gelegentlich auf die Gerechtigkeitsphilospohie von Rawls Bezug genommen. (Pearce 1988, S. 601 f.; vgl. auch Rawls 1979 oder Kersting 1993).

Die Neoklassik stößt auch auf Kritik, weil sie die Nutzung der Umwelt nur aus dem Blickwinkel der Effizienz und nicht der Gerechtigkeit betrachtet. Der intergenerationelle Gerechtigkeitsaspekt wird in formalen Modellanalysen bereits dadurch ausgeblendet, daß regelmäßig mit der Fiktion eines einzigen, unendlich lange lebenden Menschen gearbeitet wird. Der Effizienzansatz selbst ist wegen seiner Verteilungsannahme fragwürdig. Die Modellvorstellung geht dahin, daß im gedachten Ausgangszustand eine bestimmte gerechte Aufteilung der Umweltnutzungen auf die Generationen existiert und Änderungen dieser Verteilung immer dann vorgenommen werden sollten, wenn dadurch einige oder alle Generationen bessergestellt werden und keine Generation schlechtergestellt wird (Pareto-Kriterium). Jedoch gibt es, wie die politischen Erfahrungen zeigen, regelmäßig nicht nur Gewinner, sondern auch Verlierer. Wäre das anders, müßte bspw. bei der Bekämpfung des Treibhauseffektes folgende Konstellation gelten: Gerechte Ausgangsbasis für alle Generationen sei ein gleiches globales Klima. Eingriffe, die den künstlichen Treibhauseffekt hervorrufen und zukünftige Generationen belasten, sind Pareto-optimal, sofern die heutigen Generationen wegen der ihnen durch die Verschmutzung ermöglichten Kostenvorteile Kapitalgüter (Leistungen) bereitstellen, die den künftigen Generationen zugute kommen und ihnen einen größeren Nutzen stiften, als ihnen Schäden entstehen. Da alle Generationen gegenüber der gerechten Ausgangsverteilung tatsächlich bessergestellt werden, ist auch die Endverteilung gerecht.

Überlegungen dieser Art sind offensichtlich außerordentlich spekulativ und ziemlich unrealistisch. Kein staatlicher Planer vermag die Nutzen und Kosten zukünftiger Generationen zu prognostizieren. Es ist fraglich, ob die anvisierten Substitutionen überhaupt möglich sind. Auch stellen sich große Schwierigkeiten, sinnvoll zu definieren, wie eine gerechte Ausgangsverteilung der Umweltressourcen zwischen den Generationen aussehen sollte.

Wegen der Mängel des Pareto-Kriteriums verwendet man in anwendungsbezogenen Kosten-Nutzen-Analysen das Kaldor-Hicks-Kompensationskriterium. Danach sind Eingriffe bereits dann gerechtfertigt, wenn die

Gewinner der Politik in der Lage wären, die Verlierer zu entschädigen. Es kommt nicht auf die tatsächliche Kompensation an. Man nimmt eine einfache Aufrechnung der Kosten und Nutzen vor. Das ist klassischer Utilitarismus: Das größte Glück der größten Zahl. Verschlechterungen der Umweltbedingungen und der Ressourcenbasis für zukünftige Generationen sind danach immer dann zulässig, wenn die Gewinne der heutigen Generationen nur groß genug sind. Diese Vorstellung widerspricht der Gerechtigkeit als Gleichheit zwischen den Generationen. Das Prinzip des möglichen Ausgleichs gewährleistet nicht die Verbesserung einer Ausgangslage, sondern kann auch zum Gegenteil führen. Bedingung für Gerechtigkeit ist die tatsächliche Kompensation.

Die neuralgischen Punkte der neoklassischen Position – Nutzen- und Kostenbewertung, Diskontierung, Effizienzbetrachtung – tauchen im Konzept der ökologischen Ökonomen nicht auf. Diese Aspekte erledigen sich bei ihnen wegen des Rückgriffs auf das Postulat vom mindestens gleichen Nutzen von selbst. Während die Neoklassik Langfristbelastungen und Irreversibilitäten bei positivem Gegenwartswert des Nettonutzens akzeptiert, gilt für die ökologischen Nachhaltigkeitstheoretiker aus Gründen der Gerechtigkeit zwischen den Generationen ein striktes Verschlechterungsverbot.

Verringerungen des Umweltkapitals könnten hingenommen werden, wenn dem eine gleichwertige Vermehrung des künstlichen Kapitalstocks gegenübersteht (Konzept der "weak sustainability"). Sofern dies möglich ist, stellt die Erhaltungsnorm für das Naturkapital kein sinnvolles Entwicklungsziel dar. Überlegungen dieser Art werden von der Neoklassik angestellt. Sie untersucht die Bedingungen, die erfüllt sein müssen, damit bei begrenzten natürlichen Ressourcen auf lange Sicht ein konstanter Lebensstandard aufrechterhalten werden kann (Richter 1994). Die Modelle sind Anfang der 70er Jahre als Antwort auf die apokalyptischen Vorhersagen des Club of Rome über die Grenzen des Wachtums entstanden (Meadows et al. 1972). Sie zeigen, daß sich ein nicht sinkender Pro-Kopf-Nutzen grundsätzlich auch durch Vermehrung des menschengemachten Kapitalstocks – d.h. durch menschliche Leistungen – erreichen läßt. Tatsächlich dürfte es aber unstrittig sein, daß die Natur in ihren wesentlichen Eigenschaften nicht durch künstliche Leistungen des Menschen ersetzbar ist (Konzept der "strong sustainability"). Die Nachhaltigkeitstheoretiker nennen hierfür als Gründe:

- Die Lebenserhaltungsfunktionen der Umwelt. Ein verträgliches Klima, Schutz vor schädlicher Strahlung, saubere Luft und Gewässer sowie regenerierbare Ressourcen als notwendige Basis für die Nahrungsmittelversorgung gehören zur Fundamentalausstattung menschlichen Lebens. Dafür gibt es keine gleichwertigen Substitute.

- Die Multifunktionalität der natürlichen Systeme. Der Wald erfüllt bspw. nicht nur eine Erholungsfunktion – für die es Ersatz geben mag –, sondern er beeinflußt auch das Klima, ist Wasserspeicher, verhindert Bodenerosion und begünstigt die biologische Vielfalt.

- Der notwendige Rückgriff auf natürliche Ressourcen bei Herstellung und Betrieb von Produktionsanlagen (Sachkapital). Die Gesetze der Thermodynamik weisen darauf hin, daß Produktion auf der Erde ein Prozeß der Transformation von Materie und Energie ist und die Abfallstoffe nicht wieder zu vollwertigen Rohstoffen umgewandelt werden können. Künstliches Kapital setzt immer natürliche Ressourcen voraus.

2. Handlungsregeln für die nachhaltige Umweltnutzung

Die Grenzen für die Nutzung der Umwelt werden mit Hilfe mehrerer Managementregeln beschrieben. Diese Regeln sollen der Politik Mengenvorgaben für die zulässigen Umwelteingriffe liefern. Sie sind allerdings allgemein gehalten und können die Bedingungen für Nachhaltigkeit nicht vollständig erfassen. Deshalb sind sie hier als Indikatoren zu verstehen. Die Regeln besagen (WCED 1987, Pearce u. Turner 1990, Sachverständigenrat für Umweltfragen 1994):

1. Regenerierbare lebende Ressourcen (wie Fisch- und Waldbestände) sollen nur in dem Maße genutzt werden, wie Bestände natürlich nachwachsen.

2. Erschöpfbare Rohstoffe und Energieträger dürfen nur in Mengen verbraucht werden, wie simultan funktionsgleiche regenerierbare Ressourcen geschaffen werden (El Serafy 1989, Daly 1990).

3. Schadstoffemissionen dürfen die natürliche Aufnahmekapazität der Umweltmedien nicht übersteigen.

Die Regeln eins und drei stellen auf die biologisch-chemisch-physikalischen Regenerationskräfte der Natur ab. Reststoffe der Produktion und des Konsums dürfen den Gewässern, der Luft und dem Boden nur in dem Maße zugeführt werden, wie diese dort auf natürliche Weise neutralisiert werden können. Dann entstehen keine (zusätzlichen) Umweltbelastungen. Eine bestimmte Umweltqualität kann auf Dauer von allen Generationen als Konsumgut genutzt werden. Das gleiche gilt für die Deponiefunktion, da die natürlichen Regenerationskräfte nicht geschädigt werden.

Lebende Ressourcen wachsen nach. Wenn sich die Fänge, Ernten und Abholzungen in den Grenzen des natürlichen Wachstums halten, verringern sich die Bestände nicht. Die Ressourcen liefern auf Dauer einen konstanten Leistungsstrom. Das Nachwachsen geschieht laufend. Deshalb bietet die Managementregel bereits der kurzfristigen Politik einen Orientierungsrahmen.

Für nicht erneuerbare Ressourcen lassen sich objektive wissenschaftlich begründbare Nutzungsgrenzen nicht angeben. Mit der Ausbeutung der Bodenschätze, der Erdöl-, Erdgas- und Kohlevorkommen verringern sich zwangsläufig die auf der Erde vorhandenen Bestände. Es ist unmöglich, die Verbrauchsmengen auf Dauer konstant zu halten. Andererseits ist es auch nicht sinnvoll, die Ressourcen überhaupt nicht zu verwenden. Man kann nur versuchen, mit Hilfe von Substituten das Funktionenpotential zu erhalten.

2.1   Regel für regenerierbare Ressourcen

Diese zunächst eindeutig erscheinende Regel erweist sich bei näherer Betrachtung als ziemlich unbestimmt. Es stellen sich eine Reihe von Fragen, die nicht naturwissenschaftlich gelöst werden können, sondern der politisch-gesellschaftlichen Bewertung bedürfen.

Die Regel beschreibt eine Bedingung für Bestandserhalt. Sie sagt nichts darüber aus, welches Bestandsniveau erhalten werden soll, denn das natürliche Wachstum einer Population hängt von der Bestandsgröße selbst ab. In Modellen nimmt man für den Wachstumsverlauf meist eine Funktion mit folgenden Eigenschaften an (Hampicke 1993, S. 79ff, Ströbele 1987, S. 126ff): Eine minimale Bestandsgröße ist für den Existenzerhalt notwendig. Oberhalb dieser Grenze variiert das Wachstum. Es nimmt zunächst zu, erreicht ein Maximum ("maximum sustainable yield", MSY) und fällt dann auf null herab (biologische Sättigungsmenge). Grundsätzlich könnte irgendeine Populationsgröße zwischen dem minimalen und dem maximalen Bestand gewählt werden. Die Anhänger der Nachhaltigkeitsidee empfehlen als Zielgröße den MSY-Bestand, weil dann der höchstmögliche permanente Ertrag aus der Ressource gezogen werden kann.

Diese Modellvorstellung erweckt den Eindruck, als sei die angestrebte Erhaltungsnorm allein durch natürliche Faktoren bestimmt. Das trifft nicht zu. Das natürliche Wachstum ist eine Funktion der Umweltbedingungen (Nährstoffe, Energie, Wärme, Raumangebot, Wasser bei Landressourcen, Vorhandensein von Schadstoffen etc.), die häufig durch den Menschen beeinflußt sind. Für den Wald läßt sich bspw. kein natürliches MSY-Niveau angeben, weil er sich im unberührten Zustand immer weiter ausbreiten würde. Die Wachstumsregel betrifft nur die Nutzung eines räumlich abgegrenzten Ökosystems. Wieviel Wälder von welcher Größe es geben soll, ist aber eine Frage der relativen Dringlichkeit der alternativen Flächennutzungen (Natur, Landwirtschaft, Besiedlung, Infrastruktur). Die gleiche Nutzungsrivalität besteht bei der regenerierbaren Ressource Weideland.

Indem der Mensch eine bestimmte Widmung der Bodennutzungen vornimmt, grenzt er außerdem zugleich die Lebensbedingungen für die wildlebenden Landtiere ein. Gewässerverschmutzungen und andere Eingriffe in Binnengewässer und Meere beschränken den Lebensraum der aquatischen Tierwelt. Schutz der regenerierbaren Ressourcen und Schutz der Umwelt müssen Hand in Hand gehen. Da der Umweltschutz nicht ohne ökonomische Wertungen auskommt (vgl. später), gilt dies auch für die regenerierbaren Ressourcen.

Die einzelne wirtschaftlich genutzte Ressource ist Bestandteil eines größeren Ökosystems. Es muß entschieden werden, inwieweit die Bestände der kommerziell gewinnbaren Ressourcen oder die Multifunktionalität der Ökosysteme erhalten bleiben soll. Fischarten stehen in einem Beute-Räuber-Verhältnis zueinander oder konkurrieren um die gleiche Nährstoffbasis. Eingriffe bei einzelnen Elementen haben Konsequenzen für die anderen Bestandteile. Der Wald ist nicht nur Holzlieferant, sondern erfüllt auch wichtige Funktionen in bezug auf Klima, Boden, Wasserhaushalt, Artenvielfalt und Erholung. Die holzwirtschaftliche Ausbeutung tritt in Konflikt mit diesen Funktionen. Ein prominentes Beispiel liefern die Regenwälder. Es sind unvermeidlich Knappheitsüberlegungen anzustellen. Sofern das gesamte Ökosystem intakt bleiben soll, sind die Ressourcenbestände eher groß und die permanenten Erntemengen eher gering anzusetzen. Beispielsweise mag die Holzgewinnung nur insofern zulässig sein, wie Boden, Grundwasser, Wasserläufe und Artenvielfalt langfristig nicht geschädigt werden. Möglicherweise wird auch der ökologischen Funktion der absolute Vorrang eingeräumt, etwa in Gebieten, die als Wildnis bewahrt werden sollen. Dann ist die Holzgewinnung gänzlich ausgeschlossen. In anderen Fällen mag sie Priorität besitzen.

Dieses umfassende Nachhaltigkeitsverständnis liegt dem deutschen Forstrecht zugrunde. Im Bundeswaldgesetz wird in § 1 Abs. 1 als Zweck des Gesetzes angeführt, "... den Wald wegen seines wirtschaftlichen Nutzens (Nutzfunktion) und wegen seiner Bedeutung für die Umwelt, insbesondere für die dauernde Leistungsfähigkeit des Naturhaushaltes, das Klima, den Wasserhaushalt, die Reinhaltung der Luft, die Agrar- und Infrastruktur und die Erholung der Bevölkerung (Schutz- und Erholungsfunktion), zu erhalten, erforderlichenfalls zu mehren und seine ordnungsmäßige Bewirtschaftung nachhaltig zu sichern." (Umwelt-Recht 1990, S. 104ff; vgl auch Nießlein 1980, Peters 1984). Auch im Fischereirecht herrscht der umfassende Nachhaltigkeitsgedanke vor.

Die MSY-Niveaus sind unsichere Größen. Man kennt die Wachstumsfunktionen der einzelnen Ressourcen nicht genau. Die Umweltbedingungen und Interaktionen innerhalb des gesamten Ökosystems sind komplex und ändern sich im Zeitablauf. Es ist unsicher, wie die Bestände auf externe Schocks reagieren (z. B. Krankheitsanfälligkeit). Die Widerstandsfähigkeit (Resilienz) geht zwar mit abnehmender Bestandsgröße tendenziell zurück, ohne daß man dies aber genau angeben könnte. Nicht selten ist sogar unklar, wie groß die vorhandenen Bestände (etwa in den Meeren) überhaupt sind. Wegen der vielfältigen Unsicherheiten handelt es sich bei der Bestimmung der zulässigen Entnahmemengen um Risikoentscheidungen. Entscheidet man sich für das vermeintliche MSY-Niveau und stellen sich später die Bedingungen als ungünstiger heraus, kann leicht die Existenz der Populationen gefährdet sein. Da die Nachhaltigkeitstheoretiker besonders risikoscheu sind, neigen sie dazu, die zu erhaltenden Bestände hoch anzusetzen. Dieser Bewertung muß die Politik aber nicht folgen.

Die Managementregel enthält nur quantitative Vorgaben. Sie gibt an, welche Menge Biomasse entnommen werden darf. Sie vernachlässigt qualitative Anforderungen an eine nachhaltige Nutzung. Für die Erhaltung von Tier- und Pflanzenbeständen müssen auch die Bewirtschaftungsmethoden nachhaltig sein. Das gilt insbesondere dann, wenn die Ökosysteme in ihren Gesamtfunktionen erhalten bleiben sollen. In diesem Sinne schreiben bspw. die Waldgesetze üblicherweise gewisse Mindestnormen für die Bewirtschaftung vor, etwa den Schutz hiebunreifer Bestände (Nadelbaumbestände unter 50 Jahre und Laubbaumbestände unter 70 Jahre), die Vermeidung von Kahlschlag und ganz allgemein die pflegliche Bewirtschaftung und Nutzung des Waldes. Im Fischereirecht dienen Vorschriften über Fangtechniken, Fanggeräte, über Fanggebiete und Schonzeiten, Mindestgrößen bzw. Mindestgewicht je Fischart und Beschränkung des Beifangs der nachhaltigen Bewirtschaftung (Heinz 1986, Steiling 1989).

Zu den regenerierbaren Ressourcen gehört auch der Boden. Soll auch für die Landwirtschaft die natürliche Ernteregel gelten? Der Boden ist ein komplexes, äußerst empfindliches Medium, das des Schutzes und der Pflege bedarf, wenn es langfristig ertragreich und im Gleichgewicht bleiben soll. Die konventionelle Landwirtschaft setzt auf den Einsatz von Düngemitteln und Pestiziden und favorisiert Monokulturen. Sie belastet damit die natürlichen Regenerationskräfte. Eine nachhaltige Landwirtschaft legt dagegen Wert auf Fruchtwechsel und auf Vielfalt im Pflanzenbau und Tierbestand und sorgt dafür, daß der Boden sich regeneriert und der Schädlingsbefall auf natürliche Weise in Grenzen gehalten wird. Es ist zu entscheiden, ob auch für die nachhaltige Nutzung des Bodens die natürliche Ernteregel gelten soll. Die Vorgabe einer Erntequote als solche nützt nichts. Es kommt entscheidend auf die Bewirtschaftungsmethode an. Läßt man nur nachhaltige Methoden zu, bedarf es keiner Mengenvorgaben.

Die Wachstumsregel stellt auf die einzelne Tier- und Pflanzenpopulation ab. Sie enthält deshalb keine Aussagen über die Aggregation auf die gesamtwirtschaftliche Ebene. Zu klären wäre, inwieweit räumliche und sachliche Substitutionen innerhalb der Bestände regenerierbarer Ressourcen zulässig sein sollten. Es gibt eine Vielzahl kleinster, kleiner, lokaler und regionaler Ressourcen, zwischen denen Substitutionen ohne Gefährdung der Nahrungsmittelversorgung oder des Artenreichtum möglich sind. Aus ökologischer Sicht mag man die Erhaltung jedes einzelnen Umweltelements fordern, etwa mit der Begründung, daß jedes Ökosystem und jedes lokale

Umweltmedium seine Besonderheiten aufweist und im Sinne der Multifunktionalität nicht gleichwertig substituierbar ist. Das wäre jedoch eine extreme Position. Man würde ein hohes Maß an ökonomischer Starrheit in Kauf nehmen. Es bestünde ein scharfer Konflikt zwischen Ökonomie und Ökologie. Man muß realistischerweise in Abwägung der Vor- und Nachteile eine gewisse Flexibilität zulassen.

Es kann auch nicht der Sinn sein, jede in einem Ausgangszustand vorhandene Ressource zu erhalten bzw. für sie bei Abbau Substitute an anderer Stelle bereitzustellen. Dies ist nicht notwendig, um die Lebenschancen der zukünftigen Generationen zu sicher. Obwohl beispielsweise die natürlichen Strukturen, wie sie Anfang des 19. Jahrhunderts bestanden haben, nicht bis in die Gegenwart fortgeschrieben worden sind, ist der Lebensstandard heute wesentlich höher als damals. Es gibt Spielräume für vielfältige Substitutionen, die einen angemessenen Lebensstandard sichern.

Berücksichtigt man das weltweite Bevölkerungswachstum, so sind die Bestände regenerierbarer Ressourcen wahrscheinlich nicht nur zu erhalten, sondern zu erhöhen. Eine Gegenwirkung kann von zukünftigen technischen Fortschritten ausgehen, die eine effizientere Verwertung natürlicher Rohstoffe ermöglichen. Wächst insgesamt der Bedarf, muß die Nachhaltigkeitspolitik darauf angelegt sein, die Einzelbestände zu vergrößern und ihre Anzahl zu vermehren. Die Bevölkerungsentwicklung und der technische Fortschritt sind in Grenzen politisch beeinflußbare Größen. Deshalb müßten auch für sie im Sinne der übergeordneten Nachhaltigkeitsnorm politische Festlegungen getroffen werden, die sich nicht auf objektive wissenschaftliche Kriterien stützen können. Wie weit der Staat ressourcensparende technische Fortschritte fördern soll, ist zweifellos auch eine Kostenfrage.

Es kann soweit festgestellt werden: Über die Bestände an regenerierbaren Ressourcen, die erhalten bleiben sollen, vermag die Naturwissenschaft wenig auszusagen. Die Managementregel setzt eine Stufe tiefer an. Sie verlangt, daß die grundlegenden Zielentscheidungen schon gefällt sind. Ökonomische Abwägungen sind unerläßlich. Damit bewegt man sich im Bereich der Neoklassik. Außerdem reicht die Wachstumsregel als Handlungsempfehlung für "sustainability" nicht aus, weil dafür auch die Bewirtschaftungsmethoden nachhaltig sein müssen.

Für Länder wie die Bundesrepublik stellt die Nachhaltigkeitsforderung bei regenerierbaren Ressourcen keine neue Leitidee dar. Sie ist schon seit langem im Forst-, Naturschutz- und Fischereirecht verankert. Für diese Länder läuft die neuerliche Betonung der Nachhaltigkeit lediglich darauf hinaus, die bestehenden Gesetze und Abkommen zu vervollständigen und zu verschärfen und vor allem ihre Einhaltung zu gewährleisten. Grundsätzlichere Reformen müßten dagegen in den Entwicklungs- und Schwellenländern in Angriff genommen werden (bspw. für die Regenwälder und das Acker- und Weideland), außerdem für die Hohe See (United Nations 1994).

2.2 Regel für erschöpfbare Ressourcen

Diese Managementregel verlangt, daß nur soviel Rohstoffe und Energieträger verbraucht werden dürfen, wie regenerierbare Substitute für den Zeitpunkt der späteren Erschöpfung geschaffen werden. Dafür müssen laufend Forschungs- und Entwicklungsanstrengungen unternommen werden. Die Entnahmemenge soll also direkte Zielgröße sein. Über das Niveau wird keine Aussage gemacht. Der zulässige Verbrauch hängt davon ab, wieviele Ressourcen in die Forschungs- und Entwicklungstätigkeit gesteckt werden und wie effizient und erfolgreich die Forschung ist. Die Zielentscheidung hat eminent ökonomischen Charakter.

Wenn auf Dauer der Lebensstandard erhalten bleiben soll, muß man von der Fiktion der Substitution erschöpfbarer Ressourcen durch regenerierbare Ressourcen ausgehen. Man muß voraussetzen, daß es solche Substitute geben wird. Chancen dafür bestehen (Goeller u. Weinberg 1978, S. 1ff): Einen absoluten Mangel an mineralischen Rohstoffen gibt es praktisch auf der Erde nicht, wenn man die Zusammensetzung der Erdkruste, der Gewässer und der Luft betrachtet. Die lebensnotwendigen, also nicht substituierbaren Elemente auf der Erde reichen für Millionen von Jahren. Außerdem gibt es für die heute am meisten gebräuchlichen nichtexistentiellen Rohstoffe wie Cadmium, Zink, Blei, Kupfer und Quecksilber in den meisten Verwendung Substitute aus praktisch unbegrenzt vorhandenen Materialien. Engpaßfaktor sind die fossilen Energieträger (Kohle, Erdgas und Erdöl). Für sie müssen im Laufe der nächsten Jahrhunderte äquivalente Substitute gefunden werden. Aussichtsreiche Kandidaten dafür sind die Sonnenenergie und Wasserstoff. Sofern hier der Durchbruch gelingt – und das wird von den Nachhaltigkeitstheoretikern erwartet –, müssen sich die Lebensbedingungen der Menschen in mehreren hundert Jahren nicht wesentlich von den heutigen unterscheiden. Allerdings muß es Fördertechniken geben, die es ermöglichen, mineralische Rohstoffvorkommen mit geringen Konzentrationen wirtschaftlich und umweltfreundlich zu gewinnen.

Die Anhänger der Nachhaltigkeitsidee teilen den Optimismus der meisten Ökonomen (und auch der Vereinten Nationen), daß trotz begrenzter natürlicher Ressourcen auf sehr lange Sicht der gleiche Lebensstandard möglich sein wird wie heute. Dieser Optimismus stützt sich auf den Glauben, daß es einmal Techniken geben wird, die den Zugang zu praktisch unerschöpflichen Ressourcen bei vertretbaren Kosten (sog. backstop-Technologien) ermöglichen. Die Hoffnung ist, daß technische Fortschritte – eine praktisch unbegrenzte Vermehrung des menschlichen Wissens – alle Zukunftsprobleme lösen werden.

Die Substitutionsregel gibt der Ressourcenpolitik ein langfristiges Ziel vor. Eine kurzfristige Handlungsanweisung für den laufenden jährlichen Ressourcenverbrauch läßt sich zweifellos auf diese Weise nicht operational definieren. Darin besteht ein Unterschied zur Wachstumsregel für regenerierbare Ressourcen. Man kennt die Erschöpfungszeitpunkte – bzw. die

Faktoren, die diese determinieren – nicht, und man weiß auch nicht, wie erfolgreich die langwierigen Forschungs- und Entwicklungsprozesse sein werden. Es ist unmöglich, für den Ressourcenverbrauch eine quantitative Norm anzusetzen, die laufend – Jahr für Jahr – zu befolgen wäre. Diese Aussage ist deshalb wichtig, weil es Bemühungen gibt, auch für erschöpfbare Ressourcen kurzfristige Mengenindikatoren der nachhaltigen Nutzung in die Volkswirtschaftliche Gesamtrechnung zu integrieren (Cansier und Richter 1995). Dieser Ansatz muß scheitern.

Die Substitution erschöpfbarer Ressourcen durch regenerierbare Ressourcen könnte auf sehr lange Sicht die Lösung des Ressourcenproblems bringen. Aber es gibt bereits früher Entlastungsstrategien, die unbedingt genutzt werden sollten. Die Substitutionsregel sollte viel allgemeiner interpretiert werden. Der laufende Verbrauch einer einzelnen erschöpfbaren Ressource kann auf kürzere Sicht auch ausgeglichen werden durch:

– Neue Funde und Erweiterung der wirtschaftlich gewinnbaren Reserven aufgrund besserer Explorations- und Fördertechniken. So ist bspw. zu beobachten, daß seit Anfang der 70er Jahr die Reichweite der bekannten wirtschaftlich gewinnbaren Reserven von mineralischen Rohstoffen und fossilen Energieträgern nicht zurückgegangen ist. Es ist also in dieser Zeit – seit des Berichts des Club of Rome über die Grenzen des Wachstums – keine Verknappung eingetreten.

– Technische Fortschritte bei der Gewinnung und Verwertung relativ reichlich vorhandener erschöpfbarer Ressourcen, die als Substitute in Betracht kommen (bspw. Eisen für Kupfer).

– Sekundärrohstoffe, die aus Abfallstoffen im Wege des Recycling zu vertretbaren Kosten wiedergewonnen werden.

Im Umgang mit den erschöpfbaren Ressourcen ist der Ökonom ziemlich hilflos. Auf die Frage, ob sich ein mindestens konstanter Lebensstandard langfristig aufrechterhalten läßt, gibt es keine wissenschaftliche Antwort. Die Ökonomen haben immer wieder die allgemeine Forderung aufgestellt, daß mit den nicht erneuerbaren Ressourcen schonend umgegangen werden sollte, um Zeit für den technischen Fortschritt und die Herausbildung neuer Lebensstile zu gewinnen. Jedoch, was soll schonende Nutzung heißen? Die Aussage ist letztlich eine Leerformel, denn die schonendste Nutzung würde eine massive Einschränkung des aktuellen Lebensstandards (eventuell auf das Existenzminimum) bedeuten, was aber keiner will. Man darf also nicht nur die Nutzen der "Schonung" im Auge haben, sondern muß auch die Kosten sehen.

2.3 Regel für Stoffeinträge in die Umwelt

Das natürliche Selbstreinigungsvermögen wird im allgemeinen in Verbindung mit Schadstoffen gebracht, die durch natürliche Mechanismen schnell abbaubar sind. Dazu gehören bspw. organische Stoffe im Abwasser. Die Gewässer können innerhalb kürzester Zeit bestimmte Schadstofffrachten aufnehmen und ohne Verschlechterung des Gütezustandes neutralisieren. Ebenso sorgen Mikroorganismen im Boden für den Abbau organischer Substanzen, und chemisch-physikalische Prozesse bewirken eine Selbstreinigung der Luft. Umwelteinwirkungen dieser Art waren offensichtlich Vorbild für die Formulierug der Regenerationsregel. Der Abbau der Substanzen erfolgt schnell (in Tagen). Deshalb ist bereits kurzfristig ein konstanter Strom von Emissionen zulässig. Die Regenerationsregel schützt nicht nur zukünftige Generationen, sondern auch die heutige Bevölkerung. Die Politik braucht nur dieses kurzfristige Aufnahmevermögen der Umweltmedien im Auge zu behalten, um Langfristschäden zu verhindern. Es besteht eine gute Planungsgrundlage für die laufende Steuerung der Emissionen.

Probleme wirft die Regel bei Schadstoffen auf, die sich langfristig in den Umweltmedien akkumulieren. Es handelt sich um nicht oder schwer abbaubare Stoffe. Die Verweildauer von Treibhausgasen liegt bspw. zwischen 10 bis 150 Jahren. Das wichtigste Treibhausgas, Kohlendioxid, hat eine Einwirkungsdauer in der Atmosphäre von 100 und mehr Jahren. Bei diesen Stoffen muß verhindert werden, daß sich die laufenden Emissionen zu schädlichen Konzentrationen in den Umweltmedien anreichern. Grundsätzlich erscheint dies möglich. Der Prozeß der neutralen Beanspruchung der Tragekapazität läßt sich in zwei Phasen einteilen: In der ersten Phase wird mit den Emissionen begonnen. Die Schadstoffkonzentration erhöht sich beständig. In der zweiten Phase wird die Grenze der Tragfähigkeit erreicht. Die anfangs emittierten Schadstoffe werden nach und nach abgebaut (bei CO_2 beginnt dieser Prozeß etwa nach 100 Jahren). Im Ausmaß dieses Abbaues ist Zufuhr neuer Schadstoffe möglich, ohne die Umweltqualität zu verschlechtern. (Wenn die Abbaumenge des Umweltmediums X Schadstoffeinheiten je Periode beträgt und der Stoff eine Einwirkungsdauer von 100 Jahre hat, dürfen von Beginn der Nutzung des Umweltmediums ab nur X/100 Einheiten laufend emittiert werden.) Grundsätzlich ist es deshalb auch hier möglich, einen für alle Generationen konstanten Emissionsstrom zuzulassen. Dafür dürfen allerdings die frühen Generationen das Aufnahmepotential nicht bereits ausschöpfen. Wenn beispielsweise schon nach 50 Jahren die CO_2-Akkumulation an die kritische Grenze stößt und Klimaveränderungen drohen, dürften in den nächsten 50 Jahren keine Emissionen mehr erfolgen. Die frühen Generationen hätten auf Kosten der nachkommenden Generationen gelebt. Die Regenerationsregel verlangt deshalb bei den schwer abbaubaren Stoffen eine sehr langfristige Planung der Emissionen. Von den frühen Generationen muß Zurückhaltung zugunsten der späteren Generationen geübt werden, damit alle die Chance haben, die Umwelt gleich zu nutzen.

Je resistenter ein Stoff ist, um so länger muß die erste Planungsphase sein und um so geringer müssen die mit der langfristigen Regenerationskapazität kompatiblen laufenden Emissionen angesetzt werden. Der Extremfall tritt dann auf, wenn bei begrenzter natürlicher Aufnahmekapazität die Schadstoffe eine praktisch unendliche Einwirkungsdauer haben. Das langfristige Regenerationsvermögen ist dann gleich null. Emissionen dürften nur vorübergehend, nicht aber permanent zugelassen werden. Sie müßten langfristig auf Null reduziert werden. Damit verbindet sich ein intergenerationelles Problem. Die Nutzen aus der Deponiefunktion der Umwelt fielen einseitig den heutigen Generationen zu. Das ist mit dem Postulat des nicht sinkenden Nutzens unvereinbar. Die Lösung müßte im Prinzip genauso lauten, wie sie von den Nachhaltigkeitstheoretikern für erschöpfbare Ressourcen angegeben wird: Laufende Emissionen der nicht abbaubaren Schadstoffe sind nur soweit zulässig, wie umweltfreundliche Substitute langfristig verfügbar gemacht werden. Eine dauerhafte, gleiche Nutzung der Umweltmedien ist nur möglich, wenn relativ umweltfreundliche abbaubare Substitute gefunden werden.

Für die langsam abbaubaren Stoffe kann man vor diesem Hintergrund die Nutzungsregel auch erweitern. Die zulässigen Emissionen müssen sich nicht auf die Regenerationsmenge in bezug auf diese Stoffe beschränken, sondern man kann zusätzliche Emissionen zulassen, wenn gleichzeitig Forschung und Entwicklung sicherstellen, daß spätere Generationen rechtzeitig über schneller abbaubare Substitute verfügen. Die dabei zu erfüllenden Anforderungen lassen sich allerdings genauso wenig in eine verbindliche periodenbezogene Emissionsregel gießen wie im Falle der erschöpfbaren Ressourcen.

Bisher wurde angenommen, die Selbstreinigungsregel sei in ihrer Aussage eindeutig. Das ist aber nicht der Fall. Ähnlich wie bei den regenerierbaren Ressourcen besteht eine Bestandsabhängigkeit der natürlichen Selbstreinigungskapazität. Auch belastete Umweltmedien besitzen eine gewisse Kapazität zur Regeneration. Halten sich die Emissionen in diesen Grenzen, kommt es nicht zu weiteren Umweltbeeinträchtigungen. Die Regenerationsregel legt nur die Bedingungen dafür fest, daß sich ein gegebener Umweltzustand nicht verschlechtert. Ihre Einhaltung sichert Konstanz des Umweltkapitalstocks, kennzeichnet aber nicht zugleich ein bestimmtes Erhaltungsziel. Die Entscheidung über die gewünschte Umweltqualität ist noch zu fällen.

Zu den Umweltzielen finden sich bei den ökologischen Nachhaltigkeitstheoretikern nur allgemeine Hinweise. Ihr grundsätzliches Anliegen ist es, die natürlichen Systeme nicht zu gefährden, die das Leben auf der Erde erhalten: die Atmosphäre, das Wasser, der Boden und die Lebewesen (WCED 1987, S. 48). Die Ökosysteme sollen in ihrer Funktionsfähigkeit, d.h. Produktivität (Anzahl und Biomasse), Stabilität (Konstanz) und Resilienz (Anpassungsfähigkeit an externe Änderungen) erhalten bleiben (Pearce et al. 1989, S. 40f). Umwelteingriffe sollen die Selbstregulierungsfähigkeit und Homöostase der Natur nicht beeinträchtigen (Hampicke 1992,

S. 40f). Die globalen Stoffkreisläufe der Natur – Kohlenstoff, Stickstoff, Schwefel, Phosphor und Sauerstoff – sollen nicht aus dem Gleichgewicht gebracht werden (Ayres 1993, S. 202ff). Diese allgemeinen Zielvorstellungen richten sich auf die Erhaltung der lebenswichtigen Funktionen der Natur. Aus ihnen folgt, daß gewisse Mindeststandards erfüllt sein sollten, nicht aber daß Umwelteingriffe generell nur soweit zulässig sein sollten, wie keinerlei Schadensrisiken auftreten.

Gelegentlich wird auch die Erhaltung der heutigen Umweltzustände postuliert. Der Rückgriff auf die aktuellen Zustände wird als Sicherheitsstrategie aufgefaßt (Constanza 1991, S. 87): Möglicherweise sei Dauerhaftigkeit auch bei einem geringeren natürlichen Kapitalstock erfüllt als bei dem heute vorhandenen. Wegen der Unsicherheiten und der verheerenden Folgen falscher Entscheidungen (bei Irreversibilitäten) sollte man aber eher vom Gegenteil ausgehen und auf jeden Fall weitere Verschlechterungen verhindern. Die Regel, den heutigen Naturkapitalstock konstant zu halten, könne man als kluge Minimalbedingung für die Sicherung von "sustainability" ansehen. Davon sollte nur bei zuverlässiger Evidenz des Gegenteils abgewichen werden. Diese Position ist zwar u.a. deshalb unbefriedigend, weil Nachhaltigkeitstheoretiker im allgemeinen annehmen, daß die heutigen Umweltzustände nicht nachhaltig sind, immerhin bringt sie aber zum Ausdruck, daß die Regenerationsregel auch auf belastete Umweltmedien bezogen werden kann.

Dennoch scheint die Vorstellung zu überwiegen, daß Umweltbeeinträchtigungen möglichst vermieden werden sollten. Die Regenerationsregel wird in dem Sinne verstanden, daß bei ihrer Einhaltung die Ökosysteme unversehrt bleiben. Außerdem spielen Kosten des Umweltschutzes bei den Nachhaltigkeitstheoretikern (wenigstens explizit) keine Rolle. Diese ökologische Position ist aus ökonomischer Sicht nicht haltbar. Wollte man in der Realität wirklich so verfahren, müßte der Umweltschutz rigoros verschärft werden, um auf den Pfad der Nachhaltigkeit einschwenken zu können. Nach dem Willen der Nachhaltigkeitstheoretiker müßte die Schwelle für die Restrisiken deutlich herabgesetzt werden. Die höheren Kosten würden den Konflikt zwischen Umweltpolitik und Wirtschaftswachstum massiv verstärken. Das Postulat ist nicht realistisch.

Umweltbeeinträchtigungen sind nicht immer mit wesentlichen Schäden verbunden. Überall sind die Menschen heute mit Umweltbelastungen konfrontiert – die doch Zeichen der Mißachtung der natürlichen Regenerationskräfte sind –, ohne daß dadurch die Lebensbedingungen für den Menschen und die Funktionsfähigkeit der Ökosysteme stets gefährdet sind. Manche Beeinträchtigungen des menschlichen Wohlbefindens, Schäden an Sachgütern und Erschwerungen der Produktionsbedingungen (etwa der Trinkwassergewinnung durch Gewässerverschmutzung) erscheinen eher geringfügig. Gewisse Umweltrisiken sind hinzunehmen, weil ihre Vermeidung mit unvertretbar hohen Kosten verbunden wäre. Es ist nicht plausibel, von vornherein Kosten-Nutzen-Abwägungen bei den Emissionen auszuschließen.

Bedenken muß man auch, daß es bei (begrenzten) Abweichungen von den "Unschädlichkeitsstandards" nicht zu tatsächlichen Schäden kommen muß, vielmehr nur die Wahrscheinlichkeit eines Schadens (Risiko) zunimmt. Dies ist eher die Normalsituation in der Praxis. Es geht dann vorrangig um das Gut Sicherheit. Zwischen den Möglichkeiten eines Schadens oder Nichtschadens, für die man eventuell Wahrscheinlichkeiten angeben kann – was bei sehr langfristigen Belastungen natürlich fraglich ist –, muß abgewogen werden. Totale Sicherheit gibt es im Alltagsleben nicht. Der Mensch wägt die Kosten des Risikoschutzes gegen die Nutzen ab. Das geschieht generell in der Politik und muß auch für den Umweltschutz gelten. Sicherheit hat ihren Preis.

3. Notwendigkeit eines internationalen Konsenses

Bisher wurde ein einzelnes Land betrachtet. Weil es aber um die Sicherung der Lebensbedingungen aller zukünftiger Generationen geht, muß man nachhaltige Umweltnutzung als eine weltweite Aufgabe begreifen. Gerade bei den in der Nachhaltigkeitsdoktrin im Vordergrund stehenden Langfristrisiken handelt es sich um globale Phänomene. Kein Land ist von den weltweiten Umweltbedingungen und Umweltressourcen unabhängig.

Ob für ein einzelnes Land langfristig genügend Rohstoffe zur Verfügung stehen werden, hängt von den Gesamtbeständen auf der Erde und dem Verhalten der anderen Länder ab. Der Treibhauseffekt, die Zerstörung der Ozonschicht und die Verschmutzung der Weltmeere betreffen alle Länder. Vernichtung von Arten bedeutet einen weltweiten Verlust an Genmaterial, das eventuell für die Menschheit nützlich sein könnte. Eine Irreversibilität im wirklichen Sinne besteht eben nur dann, wenn es auf der Erde als Ganzes zur Vernichtung von Arten und Ressourcen kommt. Soweit lediglich Bestände in einzelnen Ländern gefährdet sind, ist es möglich, diese durch Import, Nachzüchtungen und Aufforstungen auszugleichen.

Eine internationale Perspektive erhält die nachhaltige Umweltnutzung zwangsläufig auch durch die engen internationalen wirtschaftlichen Verflechtungen und die Entwicklung der Weltbevölkerung. Den Lebensstandard mindestens über die Zeit konstant halten, kann ein einzelnes Land nur unter günstigen internationalen Bedingungen. Eine wachsende Weltbevölkerung löst außerdem einen zunehmenden Druck auf die begrenzt vorhandenen natürlichen Ressourcen und globalen Umweltmedien aus, die Rückwirkungen auf die einzelnen Länder haben. Starke Unterschiede im Lebensstandard rufen Wanderungen in die reichen Länder hervor, so daß dort die Bevölkerungsgröße der zukünftigen Generationen nicht exogen bestimmt ist. Die unterschiedliche Betroffenheit der einzelnen Länder von globalen Umweltproblemen ist ebenfalls geeignet, weltweite Migrationen auszulösen.

Es ist also auch die enge ökonomisch-ökologisch-demographische Vernetzung der Länder, die unweigerlich eine weltweite Perspektive in bezug auf die Erhaltung der wichtigsten Umweltressourcen erforderlich macht. Für ein einzelnes Land ist es von vornherein nicht sinnvoll, isoliert von den anderen Staaten bestimmte Nachhaltigkeitsnormen für die globalen Ressourcen anzustreben. Zurückhaltung kann sogar von den anderen Ländern mißbraucht werden, nämlich dann, wenn diese die Gelegenheit benutzen, um ihre Ansprüche heraufzusetzen.

Folgt man dem Konzept des konstanten Umweltkapitalstocks, dann müßten in einem ersten Schritt auf Weltebene globale Erntemengen für regenerierbare Ressourcen, globale Kompensationsmaßnahmen für den Verbrauch erschöpfbarer Weltressourcen und globale Regenerationskapazitäten für Schadstoffe festgelegt werden. Im zweiten Schritt müßte dann die Aufteilung dieser Zielmengen auf die einzelnen Länder erfolgen (etwa Länderquoten für den Erdölverbrauch, Fangquoten für Fische und Emissionsquoten für CO_2 und andere Treibhausgase). Diese Politik klingt ziemlich utopisch. Bisher gibt es nur einige wenige internationale Abkommen (Verbot von FCKW, Fischereiabkommen). An diesem hohen Anspruch kann die Nachhaltigkeitskonzeption – wie sie von der Theorie vertreten wird – leicht scheitern. Ohne eine Einigung über Kriterien der gerechten internationalen Einkommens- und Lastenverteilung und über die Bevölkerungsentwicklung, insbesondere im Verhältnis der Industrieländern zu den Entwicklungsländern, wird es nicht zu der notwendigen Kooperation kommen.

4. Schluß

Eine Politik der nachhaltigen Nutzung der Umwelt verlangt sowohl die Vorgabe von Erhaltungszielen als auch von Managementregeln. Die Erhaltungsziele sind prioritär. Sie folgen nicht bereits aus den Managementregeln. Vielmehr werden durch sie erst die zulässigen Nutzungsmengen bestimmt. Dies gründet sich wesentlich auf Bestandsabhängigkeiten: Das natürliche Wachstum von Tier- und Pflanzenpopulationen ist eine Funktion der Größe der Bestände. Die nachwachsende Menge regenerierbarer Ressourcen hängt von der Anzahl der Ressourcenbestände ab. Umweltmedien und Ökosysteme besitzen nicht nur im unberührten Zustand eine natürliche Regenerationsfähigkeit, sondern auch bei positiven Belastungsgraden. Die Umwelt- und Ressourcenziele selbst müssen vernünftig begründet sein. Damit besteht auch in der Nachhaltigkeitspolitik ein breiter Spielraum für normative Entscheidungen mit der Notwendigkeit eines Rückgriffs auf Nutzen-Kosten-Analysen.

Literatur

Ayres, R. U. (1993). Cowboys, Cornucopians and Long-Run Sustainability. Ecological Economics 8, 189-207

Birnbacher, D. (1988). Verantwortung für zukünftige Generationen. - Stuttgart

Cansier, D. (1993). Umweltökonomie. - Stuttgart 1993

Cansier, D. und Richter, W. (1995). Erweiterung der Volkswirtschaftlichen Gesamtrechnung um Indikatoren für eine nachhaltige Umweltnutzung. Zeitschrift für Umweltpolitik & Umweltrecht, Jg. 18, S. 231 ff.

Costanza, R. (1991). The Ecological Economics of Sustainability. In: Goodland, R., Daly, H., El Serafy, S. und von Droste, B. (Hrsg.): Environmentally Sustainable Economic Development: Building on Brundtland, S. 83-92. - Paris

Daly, H. E. (1990). Towards Some Operational Principles of Sustainable Development. Ecological Economics 3, 187-195

El Serafy, S. (1989). The Proper Calculation of Income from Depletable Natural Resources. In: Ahmad, Y. J. et al. (Hrsg.): Environmental Accounting for Sustainable Development, S. 10-18. - Washington D. C.

Goeller, H. E. und Weinberg, A. M. (1978). The Age of Subsitutability. American Economic Review 68, 6, 1-11

Hampicke, U. (1993). Ökologische Ökonomie. - Opladen

Heinz, U. (1986). Fischerei. In: Handwörterbuch des Umweltschutzes Bd. 1, S. 527-533. - Berlin

Kersting, W. (1993). John Rawls zur Einführung. - Heidelberg

Meadows, D. H., Meadows, D. L., Zahn, E., und Milling, P. (1972). Die Grenzen des Wachstums. - Stuttgart

Nießlein, E. (1980). Waldeigentum und Gesellschaft. - Hamburg

Nordhaus, W. D. (1994). Managing the Global Commons, Cambridge, Mass.,und London

Pearce, D. W. (1987). Foundations of an Ecological Economics. Ecological Modelling 38, 9-18

Pearce, D. W. (1988). Economics, Equity and Sustainable Development. Futures 20, 598-605

Pearce, D. W. (1991). The Global Commons. In: Pearce, D. W. (Hrsg.): Blueprint 2. Greening the World Economy, S. 16 ff. - London

Pearce, D. W. und Turner, K. W. (1990). Economics of Natural Resources and Environment. - Baltimore

Pearce, D. W., Markandya, A. und Barbier, E. B. (1989). Blueprint for a Green Economy. - London

Peters, W. (1984). Die Nachhaltigkeit als Grundsatz der Forstwirtschaft - Ihre Verankerung in der Gesetzgebung und ihre Bedeutung in der Praxis. - Hamburg

Rawls, J. (1979). Eine Theorie der Gerechtigkeit. - Frankfurt a. M.

Richter, W. (1994). Monetäre Makroindikatoren für eine nachhaltige Umweltnutzung. - Marburg

Sachverständigenrat für Umweltfragen (1994). Umweltgutachten 1994. Für eine dauerhaft umweltgerechte Entwicklung. - Stuttgart

Steiling, R. (1989). Das Seefischereirecht der Europäischen Gemeinschaften. - Köln

Ströbele, W. (1987). Rohstoffökonomik. - München

Turner, R. K. und Pearce, D. W. (1990). The Ethical Foundations of Sustainable Economic Development. IIED/UCL. London Environmental Economics Centre. LEEC Paper 90-01. - London

Umweltrecht (1990). (6. Auflage) Beck-Texte im dtv. - München

United Nations (1994). UN Conference on Straddling Fish Stocks and Highly Migratory Fish Stocks, Forth Session, 15-26 August 1994. Draft Agreement for the Implementation of the Provisions of the United Nations Convention on the Law of the Sea of 10 December 1982 Relating to the Conservation and Management of Straddling Fish Stocks and Highly Migratory Fish Stocks. - New York

WCED (World Commission on Environment and Development) (1987). Our common future (The Brundtland-Report). - Oxford

Ökologisch denken - sozial handeln:
Die Realisierbarkeit einer nachhaltigen Entwicklung und die Rolle der Kultur- und Sozialwissenschaften

Ortwin Renn[1]

1. Einführung

Bei einer Tagung zum Thema "Zielkonflikte zwischen Ökonomie und Ökologie" der Hanns-Martin Schleyer Stiftung begann Hoimar von Ditfurth seine Ausführungen über die langfristigen Folgen des Bevölkerungswachstums und der Umweltzerstörung mit folgender Parabel. Cholerabakterien setzen sich im Darm eines menschlichen Körpers fest. Zunächst vermehren sie sich nur wenig und stören dadurch den menschlichen Organismus in geringem Maße. Doch zunehmend kann es ihnen gelingen, durch ständige Vermehrung die Oberhand zu behalten und durch den Ausstoß von Choleratoxin den ganzen Körper des Wirtes langsam auszutrocknen. Mehr und mehr belasten die Bakterien und ihre Folgeprodukte den befallenen Menschen und vermehren sich gleichzeitig auf dessen Kosten. So können 99 Generationen hintereinander überaus erfolgreich "wirtschaften", bis die 100. Generation von Bakterien an die Reihe kommt. Dann stirbt der Mensch. Gerade auf dem Höhepunkt ihres Wachstum, an der Spitze ihres eigenen Erfolges, bricht die wirtschaftliche Existenzbasis der Bakterien zusammen – und mit dem Tod des Wirtes sterben all die Cholerabakterien, die auf seine Kosten gelebt haben[2].

Diese Parabel ist nicht schwer auf die Situation der heutigen Menschheit zu übertragen. Ist es nicht so, daß die technischen Mittel, deren die Menschen sich bedienen, um die Naturkräfte für ihre Belange zu nutzen, die Grundlagen ihrer eigenen Existenz zumindest langfristig untergraben? Ist der Verbrauch nicht erneuerbarer Ressourcen nicht eine verantwortungslose Ausbeutung der Natur und eine schreiende Ungerechtigkeit gegenüber kommenden Generationen, die nicht mehr in den Genuß des Gebrauchs dieser Ressourcen kommen werden? Sind die Menschen nicht gleichzeitig dabei, die Potentiale der erneuerbaren Ressourcen durch Raubbau und

---

1   Für wichtige Anregungen und Kommentare danke ich meinen Mitarbeitern, Herrn Jäger, Herrn Dr. Kastenholz und Herrn Dr. Pfister sowie meiner Frau Regina.

2   Die Parabel findet sich in etwas abgeänderter Form auch bei von Ditfurth (1985).

Überbeanspruchung langsam aber sicher zu zerstören? Welche Welt hinter-
läßt die heutige Generation ihren Kindern und Kindeskindern, in der es
kaum noch Rohstoffe, aber dafür um so mehr menschlich geschaffene
Wüsten gibt? Schon die jetzige Bevölkerung von rund 5 Milliarden
Menschen lebt nach Ansicht fast aller Ökologen jenseits der biologischen
Tragfähigkeit des Systems Erde. Wie soll dies erst aussehen, wenn nach der
Jahrtausendwende sieben oder noch mehr Milliarden Menschen die Erde
bevölkern?

Es gibt keinen Grund, diese Probleme zu verharmlosen. Einige wenige
Zahlen können belegen, daß sich die Welt auf einem gefährlichem Kurs
bewegt[3]. Zur Zeit wächst die Weltbevölkerung alle neun Monate um
80 Millionen, also um die Einwohnerzahl von ganz Deutschland. Seit rund
15 Jahren sinkt der Anteil der Wälder weltweit jedes Jahr um rund
0,8 Prozent, das entspricht einer Fläche von Österreich und der Schweiz zu-
sammengenommen. Über acht Millionen Quadratkilometer Acker-, Wald-
oder Weideland sind in den letzten 50 Jahren zu Wüsten geworden, jedes
Jahr kommen mehr als 50.000 Quadratkilometer hinzu. Keiner weiß genau,
wie viele Arten jedes Jahr durch menschliche Eingriffe aussterben.
Expertenschätzungen reichen von 10.000 bis 40.000. Pro Sekunde bläst die
Menschheit rund 1.000 Tonnen Treibhausgase in die Luft, die das Klima auf
der ganzen Welt verändern können. Im Bereich der Energieversorgung ist
die Menschheit zu mehr als 80 Prozent auf nicht erneuerbare Energiequellen
angewiesen. Diese werden, wenn auch nicht so bald, wie viele noch vor
einigen Jahren vermuteten, aber dennoch in absehbarer Zeit, also in
Jahrzehnten oder spätestens Jahrhunderten versiegt sein. Entscheidender ist
jedoch, daß mit ihrer Nutzung in großem Ausmaß Schadstoffe in Luft und
Wasser entlassen werden, die negativ auf die menschliche Gesundheit und
die Funktionsfähigkeit ökologischer Systeme einwirken. Der Biologe
Prof. Hans Mohr resümiert: "Wir leben total von der Substanz. Die hohe
Tragekapazität, auf die wir angewiesen sind, verlangt den vollen Einsatz der
einmaligen, eng begrenzten fossilen Energie und Rohstoffreserven und die
totale Verwandlung der Welt in eine Produktions- und Abfallbeseitigungs-
maschine mit gigantischem Energiebedarf"[4].

---

[3]   Zahlen über globale Umweltzerstörung sind mit Vorsicht zu interpretieren. Viele
statistischen Angaben sind reine Schätzwerte oder beruhen auf theoretischen Annahmen.
Die folgenden Ausführungen beziehen sich im wesentlichen auf fünf weitgehend
zuverlässige Quellen: World Resource Institute (1995, vor allem S. 267 ff., 305 ff. und
315 ff.); Ryan (1992); Nadakavukaren (1990, S. 131 ff.); von Weizsäcker (1992, S. 6
ff.) und Simonis (1995).

[4]   Mohr (1995, S. 92)

2. Vorsicht vor vorschnellen Schlüssen

Angesichts dieser Bedrohung haben sich viele Menschen dem aktiven Schutz der Umwelt verschrieben. Dabei ist vor allem ein Schlagwort in der öffentlichen Diskussion: Nachhaltige Entwicklung (im englischen: Sustainable Development)[5]. Dieser Begriff hat in den letzten Jahren eine erstaunliche Karriere durchlebt. War er zunächst als betriebswirtschaftliches Konzept in der Forstwirtschaft eingeführt worden, um eine kontinuierlichen Holzversorgung zu sichern und die weiteren Waldfunktionen zu erhalten, so wird er seit Mitte der 80iger Jahren zunehmend als generelles Schlagwort für eine Verbindung von wirtschaftlicher Entwicklung und Erhalt der ökologisch bestimmten Tragekapazität benutzt. In der 1992 durchgeführten UNO Konferenz über Umwelt und Entwicklung in Rio de Janeiro spielte das Konzept der nachhaltigen Entwicklung die überragende Rolle bei allen Überlegungen. Mehr als 300 Seiten umfaßt die Liste der Empfehlungen, die zu diesem Konzept in der Agenda 21 zusammengefaßt sind[6].

Was versteht man allgemein unter einer nachhaltigen Entwicklung? Offenkundig ist damit eine wirtschaftliche Entwicklung gemeint, die eine Nutzung der Umwelt auch für kommende Generationen ermöglicht[7]. Diese sehr allgemeine Formel bedarf aber der weiteren Auslegung. Wie soll denn das Verhältnis von Naturnutzung und Naturerhalt bestimmt werden? Wie sollten sich die Menschen im Wissen um diese Bedrohungen verhalten?

In der Diskussion um eine nachhaltige Entwicklung findet man häufig wohl gemeinte Vorschläge, die sich in den folgenden vier Thesen zusammenfassen lassen[8]:

1. Die Interventionen des Menschen in den Naturhaushalt haben ein solches Ausmaß erreicht, daß die langfristige Überlebensfähigkeit der Natur infrage gestellt ist. Eine nachhaltige Politik muß den Erhalt der Natur sicherstellen.

2. Mit der Gefährdung der Natur geht eine Gefährdung der Menschheit einher. Nachhaltige Politik heißt, die Überlebensfähigkeit und damit die Zukunftsfähigkeit der Menschheit zum Angelpunkt des politischen Handelns zu machen.

---

[5]　Vgl. als allgemeine Einführungen: Harboth (1991); Vornholz (1994); Simonis (1990) und Mohr (1995)

[6]　Vgl. United Nations (1993)

[7]　Diese Interpretation der Nachhaltigkeit ist dem sog. Brundtland Report entnommen, der nach der Vorsitzenden einer Weltkommission zu Umwelt- und Entwicklungsfragen, Frau Gro Harlem Brundtland (heute Ministerpräsidentin von Norwegen) benannt wurde und der eine weltweite Diskussion um Nachhaltigkeit auslöste (Vgl. WCED 1987, Hauff 1987).

[8]　Es wird hier bewußt auf Literaturangaben verzichtet, weil im folgenden eine Distanzierung von diesen Thesen erfolgt. Sie sind auch bewußt überpointiert formuliert, um die Botschaft besser zu übermitteln.

3. Die natürlichen Reserven sind begrenzt. Diese Begrenzungen sind dem Menschen vorgegeben und müssen demgemäß akzeptiert werden. Eine nachhaltige Politik muß diese Grenzen einhalten und die Natur vor Übernutzung bewahren.

4. Die ungerechte Verteilung von Reichtum und Ressourcen ist das Hauptübel, das einer nachhaltigen Entwicklung entgegensteht. Eine aktive Politik zur gerechten Umverteilung würde automatisch zur Nachhaltigkeit beitragen.

So eingängig diese Thesen auf den ersten Blick erscheinen und so offenkundig sie den in der Einleitung aufgezeigten Umweltproblemen entsprechen, sie sind dennoch weitgehend falsch oder zumindest irreführend. Im folgenden wird jede These einzeln behandelt:

Die erste These geht von der Behauptung aus, daß die Interventionen des Menschen in den Naturhaushalt ein solches Ausmaß erreicht hätten, daß die langfristige Überlebensfähigkeit der Natur infrage gestellt sei. Diese These wird in vielfacher Weise durch Appelle wie "Rettet die Natur" in die Öffentlichkeit getragen[9]. Ganze Umweltinitiativen haben sich dieser Aufgabe verschrieben. Obwohl sie wahrscheinlich das Richtige im Sinn haben, verkennt die These von der Gefährdung der Natur die Grundlagen der Existenz menschlichen Lebens innerhalb der Natur. Nicht die Natur ist gefährdet, sondern, wenn überhaupt, der Mensch oder natürliche Elemente, die Menschen in der Natur schätzen. Selbst der größte atomare Vernichtungskrieg wird es nicht schaffen, die lebende Natur, d.h. die Fortsetzung von Leben auf der Erde (in welcher Form auch immer) auszulöschen. Die Natur hat schon wesentlich schlimmere Katastrophen überlebt als die "Dummheit" der Menschen. Die Menschheit wird wesentlich früher aussterben, als es ihr gelingen mag, die Natur zu zerstören.

Die Notwendigkeit einer ökologischen Wende kann nicht durch eine drohenden Kollaps der Natur begründet werden[10]. Die Natur wird weiter existieren, möglicherweise in einer anderen Form – mit oder ohne Menschen.

---

9   Auch seriöse Wissenschaftler benutzen gerne diese Rhetorik, obwohl sie die wirkliche Situation eher verschleiert als klarstellt. Vgl. etwa den reißerischen Titel des Buches "Saving the Planet. How to Shape an Environmentally Sustainable Global Economy" von Brown et. al. (1991) oder der an Hybris grenzende Titel "Ist die Schöpfung noch zu retten?", als ob der Mensch die Macht besäße, die Schöpfung zu vernichten. Der Inhalt des ansonsten lesenswerten Buches ist wesentlich differenzierter, als der Titel vermuten läßt (vgl. Schmitz 1985). Auch der schon erwähnte Brundtland Bericht ist von dieser Rhetorik nicht ganz frei, wie das folgende Zitat zeigt: "Wir haben heute viele dieser Schwellenwerte fast erreicht; daher müssen wir uns das Risiko vor Augen halten, daß wir das Überleben des Lebens auf der ganzen Welt gefährden" (Hauff 1987, S. 37).

10 Die folgenden Ausführungen nehmen eine Reihe von Gedanken auf, die im Rahmen eines gemeinsamen Projektes zur Stadtökologie mit Prof. Walter Siebel (Oldenburg) ausgetauscht wurden. Seine Überlegungen und die seiner Mitautoren zu dieser Thematik sind in Siebel et al. (1995), Gestring et al. (1995) sowie Häußermann u. Siebel (1989) niedergelegt.

Das Interesse der Menschen an der Vielfalt der Natur, am Fortbestand natürlicher Kreisläufe, am Erhalt bestimmter Natur- und Landschaftsformen ist nicht aus einer der Natur innewohnenden Logik abzuleiten[11]. Dieses Interesse speist sich vielmehr aus kulturell bestimmten Nutzenansprüchen, Wertvorstellungen und ästhetischen Prinzipien. Die historische Umweltforschung hat deutlich gezeigt, daß die kulturellen Zuschreibungen zu Objekten in der Natur, also die Bestimmung der natürlichen Elemente, die in der Natur als erhaltenswert und wertvoll gelten sollen, über die Jahrhunderte stetigen Schwankungen unterlagen. So wurden viele Kräuter, die man heute achtlos als "Unkraut" ausreißt, in mittelalterlichen Klostergärten wegen ihres Duftes oder anderer bevorzugten Eigenschaften liebevoll gepflegt[12]. Selbstverständlich kann das Interesse an bestimmten Elementen der Natur aus der (naturwissenschaftlich erworbenen) Erkenntnis der negativen Folgen für Mensch und Umwelt genährt werden, es gibt aber keine naturwissenschaftlich begründete oder begründbare Lehre vom Erhalt der Natur. Was erhaltenswert ist, läßt sich nur durch ein kulturalistisches Verständnis von menschlichen Werten und Normen in Bezug auf Natur und Umwelt erschließen[13].

Nun zur zweiten These. Diese lautete: Mit der Gefährdung der Natur geht eine Gefährdung der Menschheit einher. Nachhaltige Politik heißt, die Überlebensfähigkeit und damit die Zukunftsfähigkeit der Menschheit zum Angelpunkt des politischen Handelns zu machen. Auch hier ist wieder Vorsicht angebracht. Die schlimmste Bedrohung, der die Menschheit ausgesetzt ist, besteht in einem weltweiten Nuklearkrieg. So gibt es Szenarien, die von einem völlig ungehemmten und entfesselten Atomkrieg ausgehen. Selbst unter diesen apokalyptischen Bedingungen gibt es nur wenige Szenarien, bei denen die Menschheit als Spezies komplett ausgelöscht würde[14]. Zwar würde eine drastische Reduzierung der Menschheit eintreten und die natürlichen Lebensgrundlagen würden durch atomare Verseuchung und Zerstörung weitgehend vernichtet, dies erfolgt aber nicht in dem Ausmaß, daß Menschen und Tiere keine Nahrung mehr finden könnten. Das gleiche gilt sinngemäß für schleichende Katstrophen, wie etwa Luft- und Wasserverschmutzung.

Daß Menschen auch die schlimmsten Umweltkatastrophen als Spezies überleben können, ist aber nicht das wesentliche Argument gegen die These der Selbstzerstörung der Menschheit. Das Problem mit dieser These rührt vielmehr daher, daß die Überlebensfähigkeit des Menschen in den Mittelpunkt der Betrachtungen um Nachhaltigkeit gestellt wird, anstatt die

---

11 Eine ausführliche Diskussion über die ethische Begründung von Naturerhalt findet sich bei Birnbacher (1988).

12 Vgl. dazu die Beispiele in Janssen (1986, S. 224 ff.)

13 Vgl. dazu Akademie der Wissenschaften (1992, S. 24. ff.)

14 Vgl. zur Debatte um die Folgen von Nuklearkriegen, Levine u. Carlton (1986) sowie Barash (1991, vor allem S. 122 f. über den nuklearen Winter)

Qualität des Überlebens zum Angelpunkt zu machen[15]. Wenn man sich um das Überleben der Menschheit Sorgen macht, dann sind letztlich alle Mittel, die zur Abwendung dieser Katastrophe zur Verfügung stehen, ethisch gerechtfertigt. Im Extremfall muß man selbst die "Atombombe" einsetzen, um dem angeblich selbstmörderischen Wachstum der Menschheit einen Riegel vorzusetzen. Steht das Überleben der Spezies Mensch allein im Blickfeld, dann würden "drastische" Maßnahmen der Bevölkerungskontrolle völlig ausreichen (etwa Entzug von Medizin, Kindestötungen, systematische Vernichtungskriege). Denn es gibt keinen Zweifel daran, daß die offenkundige Übernutzung der Natur als Ressourcenspender und Abfallreservoir durch den Menschen direkt mit der Bevölkerungsdichte zusammenhängt. Auch der verschwenderischste Umgang mit der Natur bliebe global gesehen weitgehend folgenlos, sofern es nur wenige Menschen auf der Erde gäbe. Aus diesen Überlegungen folgt, daß man sich nicht von der Sorge um die Überlebensfähigkeit der Menschheit leiten lassen sollte. Diese ist erstens kaum in Gefahr und sie verdeckt zweitens die im Postulat der Nachhaltigkeit enthaltene Aufgabe, künftigen Generationen nicht nur das Überleben, sondern vor allem ein Leben unter humanen Bedingungen zu gewähren. Diese humanen Bedingungen zu spezifizieren ist wiederum eine besondere Kulturleistung, in der wissenschaftliche Forschung und praktische Ethik Hand in Hand gehen müssen[16].

Aber ist nicht die Tragfähigkeit der Erde begrenzt? Was nützt es, hehre Ziele für ein humanes Leben zu formulieren, wenn die Menschen die Erde bereits so bevölkert haben, daß die Mehrzahl auch beim besten Willen aller Beteiligten ein auf humanen Prinzipien beruhendes Leben nicht führen kann? Ist ein humanes Fortleben überhaupt ohne drastische Begrenzung der Bevölkerung vorstellbar? Mit diesen Fragen wird schon die dritte These berührt. Sie lautete: Die natürlichen Reserven sind begrenzt. Diese Begrenzungen sind dem Menschen vorgegeben und müssen demgemäß akzeptiert werden. Eine nachhaltige Politik muß diese Grenzen einhalten.

Träfe diese These zu, dann wäre es in der Tat sinnlos, allgemeingültige Kriterien für ein menschenwürdiges Leben aufzustellen, da die Menschen in einem Nullsummenspiel gefangen wären[17]. Die Situation wäre trostlos: Jede

---

[15]　Auf die Notwendigkeit, anstelle des Überlebens der Menschheit die Ermöglichung der Wohlfahrt für künftige Generationen in den Mittelpunkt zu stellen, weist vor allem der Philosoph D. Birnbacher hin (vgl. Birnbacher u. Schicha in diesem Band). Dies ist auch die Grundlage aller ökonomischen Konzepte der Nachhaltigkeit (vgl. Weimann 1991).

[16]　Der Philosoph Jürgen Mittelstraß hat die Notwendigkeit einer gleichgewichtigen Entwicklung von wissenschaftlicher Rationalität und praktischer Vernunft als wesentliche Bedingung für die Bewältigung der Umweltkrise herausgestellt (Mittelstraß 1990).

[17]　Zu einer solch pessimistischen Sichtweise der Ressourcenbasis auf der Basis des Entropie-Gesetzes neigt z.B. der Mitbegründer der ökologischen Ökonomie, Nicholas Georgescu-Roegen. Für ihn bedeutet jedes heutige Wirtschaften eine Verringerung der Entfaltungsmöglichkeiten zukünftiger Generationen (vgl. Georgescu-Roegen 1971, S. 13 ff.). Dagegen geht beispielsweise Rawls davon aus, daß es aufgrund der

Ressource, die von einigen genutzt wird, fehlt den anderen für die Verwirklichung ihrer Ziele. Wenn einige satt sein wollen, müssen andere zwangsweise hungern. Möchten einige sich gegen Kälte, Regen und andere Unwillen der Natur schützen, müssen andere dafür obdachlos werden. Denn, so die These, die Ressourcen sind absolut begrenzt und es gibt mehr Anwärter, die auf die Ressourcen angewiesen sind, als an Ressourcen insgesamt zur Verfügung stehen. Also kämpft jeder, so gut er kann, um einen möglichst großen Anteil am Ressourcenkuchen und läßt die anderen dafür leer ausgehen.

Unter diesen Umständen gäbe es in der Tat nur eine Lösung, und zwar radikaler Bevölkerungsrückgang. Eine Verlangsamung des Bevölkerungsanstiegs, ja nicht einmal ein Wachstumsstopp, könnte das trostlose Szenario eines hemmungslosen Sozialdarwinismus außer Kraft setzen, denn offenkundig leben die Menschen schon heute jenseits der Grenzen der Tragfähigkeit der Erde und verpulvern unverdrossen das Naturkapital kommender Generationen[18]. Gibt es deshalb keine andere Möglichkeit, als durch Zwangssterilisierung, Entzug von medizinischer Behandlung, Kindestötungen und anderen rabiaten Formen der Bevölkerungskontrolle die Zahl der Menschen auf die begrenzten Möglichkeiten der Erde anzupassen?

Wie wohl nicht anders zu erwarten, ist auch die dritte These zumindest irreführend, in ihrem Absolutheitsanspruch sogar falsch. Nicht etwa deshalb, weil die "Wahrheit" so schlimm ist, daß man sie besser durch Optimismus verdrängen sollte, sondern weil die dritte These ein völlig statisches Bild des Verhältnisses von Mensch und Natur entwirft, das weder für die Vergangenheit gegolten hat, noch für die Gegenwart zutrifft. Die wesentlichen Begriffe sind hier: dynamische Tragekapazität und Verteilungseffekte.

Unter dem Begriff der Tragekapazität versteht man in der Ökologie "die maximale Zahl von Individuen einer Spezies, die eine bestimmte Umwelt auf Dauer erhalten kann (maximal nachhaltige Populationsgröße)"[19]. Während die Tragekapazität für Tiere und Pflanzen ein exogene, von ihnen selbst unbeeinflußbare Größe darstellt, kann der Mensch die für ihn geltende Tragekapazität durch die Umgestaltung der Natur in produktive Umwelt (Kulturlandschaften) beeinflussen. Die Tragekapazität der Umwelt ist zwar in ihrer absoluten Grenze von ökologischen Bedingungen bestimmt, unterhalb dieser Grenze ist sie aber von den Produktionsbedingungen

---

Akkumulation des künstlichen Kapitals jeder Generation besser gegangen sei als der vorhergehenden. Im Prinzip ist damit jeder Verzicht der heutigen Generation zugunsten der künftigen Generationen eine Umverteilung von arm nach reich (vgl. Rawls 1971).

18   Die Tatsache, daß wir bereits die Tragekapazität der Erde unter den heutigen Produktionsbedingungen erreicht bez. überschritten haben, wird von den meisten Fachwissenschaftlern nicht bezweifelt (vgl. dazu Daily u. Ehrlich 1992; Vitousek et al. 1986; Catton 1994).

19   Vgl. Mohr (1995, S. 53) oder auch Daly u. Ehrlich (1992, S. 762)

abhängig[20]. Die Tragekapazität für den Menschen ist eine Funktion der ökologischen Bedingungen und der Produktionsverhältnisse. Beide Größen müssen parallel betrachtet werden. Die folgende Tabelle zeigt einige Durchschnittswerte zur Tragekapazität unter verschiedenen Produktionsbedingungen[21]:

Tab. 1: Durchschnittliche Tragekapazität unter verschiedenen Produktionsbedingungen

Produktionsbedingungen	Tragekapazität pro Quadratkilometer (Menschen)
Jäger und Sammler	0,0007 bis 0,6
Hirtenvölker	0,9 -1,6
Frühe Agrikultur (Shifting Agriculture)	2 -100
Technisch verbesserte Agrikultur	8 -120
Frühindustrialisierung	90 -145
Moderne Industriegesellschaft	140 - 300
Postindustrielle Gesellschaft	?

Vor etwa 12.000 Jahren lebten etwa 5 Millionen Menschen auf der Erde. Die Tragekapazität war unter den damaligen Produktionsbedingungen der Sammler-und-Jäger-Kultur erreicht. Auch die agrarisch-vorindustrielle Kulturform war durch eine eng begrenzte Tragekapazität gekennzeichnet, etwa 750 Millionen Menschen konnte die Erde um 1750 ernähren. Heute trägt die Welt fast 6 Milliarden Menschen - mit steigender Tendenz. Die Tragekapazität gegenüber dem Neolithikum hat sich demnach vertausendfacht und wächst weiter parallel mit neuen Veränderungen der Produktionsbedingungen[22]. Hinter dieser enormen Leistung der menschlichen Kultur

---

[20] Vgl. Postel (1994). Dennoch gibt es klare Hinweise auf absolute Grenzen der Naturnutzung. Robert Goodland geht davon aus, daß die Humanwirtschaft bereits etwa 40 Prozent der Nettoprimärproduktion irdischer Photosynthese verbraucht. Diese Rate ist nicht beliebig steigerbar (Goodland 1992, S. 17). Vgl. auch die ähnlichen Überlegungen zu absoluten Grenzen bei Vitousek et al. (1986, S. 371) und Mohr (1995, S. 57)

[21] Die einzelnen Wirtschaftsformen weisen relativ große Streubreiten auf. Dies liegt daran, daß die agraische Produktivität stark von der Bodenqualität und dem Klima abhängt. Für industrielle Wirtschaftsformen ist dagegen die Bandbreite geringer und repräsentiert eher unterschiedliche Reifegrade der Industrialisierung (zu den Quellen siehe Clark u. Haswell 1970, S. 267 ff.; Sherratt 1981, S. 16 ff.; Mohr 1995, S. 56).

[22] Damit geht natürlich ein entsprechender Ressourcen- und Energieverbrauch einher. Thomas Kesselring rechnet mit einem 105-fachen Energieverbrauch des durchschnittlichen Bürgers eines Industrielandes im Vergleich mit dem Energieverbrauch eines

stehen die fünf "prometheischen Innovationen": die Beherrschung des Feuers, die Erfindung der Landwirtschaft, die Verwandlung fossiler Wärme in mechanische Energie, die industrielle Produktion und die Substitution von Materie durch Information[23].

Doch es mehren sich die Anzeichen dafür, daß die globale Tragekapazität trotz beschleunigter Innovationen zur Anpassung der Produktionsbedingungen an die Menschheitsentwicklung mit dem Wachstum der Menschheit weltweit und dem steigenden Konsumniveau in den Ländern, in denen zwar nicht die Bevölkerung, aber der Pro-Kopf-Verbrauch an Gütern und Dienstleistungen zunimmt, nicht mehr Schritt halten kann[24]. Das exponentielle Bevölkerungswachstum übersteigt die Fähigkeit der menschlichen Kultur, die Fortschritte bei den Produktionsbedingungen in Einklang mit den zunehmenden Nutzungsansprüchen an die Natur zu bringen. In den Entwicklungsländern wächst die Bevölkerung, in den entwickelten Ländern der Konsumhunger schneller als die durch technischen Fortschritt und Organisationswandel ausgelöste Erhöhung der Produktivität.

Die zu bewältigende Aufgabe heißt einerseits Verbesserung der Ökoeffizienz in der Nutzung natürlicher Ressourcen, andererseits Beachtung der Kapazitätsgrenzen in der Aufnahmefähigkeit der Umwelt als Senke für Abfälle und Emissionen. Zur Zeit ist die notwendige Balance, das erforderliche Gleichgewicht zwischen Nutzungsrate und Nutzeneffizienz gestört. Dies ist das Grunddilemma der heutigen Umweltsituation[25].

Die dritte These ist also dann zutreffend, wenn man sie auf die heutige Situation bezieht, in der die Menschheit die aktuelle Tragekapazität der Erde auf Kosten der möglichen Nutzung der Umwelt durch künftige Generationen überschritten hat. Anders aber als die dritte These nahelegt, kann man zur Verbesserung der Lage mehr tun als nur Maßnahmen zu ergreifen, um die Bevölkerungsdichte abzubauen. Zum einen können die Ansprüche an die Naturnutzung herabgeschraubt (durch Maßnahmen der Bevölkerungskontrolle und durch Reduktion des individuellen Konsums), zum anderen aber die Produktivität der Umweltnutzung verbessert werden, um durch Maßnahmen der Effizienzsteigerung und durch technische bez. organisatorische Innovationen den Nutzen pro Einheit "Umwelt" stetig zu

---

Angehörigen der Jäger- und Sammlerkulturen (Kesselring 1994, S. 51). Auch Bruno Fritsch kommt bei seinen Berechnungen auf einen Faktor 100 zwischen Sammler-und-Jäger-Kulturen und der Industriegesellschaft (Fritsch 1993, S.12).

23   Jede dieser grundlegenden Innovationen hat die Tragekapazität für den Menschen erheblich erweitert. Die in jüngster Zeit zu beobachtende Substitution von materiellen Gütern durch Informationen bietet theoretisch die Chance, die Produktivität der Naturressourcen um ein Vielfaches zu steigern (vgl. Renn 1994).

24   Vgl. Leisinger (1994) oder auch Birg (1994)

25   Auf die Tatsache der Begrenztheit der natürlichen Ressourcen und der zunehmenden Kluft zwischen dem Grad der Naturnutzung und der Erhöhung der Ökoeffizienz weist eindringlich W.R. Catton in seinem Buch "Overshoot - The Ecological Basis of Revolutionary Change" (1980) hin.

erhöhen[26]. Wer an die statische Begrenztheit der Umweltnutzung glaubt, kann bestenfalls Bevölkerung reduzieren und am Konsum sparen. Sieht man dagegen die Reduzierung der Ansprüche bei den reichen Ländern und die Verbesserung der Ökoeffizienz als zwei gleichzeitig zu verfolgende Strategien an, dann kommt man aus der Klemme des Nullsummenspiels heraus und kann auch unter der Bedingung der heutigen Bevölkerungsdichte das Ziel einer Entwicklung zu einer nachhaltigen Wirtschaftsstruktur weiter verfolgen. Dabei muß man sich aber im klaren sein, daß diese Doppelstrategie einen ordnungspolitischen Spagat darstellt: Ökoeffizienz heißt mehr Marktwirtschaft unter Einbeziehung der Umweltkosten, Reduktion des Konsums mehr öffentliche Steuerung. Wie man diesen Spagat durchhalten kann, wird später erläutert.

Das zweite Stichwort im Zusammenhang mit der dritten These betrifft die Verteilung des wirtschaftlichen Reichtums. Jedem ist heute klar, daß die Verfügungsgewalt über natürliche Ressourcen höchst ungleich verteilt ist. Die reichsten Ländern der Welt verfügen über rund 400-600 mal so viel Einkommen wie die ärmsten Länder[27]. Der Leiter des Welthunger-Forschungsprogramms der Brown University, Prof. Robert Kates, und seine Mitarbeiter haben kürzlich ausgerechnet, daß bei einem 30prozentigen Verzicht der reichen Erdenbürger auf Fleisch schon heute genügend Lebensmittel bereit stünden, um alle Menschen ausreichend ernähren zu können[28]. Dazu ist nicht einmal eine Erhöhung der Bodenproduktivität notwendig. In die gleiche Richtung zielen eine Reihe von anderen Studien, die den Raubbau an der Natur weniger als eine Folge der Übernutzung als vielmehr der ungleichen Verteilung von Nutzungsrechten ansehen[29]. So belasten etwa 1000 Einwohner Deutschlands die Umwelt jährlich mit 13.700 Tonnen Treibhausgas, mit den Emissionen von 158 Terajoule Energieverbrauch, mit 8 km Straßennetz und 400 Tonnen Hausmüll[30]. Die entsprechenden Zahlen für Ägypten lauten: 1.300 Tonnen Treibhausgas, 22 Terajoule Energie, 0,7 km Straßenbau und 120 Tonnen Hausmüll.

---

[26] Diese Doppelstrategie: Ökoeffizienz erhöhen und Nutzungsansprüche senken findet sich in den meisten Abhandlungen zur nachhaltigen Entwicklung, obgleich Ökonomen der neoklassischen Schule in der Regel die Senkung der Nutzenansprüche, wenn überhaupt, dann nur auf der Basis von freiwilliger Einsicht akzeptieren. Vgl. die systematische Zusammenfassung der Empfehlungen verschiedener internationaler Studien in Corson (ohne Jahresangaben, S. 312 ff.) sowie Repetto (1985). Im deutschen Sprachraum vor allem in von Weizsäcker (1992, S. 139 ff.) und Simonis (1988).

[27] Kesselring (1994, S. 56)

[28] Vgl. Kates et al. (1989)

[29] Vgl. dazu Durning (1989)

[30] Diese Zahlen stammen von Bleischwitz (1994). Der Text lag nur als Manuskript aus dem Wuppertal Institut vor. Die Tabelle, auf die sich bezogen wird, ist im Manuskript auf S. 3 abgedruckt. Dort finden sich auch weitere Vergleiche mit den Philippinen.

Offenkundig sind die Umweltgüter und die Nutzung der Umwelt als Senke zwischen den Ländern höchst ungleich verteilt[31]. Damit ist die vierte und letzte These angesprochen.

Die vierte These lautete: Die ungerechte Verteilung von Reichtum und Ressourcen ist das Hauptübel, das einer nachhaltigen Entwicklung entgegensteht. Eine aktive Politik zur gerechten Umverteilung würde automatisch zur Nachhaltigkeit beitragen. In der Tat ist es richtig, daß viele Umweltprobleme durch Armut und wirtschaftliche Miseren verursacht oder zumindest verschlimmert werden[32]. In vielen Entwicklungsländern werden rund um die Städte die letzten Sträucher und junge Bäume herausgerissen, weil sie als Brennholz dienen können. Alle anderen (wesentlich effizienteren) Brennstoffe sind für diese Menschen unerschwinglich, weil sie nur gegen Geld abgegeben werden. Die Armen haben zwar Zeit zum Sammeln, aber kein Geld. Die Zerstörung der Vegetation leistet der weltweiten zunehmenden Versteppung und Verwüstung Vorschub. Viele Landstriche sind aufgrund der Entwaldung für Jahrzehnte, wenn nicht sogar Jahrhunderte verloren, d.h. sie stehen auch den künftigen Generationen nicht mehr als produktiver Boden zur Verfügung. Zweites Beispiel: Aufgrund der Bevölkerungsdrucks weichen immer mehr Menschen in Gebiete aus, die als Pufferzonen wichtige Funktionen zum Erhalt der ökologischen Tragfähigkeit der bereits kultivierten Flächen haben[33]. Die wirtschaftliche Nutzung dieser Flächen bedeutet aber nicht nur eine Gefährdung der langfristigen Produktivität dieser Flächen, sondern auch eine Bedrohung der seit Jahrhunderten landwirtschaftlich genutzten Areale. Die Expansion führt also zur einer zusätzlichen Zerstörung der bereits in der Vergangenheit genutzten Flächen.

Folgt daraus nicht, daß eine gerechtere Einkommensverteilung zwischen Arm und Reich zu einer verringerten Umwelt- und Naturbelastung führen müßte? Im Rahmen des internationalen Ausgleichs zwischen armen und reichen Ländern wäre diese Frage nur dann positiv zu beantworten, wenn der Verzicht auf Einkommen in den reichen Ländern die globalen Umweltbelastungen in stärkem Maße verringern würde als die mit dem Einkommenszuwachs der Entwicklungsländer verbundenen Umweltauswirkungen. Im Klartext: Jede Mark, die in Deutschland an die Entwicklungsländer überwiesen wird, müßte dort weniger zur Umweltbelastung beitragen, als wenn sie im eigenen Lande ausgeben würde. Diese Bedingung wird aber in aller Regel nicht erfüllt sein[34]. Im Gegenteil: Aufgrund der

---

[31] Der anthropogene Energiefluß ist in den OECD Ländern 16 mal höher pro Quadratkilometer als im Weltdurchschnitt (Fritsch 1993, S. 11).

[32] United Nations (1990)

[33] Vgl. Durning (1990, S. 147 f.)

[34] Die These, daß die Umverteilung von Einkommen keinen Nettogewinn in Richtung Nachhaltigkeit bringt, ist an drei Bedingungen geknüpft: Erstens, die Belastung der Umwelt im Ausmaß x in einem Industrieland ist genau so zu bewerten wie die identische Umweltbelastung in einem Entwicklungsland. Zweitens, die Assimilationskapazität für

vorliegenden statistischen Angaben ist der Schluß gerechtfertigt, daß in hochentwickelten Industrieländern aufgrund der strengen Umweltvorschriften, des gestiegenen Umweltbewußtseins und des schon erreichten hohen Konsumniveaus jede weitere ausgegebene Mark wesentlich weniger zusätzliche Umweltbelastungen erzeugt bzw. umweltschonender eingesetzt wird als in den Ländern, in denen ein hoher Nachholbedarf an Energiedienstleistung, materiellem Konsum und an elementaren Nutzungsansprüchen besteht und in denen wesentlich laxere Umweltgesetze herrschen[35]. Mit höherem Reichtum steigt sicher auch in den Entwicklungsländern das Umweltbewußtsein, aber alle Erfahrung mit den bisherigen Schwellenländern spricht dafür, daß die Umweltbelastung zumindest kurz- und mittelfristig mit höherem Volkseinkommen ansteigt und nicht sinkt, wenn auch der Anstieg nicht proportional zur Erhöhung des Volkseinkommens verläuft[36]. Deshalb ist anzunehmen, daß das Ausmaß der Umweltbelastung pro Mark Einkommenserhöhung in den Industrieländern geringer ausfallen wird als in den Entwicklungsländern. Gerechtere Verteilung heißt also gerade nicht: geringere oder schonendere Umweltnutzung[37].

Schadstoffe wird als relativ konstant zwischen den Ländern angesehen. Drittens, die zusätzlichen Transferleistungen an Geld werden in den Entwicklungsländern nach den derzeitigen Präferenzen in diesen Ländern verwandt. Selbst wenn man diese drei Bedingungen nicht akzeptiert, folgt daraus noch nicht das Gegenteil eines positiven Gewinns für die Umwelt, sondern bestenfalls eine Neutralität von Einkommenstransfers im Hinblick auf Umweltqualität, es sei denn, Transferleistungen werden zweckgebunden vergeben (etwa zum Kauf von umweltfreundlicher Technik, die eine umweltschädlichere Technik ersetzt). Es ist nicht zu verhehlen, daß nahezu alle Untersuchungen zum Thema Verteilungsgerechtigkeit und Nachhaltigkeit von der gegenteiligen Behauptung ausgehen (vor allem der schon mehrfach erwähnte Brundtland Report). Sie behaupten, daß die Kosten für umweltgerechtes Verhalten in den armen Ländern wesentlich geringer sind als in reichen Ländern. Die sog. Grenzkosten für Umweltmaßnahmen sind dort geringer, weil bislang noch kaum Investitionen in den Umweltschutz vorgenommen wurden. So kann man etwa mit relativ geringen Mitteln die Emissionen von Kraftwerken und Industrieanlagen vermindern, da die Anlagen noch keine Filter haben. Diese Argumentation setzt aber voraus, daß diese Gelder bei einem Transfer von Einkommen in die Entwicklungsländer auch für Umweltmaßnahmen eingesetzt werden. Dies ist aber höchst fragwürdig, weil die Prioritäten sowohl des Konsums als auch der staatlichen Wirtschaftspolitik anders gelagert sind (vgl. dazu Redclift 1994, S. 5).

35 Zu den statistischen Daten vgl. World Resources Institute (1992, S. 240ff); UNEP (1992). Die statistischen Angaben lassen nur indirekte Schlüsse über die Grenzausgaben für Umweltbelange zu; die Ausgaben für Umwelt sind jedoch prozentual und absolut gesehen in Entwicklungsländern wesentlich geringer als in den meisten Industrieländern.

36 Vgl. World Resource Institute (1992, S. 41 ff.). E.U. von Weizsäcker berichtet sogar von Fällen, in denen die Entwicklung zu einem größeren Reichtum mit proportional höheren Umweltbelastungen einhergehen kann. Dies trifft etwa bei dem Übergang von der Subsistenzwirtschaft zu einer marktorientierten Landwirtschaft zu (von Weizsäcker 1992, S. 114 ff.).

37 In der Literatur zu diesem Thema steht meist das genaue Gegenteil. So schreibt Paul D. Raskin (1992, S. 457): "Rather, environmental preservation and social equity are complementary aspects of the transition to a sustainable future."

Diese Argumentation ist von dem zur Zeit heftig diskutierten Vorschlag bei den internationalen Umweltverhandlungen (etwa beim Klimagipfel 1995 in Berlin) zu trennen, der Vorsicht, daß Umweltbedingungen an den Transfer von Einkommen geknüpft werden, etwa in der Art, daß mit dem Geld emissions-reduzierende Maßnahmen durchgeführt werden müssen[38]. Abgesehen davon, daß viele Entwicklungsländer eine solche Zweckbindung als Anmaßung der Industrieländer ansehen, ist der Transfer weniger als Mittel zur Einkommensangleichung, sondern als Beitrag zum Umweltschutz zu verstehen. In die gleiche Richtung zielen alle Vorschläge, den Entwicklungsländern zweckgebundene Transferzahlungen oder Anteile an Nutzungsrechte zu überlassen. Dies mag in vielen Fällen sinnvoll und umweltentlastend sein, ist aber kein Beleg für die Richtigkeit der These 4. Eine gerechtere Verteilung löst nur dann einen positiven Effekt auf die Umwelt aus, wenn ein Transfer von umweltschonender Technologie oder von zweckgebundenen Geldleistungen stattfindet.

Damit ist aber die These 4 noch nicht erschöpfend behandelt. Neben der internationalen Einkommensverteilung gibt es natürlich auch noch die Unterschiede im Einkommen zwischen den Reichen und den Armen innerhalb eines Landes. Ist es nicht so, daß die Armen aufgrund ihres geringen Einkommens weniger Möglichkeiten zum umweltschonenden Verhalten haben als die Reichen und sie daher jede zusätzliche Mark im eigenen Geldbeutel für umweltgerechtere Produkte ausgeben würden? Zweifelsohne wächst mit dem Einkommen das Umweltbewußtsein, aber diese Tatsache alleine würde nicht ausreichen, um den Transfer von reich nach arm zu rechtfertigen. Ein Nettonutzen für die Umwelt ist nur dann zu erwarten, wenn die Armen für jede zusätzliche Mark Einkommen weniger Umweltbelastung erzeugen würden als die Reichen. Ähnlich wie beim Ländervergleich ist dies aber nicht zu erwarten, da ja gerade die Reichen auf umweltschonende Produkte mehr Wert legen als die Armen[39]. Allerdings sind hier die statistischen Belege nicht mehr so eindeutig[40]: Umweltgerechtes

---

38 Dieser Vorschlag wurde unter dem Begriff des "Joint Implementation" im Rahmen der Klimakonferenz behandelt. Dahinter steht die Idee des "emission trading". Ein reiches Industrieland kann sich von einer bestimmten Verpflichtung zur Emissionsreduzierung freikaufen, indem es die zur Reduzierung benötigten Finanzmittel einem Entwicklungsland zur Verfügung stellt, das dann mit dieser Summe ein wesentlich größeren Reduktionseffekt erzielen kann. Voraussetzung dafür ist natürlich, daß der Grenznutzen der Reduktion (pro Kosteneinheit) in den Entwicklungsländern wesentlich höher ist als in den Industrieländern. (Unmüßig 1995, S. 38).

39 Die These vom negativen Umwelteffekt bei Einkommensangleichung ist wiederum an einige Bedingungen geknüpft: Erstens darf es keine absolute räumliche Trennung zwischen armen und reichen Leuten innerhalb eines Landes geben. Zweitens darf der Grad der Abneigung gegen die physikalischen Wirkungen der Umweltbelastung zwischen Armen und Reichen nicht nennenswert auseinanderfallen.

40 Die Aufteilung des zusätzlichen Einkommens läßt meist keine klare Zuordnung zu umweltbelastenden und umweltfreundlichen Ausgabetypen beim Haushalt zu. Theoretische Modelle gehen meist von identischen Nutzenfunktionen aus, die aber

Verhalten findet sich vor allem in den gehobenen Mittelschichten, weniger in der einkommensstärkeren Oberschicht. Hier könnte also ein gezielter Einkommenstransfer zugunsten der Mittelschichten positiv auf die Umwelt wirken[41]. Die Wirksamkeit eines solchen Effekts ist aber nahezu vernachlässigbar im Vergleich zur erforderlichen Kurskorrektur.

Was für die Einkommensverteilung gilt, läßt sich auch bei der Vermögensverteilung nachweisen. Hier kommt jedoch ein wesentliches Argument hinzu, nämlich die Illusion marginaler Nutzung. Hat jemand einen großen Anteil an einer Naturressource oder nutzt er im großen Maßstab die Umwelt als Senke, so ist er sich seines Anteils an der Naturnutzung bewußt. Ob er dafür nun die Verantwortung übernimmt oder nicht, mag dahingestellt bleiben, aber die Verknüpfung zwischen Nutzung und Schädigung liegt auf der Hand. Nutzen dagegen sehr viele Menschen eine Naturressource oder die Umwelt als Senke, dann hat jeder den Eindruck, sein Anteil an der Nutzung sei so gering, daß er nicht ins Gewicht falle. Der Eindruck der Marginalität des eigenen Beitrags in bezug auf die Gesamtnutzung führt dazu, daß niemand sein Verhalten ändert, obwohl keiner das Ergebnis (etwa die Übernutzung und die damit verbundenen Produktivitätseinbußen) wünscht.

Diese Problematik ist unter dem Begriff "Tragedy of the Common" in die ökonomische Literatur eingegangen[42]. Als "Common" bezeichnet man in den USA das gemeinsame Weideland, das allen Bewohnern eines Ortes zur Verfügung steht. Jeder Bewohner kann seinen Nutzen verbessern, wenn er möglichst viel Vieh auf die Weide läßt. Verhält sich aber jeder so, dann wird die Weide überlastet und im Endeffekt sind alle negativ betroffen. Die aktuellen Auseinandersetzungen um die internationalen Fischbestände und die Fangquoten zeigen, wie das Streben nach möglichst hoher Fangquote für die eigene Fischereiflotte die Erwerbsgrundlagen für alle Fischereiflotten systematisch untergräbt. Das Dilemma läßt sich nur dann aufheben, wenn man entweder eine freiwillige Selbststeuerung durch die Nutzer, eine staatliche Ordnungspolitik, die alle Nutzer bindet, oder ein klares Eigentumsrecht an der jeweiligen Ressource voraussetzt[43]. Gerade im letzten Fall der privaten Eigentumsrechte ist aber die Gleichverteilung von Nutzungsrechten an Vermögenswerten am stärksten verletzt, in den beiden anderen

---

empirisch fragwürdig sind. Es läßt sich nachweisen, daß Umweltgüter stärker von den Reichen nachgefragt werden, während die Kosten für diese Güter, sofern sie von der Allgemeinheit getragen werden, im proportional höheren Maße von den Armen aufgebracht werden. Vgl. zum Komplex der Verteilungswirkungen Zimmermann (1995, S. 362 ff.). Die Probleme bei der Bewertung von Verteilungseffekten durch die Nutzung globaler Umweltressourcen werden eindringlich bei Martinez-Alier (1991, S. 55 ff.) beschrieben.

[41] Vgl. Dierkes u. Fietkau (1988, S. 80 ff.)

[42] Als Klassiker gilt Hardin (1968). Eine ausführliche Diskussion zu diesem Problem und zu möglichen Lösungsstrategien findet sich in Ostrom (1990).

[43] Vgl. "Neither hired workers, nor hired managers, nor tenant farmers care for land as well as owners do." (Durning 1990, S. 145). Zu den Möglichkeiten, mit dem "tragedy of the commons" fertig zu werden, vgl. Sieferle (1982, S. 100 ff.)

Fällen sind kompensatorische Maßnahmen (staatliche Macht oder Selbstbindung) notwendig, um die negativen Folgen der gleichen Nutzungsrechte zu überwinden. Hier verkehrt sich die vierte These in ihr Gegenteil.

Schon die Herkunft des Begriffs "Nachhaltigkeit" aus der Forstwirtschaft des 18. Jahrhunderts belegt, daß eine nachhaltige Nutzung vor allem im Interesse der hoch vermögenden Oberschicht war[44]. Es waren gerade nicht die Kleinbauern oder marginalen Waldnutzer, die auf Nachhaltigkeit drängten, sondern die Großgrundbesitzer und die staatlichen bzw. fürstlichen Forstverwaltungen. Nachhaltigkeit war für sie ein Mittel, um eine für sie wichtige Einkommensquelle auf Dauer zu erhalten. Dazu waren sie bereit, kostspielige Investitionen vorzunehmen und auf die maximale Ausbeute zugunsten einer stetigen Ernte zu verzichten.

So wünschenswert es einem auch erscheinen mag, mit der Forderung nach Nachhaltigkeit zwei Fliegen mit einer Klappe zu schlagen, die Realität sieht anders aus: Schonende Umweltnutzung und gerechte Verteilung von Umweltnutzungsrechten stehen häufig, wenn nicht sogar im Regelfall, im Konflikt zueinander. Um Mißverständnissen vorzubeugen: Es geht nicht darum, intergenerationale und intragenerationale Gerechtigkeit gegeneinander auszuspielen. Vielmehr geht es um die wechselseitigen Bedingungen, die eine humane Lebensweise für die heutige und die kommende Generation ermöglichen. Zu den Prinzipien einer humanen Lebensweise gehört zweifellos die gerechte Verteilung der Verfügbarkeit über Ressourcen. Soziale Gerechtigkeit bleibt ein wünschenswertes Ziel, selbst wenn es sich nicht mit dem Ziel der intergenerationalen Gerechtigkeit verträgt. Zu warnen ist allerdings vor der "Friede, Freude, Eierkuchen" Vorstellung, die den intuitiv so eingängigen Zusammenhang zwischen nachhaltiger Naturnutzung und Gerechtigkeit unter den Menschen als gegeben hinnimmt. Auch das hehre Ziel Nachhaltigkeit steht mit anderen ebenfalls wertvollen Zielen im Konflikt. An der Notwendigkeit, zwischen ethisch hochwertigen Zielen eine Abwägung zu treffen, ist nicht vorbeizukommen[45].

3.　Was heißt Nachhaltigkeit?

Was bedeuten alle diese Überlegungen für das Konzept der Nachhaltigkeit? Zunächst sollte deutlich geworden sein, daß sich die Forderung nach nachhaltiger Entwicklung weder aus dem Gedankengebäude der Ökologie, noch aus dem Fundus der Wirtschaftswissenschaften ableiten läßt. Beide Disziplinen können helfen, die Wirksamkeit von Maßnahmen in Richtung Nachhaltigkeit besser beurteilen zu können. Sie liefern aber keine

---

[44]　Vgl. Peters (1984)

[45]　Die Notwendigkeit der Abwägung steht auch im Vordergrund des Aufsatzes von Feldhaus (1995, S. 22).

Begründung für Nachhaltigkeit. Wenn Nachhaltigkeit gefordert wird, geschieht dies aus ethischen Gründen[46]. Sofern man das Postulat der Chancengleichheit für alle Menschen ernst nimmt, muß ein gewählter Lebensstil auch für Menschen der kommenden Generationen ebenso wie für alle anderen Menschen der heutigen Generation im Prinzip verallgemeinerungswürdig sein[47]. Diese Menschen brauchen diesen Lebensstil nicht zu präferieren, sie können ihn ablehnen oder ihre begrenzten Mittel dafür nicht einsetzen wollen, aber es darf ihnen nicht die Möglichkeit entzogen werden, den Lebensstil, den heutige Menschen schätzen, anstreben und erreichen zu können.

Wenn diese Meßlatte an den Lebensstil der modernen Industriegesellschaften angelegt wird, ist zu erkennen, daß weder die Menschen in den Entwicklungsländern, noch die kommenden Generationen gerecht behandelt werden. Denn die Ressourcennutzung eines durchschnittlichen Europäers oder Nordamerikaners läßt sich nicht auf alle Menschen verallgemeinern, ohne daß die Ressourcenlage zusammenbricht[48]. So viele Ressourcen sind gar nicht vorhanden bzw. deren Nutzung würde die Umwelt über Gebühr belasten. Der durchschnittliche Lebensstil (und die damit verbundene Naturnutzung) eines Wohlstandsbürgers ist nicht auf alle Menschen auf der Erde übertragbar. Dies gilt erst recht für künftige Generationen. Denn die heutige Menschheit verbraucht unwiederbringbar nicht erneuerbare Ressourcen, zerstört weitgehend die Regenerationsfähigkeit erneuerbarer Ressourcen und belastet die Umwelt mit Schadstoffen, alles Aktivitäten, die den Lebensstil zukünftiger Generationen beeinträchtigen werden. Insofern ist es aus ethischen Gesichtspunkten Pflicht, eine nachhaltige Wirtschafts- und Gesellschaftsstruktur anzustreben.

Das Ziel ist also klar: eine nachhaltige Struktur ist dann erreicht, wenn den folgenden Generationen bei der Wahl des ihnen gemäßen Lebensstils zumindest die Möglichkeiten offenstehen, die sich die heute lebenden Menschen selbst als Lebensstil zubilligen[49]. Streng genommen darf nur der

---

[46] Der Philosoph Wilhelm Korff hat im Gutachten des Rates von Sachverständigen diese ethische Form der Bindung an das tragende Netzwerk der Natur mit dem Begriff der Retinität umschrieben. Auch der Sachverständigenrat geht davon aus, daß das Konzept einer dauerhaft-umweltgerechten Entwicklung einen genuin ethischen Anhaltspunkt hat (Korff 1995, S. 282 f.; Sachverständigenrat für Umweltfragen 1994, S. 45 ff. und 631 ff.).

[47] Vgl. dazu die auf Kant Bezug nehmende und über ihn hinausreichende Argumentation bei dem Philosophen Hösle (1991, S.69 ff.)

[48] "Angesichts der bereits heute bestehenden ökologischen Gesamtbelastung und Überlastung der Erde ..., würde die globale Ausbreitung von Produktions- und Konsummustern der hochindustrialisierten Länder voraussichtlich zu einem globalen ökologischen Zusammenbruch führen" (von Prittwitz u. Wolf 1993, S. 199).

[49] Eine vertiefende Betrachtung dieses Konzepts der Nachhaltigkeit und dessen ökonomische Implikationen findet sich bei Renn (1994). Eine ähnliche Auffassung von Nachhaltigkeit findet sich auch bei Solow: "... to endow them with whatever it takes to achieve a standard of living at least as good as our own and to look after the next generation" (zitiert nach Jöst u. Manstetten 1993, S. 14). Vgl. dazu auch Minsch (1993, insbesondere S. 34-47)

Lebensstil als Referenzgröße genommen werden, der sich bei Beachtung des Nachhaltigkeitsgebots als neuer Lebensstil gemäß den Präferenzen der heutigen Menschen und den wahrgenommenen Möglichkeiten effizienter Naturnutzung einspielen würde. Besonderes Augenmerk liegt dabei auf der Sicherstellung der natürlichen Grundlagen, die für eine dauerhafte Realisierung dieses Lebensstils notwendig sind. Bei der weiteren Ausgestaltung dieses Ziels helfen die Erkenntnisse aus der Diskussion um die vier Thesen weiter. Die zentralen Aussagen aus der Diskussion der Thesen lauten:

1. Das, was als erhaltenswert und schützenswert in der Natur anzusehen ist, folgt weder aus der Natur selbst, noch aus den Erkenntnissen der Naturwissenschaften[50]. Es geht weder um das Fortleben der Natur, noch um die Bedrohung der Menschheit als Ganzes. Es geht vielmehr darum, die Elemente von Natur und Umwelt zu bestimmen, deren Bestand und Funktionsfähigkeit für die heutigen und zukünftigen menschlichen Bedürfnisse und Werte bedeutsam sind[51]. Unter die Rubrik Bedürfnisse fallen vor allem die Nutzungsansprüche der heutigen und der zukünftigen Generationen, bei den Werten stehen die mit der Natur verbundenen sozialen und kulturellen Zuweisungen, seien sie ethischer oder ästhetischer Qualität, im Vordergrund.

2. Natur- und Umweltschutz sind keine Mittel, um das Überleben von Natur oder Menschheit sicherzustellen, sondern sie stehen im Dienste einer Entwicklung zu einer dauerhaft menschenwürdigen und humanen Lebensweise für alle. Die Forderung nach einer humanen Lebensweise schließt auch die treuhänderische Achtung der Lebensrechte von Tieren und Pflanzen mit ein[52]. Wesentlich ist, daß die heutige Nutzung der Natur so gestaltet wird, daß auch kommende Generationen ein nach den heutigen Vorstellungen menschenwürdiges Leben führen können.

---

[50] Daß dieser Selektionsmechanismus kulturell bestimmt ist, wird insbesondere von Vertretern der Umweltsoziologie betont, wobei damit keineswegs die tatsächliche Gefährdung von Mensch und Umwelt infrage gestellt wird (Luhmann 1990, S. 68 ff.; Dunlap u. Catton 1994, S. 11 ff.; Machlis u. Scott, 1991, S. 2 ff.).

[51] "Die naturwissenschaftlichen Grenzwerte liefern wertvolle Grundlageninformationen für die Festlegung politischer Umweltstandards, sie können sie aber nicht ersetzen. Die Erhaltungsziele sind realistischerweise als politische Mindeststandards zu begreifen" (Cansier 1995, S. 6). Vgl. dazu auch: "Sustainability is a multifaceted concept. Many different ecosystem components may be valued by society or parts of society. Sustainable use from one perspective is unsustainable from another" (Gale u. Cordray 1994, S. 327)

[52] Vgl. hierzu die Argumentation des Philosophen Carl Friedrich Gethmann, der eine besondere Verantwortung für die Natur aus dem Prinzip des Treuhänders oder Vormunds ableitet. Dadurch werden der Natur zwar keine eigenen Rechte eingeräumt, sie hat aber Anrecht auf eine treuhänderische Pflege bei den Eingriffen, bei denen Folgewirkungen (etwa Schmerzempfinden) aufgrund der Befähigung des Menschen zur Empathie nachempfunden werden können (Gethmann 1994, S. 14 ff.; Korff 1995 S. 280).

3. Der Mensch ist auf die Umgestaltung der Natur in produktive Umwelt angewiesen. Er muß Natur nutzen, um leben zu können. Anders als die übrigen Lebewesen kann er aber durch Arbeit, Energieeinsatz und Wissen die ihm natürlich vorgegebene Tragekapazität beeinflussen. Ohne diese Möglichkeit wäre der Mensch niemals so erfolgreich als Spezies gewesen. Es gibt keinen Grund anzunehmen, daß er nicht auch in Zukunft die Effizienz der Naturnutzung durch Umweltgestaltung und Substitutionsprozesse verbessern kann. Die absoluten Grenzen der Tragfähigkeit sind keineswegs erreicht[53]. Dazu bedarf es aber besonderer Anreize zur Erhöhung der Ökoeffizienz und zur Beschleunigung bei der Entwicklung umweltschonender Innovationen. Angesichts der wachsenden Bevölkerung und der bereits eingetretenen Überziehung der Tragekapazität erscheint darüber hinaus eine Selbstbescheidung der Menschen in den Industrieländern in Hinsicht auf Energie- und Ressourcenverbrauch angebracht[54].

4. Umweltverträglichkeit und Sozialverträglichkeit laufen nicht Hand in Hand. Zielkonflikte bestehen bei der Verteilungsgerechtigkeit zwischen den Reichen und den Armen einerseits und den heutigen Nutzern und den künftigen Nutzern der Umwelt andererseits. Da die Ermöglichung des heutigen Lebensstils für künftige Generationen unter Einbeziehung humaner Lebensbedingungen erfolgen soll, muß im Konfliktfall eine Abwägung zwischen Zielen der Umwelterhaltung und der Sozialverpflichtung vorgenommen werden[55]. Umweltbelange können nicht automatisch Vorrang vor anderen, dem Ziel der Verstetigung des Lebensstils dienenden Belange eingeräumt werden, es sei denn, diese anderen Belange seien von dem Erhalt der jeweiligen Umweltbelange abhängig. Dieses müßte aber im Einzelfall nachgewiesen werden.

---

[53] Die absoluten Grenzen der Tragekapazität für Menschen sind schwer zu bestimmen und sind sicher von der globalen Nettoprimärproduktion abhängig, von der wir bereits heute 40 Prozent nutzen. Als Kuriosum sei noch erwähnt, daß es bereits in den 60iger Jahren Versuche gegeben hat, die maximale Tragekapazität für Menschen zu bestimmen. Eine solche Abschätzung stammt z.B. von H.J. Fremlin in der renomierten Zeitschrift New Scientist. Seine Berechnungen basieren auf der Voraussetzung, daß Energie in ausreichendem Maße verfügbar sei und bis auf Lebensmittel alle Produkte künstlich hergestellt und deren Rohstoffe rezykliert würden. Fremlin ging weiterhin davon aus, daß die ganze Erde mit Wolkenkratzern bedeckt würde, deren Dächer für die Lebensmittelproduktion genutzt würden. Die absolute Grenze war von daher nur durch die thermische Belastung bei der Energieumwandlung bestimmt. Nach diesen Berechnungen könnten maximal 100 Billionen Menschen die Erde bevölkern. Solche Zukunftsvisionen aus den 60iger Jahren erscheinen uns heute absurd. Sie sind ein Beweis für den Zukunftsoptimismus der damaligen Zeit, in der die Frage nach der Assimilationsfähigkeit der Natur nicht einmal thematisiert wurde. Gleichzeitig wird aber auch deutlich, wie stark wissenschaftliche Voraussagen vom Zeitgeist abhängen (vgl. Fremlin 1964).

[54] Die Notwendigkeit, über die Ökoeffizienz auch den Verzicht auf Umweltnutzung in ein Programm der Nachhaltigkeit einzubauen, wird vor allem von dem Aktionsprogramm "Sustainable Netherlands" gefordert. Allerdings sind die dort aufgeführten quantitativen Vorgaben problematisch und kontraproduktiv (vgl. Institut für sozialökologische Forschung 1994).

[55] Auf Zielkonflikte zwischen Nachhaltigkeit und Sozialverträglichkeit weisen auch Jöst und Manstetten (1993, S. 11) ausdrücklich hin.

Geht man von diesen vier Schlußfolgerungen aus, dann verlieren einige der heute noch vehement geführten Debatten in der Diskussion um Nachhaltigkeit ihre Schärfe. Die erste Debatte betrifft die inzwischen zum Glaubenskrieg gewordene Auseinandersetzung um Wirtschaftswachstum[56]. Ist Wachstum Motor oder Hemmschuh der Nachhaltigkeit? Wenn man von einer dynamischen Tragekapazität ausgeht, ist Wirtschaftswachstum dann der Nachhaltigkeit zuträglich, wenn die Umweltgewinne durch erhöhte Ökoeffizienz und Innovationen größer sind als die Verluste durch die Zunahme des verfügbaren Volkseinkommens[57]. Im Klartext: Wächst eine Volkswirtschaft um x Prozent, dann muß die Effizienz der Naturnutzung um mehr als x Prozent zunehmen, damit insgesamt weniger Natur genutzt wird als vor der Wachstumsphase. Es kommt also darauf an, ein qualitatives Wachstum anzuregen, bei dem die Nutzung der Natur pro Kopf der Bevölkerung selbst bei Erhöhung des Volkseinkommens zurückgeht[58]. Unter dieser Voraussetzung kann man in einem marktwirtschaftlich strukturierten Wirtschaftssystem die Aussicht auf Wachstum als Vehikel der notwendigen Verbesserung der Ökoeffizienz und der Innovationsbeschleunigung nutzen.

Die zweite Debatte dreht sich um die Begriffe starke und schwache Nachhaltigkeit[59]. *Starke Nachhaltigkeit* bedeutet, daß nur wenige Elemente der Natur durch Elemente des künstlichen Kapitalstocks, d.h. durch von Menschen geschaffene Produkte ersetzt werden können, die beiden Elementklassen also im wesentlichen komplementär zueinander stehen. Vertreter der *schwachen Nachhaltigkeit* sind dagegen der Überzeugung, daß die weitaus überwiegende Anzahl der Elemente aus der Natur durch Elemente des künstlichen Kapitalstocks ersetzt werden können, die beiden Elementklassen also weitgehend substitutiv zueinander sind[60]. Neigt man eher dem Konzept der schwachen Nachhaltigkeit zu, dann ist es Aufgabe des Umwelt- und Naturschutzes, sicherzustellen, daß die relativen Preise "die ökologische Wahrheit" sagen, also die Ökoeffizienz gesichert und Marktversagen überwunden werden kann. Ist man dagegen von der starken Nachhaltigkeit überzeugt, muß ein umfassender Schutz des natürlichen Kapitalstocks durch staatliches oder soziales Handeln gewährleistet sein.

---

[56] Diese Diskussion basiert weitgehend auf der Beobachtung, daß Wachstumsprozesse zwar die Ökoeffizienz erhöhen, aber die Effizienzgewinne kleiner sind als die absolute Zunahme der Naturnutzung. Dies ergab auch ein internationaler Vergleich von 32 Industrieländern (vgl. Jänicke et al. 1992). Deshalb lehnen einige Autoren, die der ökologischen Bewegung nahestehen, Wirtschaftswachstum ab, etwa Daly (1993) oder Busch-Lüthi (1990). Einen knappen Überblick über die verschiedenen Wachstumskonzepte für eine nachhaltige Entwicklung bietet Huber (1993, S. 55 ff.).

[57] Dazu der Umweltökonom Udo E. Simonis: "... mittel- und langfristig ist aus ökologischen Gründen nur noch ein Wirtschaftswachstum akzeptabel, bei dem Energieverbrauch und Umweltbelastung auch absolut zurückgehen " (1991, S. 6).

[58] Vgl. ausführlich dazu Mohr (1995, S. 84 ff.) oder auch den Sammelband von Majer (1984)

[59] Vgl. die Erörterung der unterschiedlichen Konzepte in Arts (1994)

[60] Diese These wird mit besonderer Rigorosität von Solow (1974) vertreten.

Beide Konzepte sind jedoch mit den obigen Überlegungen unvereinbar. Das Konzept der starken Nachhaltigkeit ist realitätsfremd, das der schwachen Nachhaltigkeit illusionär. Zunächst zur starken Nachhaltigkeit: Jede wirtschaftliche Aktivität bedingt eine Umwandlung von natürlichen Ressourcen in nicht-nutzbare Reststoffe. Dies führt zwangsläufig zu einer Nutzung von Natur und damit zu einer Abnahme des natürlichen Kapitalstocks[61]. Eine starke Nachhaltigkeit im Sinne der vollständigen Komplementarität ist deshalb unmöglich. Aber auch das Konzept der schwachen Nachhaltigkeit ist letztlich unhaltbar[62]. Es gibt kein Produkt, das nicht in irgendeiner Weise auf natürliche Vorleistungen oder Nachleistungen angewiesen ist. Material, Wasser, Luft, Boden sind unverzichtbare Elemente in allen Produktionssystemen. Somit ist die Erstellung jedes Produkts von einer Leistung des natürlichen Kapitals abhängig. Darüber hinaus wird jede Verknappung von Leistungen aus der Natur zu einer höheren Wertschätzung pro Einheit "Naturverbrauch" führen, da künstliches Kapital nicht in allen Eigenschaften dem natürlichen Kapital gleichartig sein kann.

Es führt kein Weg daran vorbei, genauer zu spezifizieren, an welchen Stellen Substituierbarkeit und an welchen Stellen Komplementarität vorliegt. Pauschale Angaben sind hier wenig hilfreich. Ziel muß es sein, im Sinne der obengenannten Definition von Nachhaltigkeit den Nutzengewinn aus dem natürlichen Kapital plus dem Nutzen aus dem künstlichem Kapital in Zukunft zumindest konstant zu halten.

4. Die Rolle der Umweltpolitik

Nach dem Versuch, den Begriff der Nachhaltigkeit näher zu bestimmen und die Ziele einer nachhaltigen Entwicklung zu verdeutlichen, steht nunmehr die Frage an, wie diese Ziele in praktische Umweltpolitik überführt werden können[63]. Vor welchen Aufgaben steht die Umweltpolitik, wenn sie die oben gestellten Zielvorstellungen umsetzen will?

Zunächst ist es die Aufgabe der Umweltpolitik, die Kriterien und Maßstäbe festzulegen, nach denen ein menschenwürdiges Leben gemessen werden kann. Denn ohne diese Festlegung kann auch nicht bestimmt

---

61   Eine ausführliche Kritik an dem starken Konzept der Nachhaltigkeit findet sich in Kappel (1994, vor allem S. 72 ff.).

62   Auf die Absurdität des schwachen Nachhaltigkeitskonzeptes hat mit besonderer Eindringlichkeit der Umweltnaturwissenschaftler Roland Clift in seiner Buchkritik des 1994 erschienenen Werkes von Pearce "Blueprint 3: Measuring Sustainable Development" hingewiesen (vgl. Clift 1994).

63   An dieser Stelle geht es nicht darum, einen Katalog umweltpolitischer Maßnahmen aufzustellen und zu begründen. Die folgenden Ausführungen dienen dem Ziel, Maßstäbe für solche Maßnahmen im Rahmen praktischer Umweltpolitik zu entwickeln. Wer an einem Katalog von Maßnahmen interessiert ist, sei vor allem auf den neuesten Bericht der Enquete Kommission "Schutz der Erdatmosphäre" (1995, vor allem S.1008 ff.) verwiesen.

werden, was an der Natur erhaltenswert ist. Sicher werden zu diesem Kanon die Menschen- und Bürgerrechte gehören, aber auch die Erfüllung von grundlegenden wirtschaftlichen Bedürfnissen sowie die zur Würde des Menschen gehörende Verpflichtung zur humanen Behandlung von Tieren[64]. Sind diese Maßstäbe bestimmt, liegt die zweite Aufgabe darin, die Elemente der Natur ausfindig zu machen, die nach heutiger Sicht für die Erhaltung dieser Lebensbedingungen notwendig sind. Da zu vermuten ist, daß es sich dabei um viele Elemente handeln wird, Zeit und Geld aber knappe Ressourcen darstellen, muß eine Prioritätenliste erstellt werden, nach der man die Aufgaben nach Maßgabe ihrer Dringlichkeit auf die Zeit verteilt. Als drittes müssen die Instrumente ausgesucht werden, die das Ziel des Erhalts der als notwendig erachteten Naturelemente erreichen helfen. Dabei sind Instrumente zur Verbesserung von Ökoeffizienz und Innovationsgeschwindigkeit qualitativ anders zu sehen als Instrumente zur Gefahrenabwehr, zum Gesundheitsschutz und zur Drosselung des Konsums. Schließlich muß man als Umweltpolitiker sicherstellen, daß man auch die gesteckten Ziele erreicht. Dazu müssen die Verschiebungen zwischen Ist- und Sollwerten ständig gemessen und, wenn notwendig, entsprechende Kurskorrekturen angebracht werden.

Die Aufzählung von "man muß" deutet schon darauf hin: So läuft es heute nicht und so wird Umweltpolitik auch zukünftig nicht ablaufen, auch wenn sich diese Aufzählung logisch aus dem vorher Gesagten ergibt. Zweifellos muß die Umweltpolitik diese Aufgaben erfüllen, aber sie wird dies weder in der obigen Reihenfolge, noch in der logisch-konsistenten Form tun, in der die Aufgaben aufgezählt wurden[65]. Politik ist ein organischer Prozeß, an dem viele Köche mitwirken, in dem Inkonsistenzen an der Tagesordnung sind und Traditionen und Strukturen bereits eine verfestigte Art des Vorgehens begünstigen[66]. Würde man zum Beispiel eine Grundsatzdebatte in der Politik auslösen, was denn ein menschenwürdiges Leben ausmache, dann könnte man die Umweltpolitik für die nächsten Jahre vergessen. Eine Einigung darüber liegt wohl in weiter Ferne. So hilfreich es ist, die Aufgabenstellung für die Politik zunächst aus dem Konzept der Nachhaltigkeit Schritt für Schritt abzuleiten, so notwendig ist es, die in der Politik übliche Vorgehensweise und Aufgabenteilung bei der Umsetzung von realistischen Konzepten zu beachten.

Aus pragmatischer Sicht ist es zweckmäßig, zuerst mit den Instrumenten der Umweltpolitik zu beginnen und sich in einem zweiten Schritt zu den Zielpunkten hinzubewegen. Welche Möglichkeiten der Einflußnahme haben

---

[64] Jöst und Manstetten nennen als erhaltenswerte Grundprinzipien: Friede, Menschenwürde, Freiheit und Achtung vor der Natur (Jöst u. Manstetten 1993, S. 25).

[65] Zu den Implementationsproblemen und die politische Durchsetzungsfähigkeit von Pflichten in demokratischen Gesellschaften vgl. vor allem Birnbacher (1988, S. 258 ff.) sowie Jöst u. Manstetten (1993, S. 12 ff.).

[66] Gerade im Umweltbereich gibt es dazu viele Fallbeispiele. Vgl. die Aufsatzsammlung mit Fallbeispielen bei Kunreuther u. Linnerooth (1993) sowie Wynne (1987)

die Akteure der Umweltpolitik, also alle diejenigen, die im Hinblick auf die Umwelt kollektiv bindende Entscheidungen treffen oder daran aktiv mitwirken können[67]?

– *Ordnungspolitische Maßnahmen:* Diese Maßnahmen, die den staatlichen Akteuren vorbehalten sind, beziehen sich auf Verbote (in Ausnahmefällen Gebote), Grenzwerte, technische Anleitungen oder Verfahrensvorschriften. Unter dem Oberbegriff Ordnungspolitik fällt auch die Festlegung der Regeln, unter denen sich Wettbewerb und wirtschaftliche Aktivitäten entfalten können.

– *Planungsbezogene Maßnahmen:* Diese Maßnahmen betreffen die Möglichkeit von Staat und Unternehmern, durch gezielte Veränderungen, die in ihrem Kompetenzbereich liegen, erwünschte Ziele anzustreben. Beispiele für Planungen im Umweltbereich sind die Landschaftsplanung, die Wirtschaftsplanung, die Genehmigungsverfahren und andere mehr. Die Inhalte der Planung sind an gesetzliche Vorschriften bez. Handlungsspielräume gebunden.

– *Wirtschaftliche Anreize:* Die Maßnahmen beziehen sich auf die Erhöhung oder Verringerung der Preise für Umweltgüter durch Steuern, Abgaben, Zertifikate, Subventionen und andere Anreizsysteme.

– *Kommunikative Problemlösungen oder "Runde Tische":* Diese neuere Form diskursiver Verhandlungen bindet staatliche wie nicht-staatliche Akteure (etwa Unternehmer und Verbraucher) in einen Prozeß der konsensorientierten Entscheidungsfindung ein. Die Ergebnisse werden von allen Beteiligten freiwillig und aus besserer Einsicht getragen und umgesetzt.

– *Information der beteiligten Akteure:* Durch Aufklärung und Informationskampagnen können einzelne Akteursgruppen (etwa die Verbraucher) über umweltgerechtes Verhalten orientiert werden.

---

[67] Die Aufzählung der Instrumente findet sich in ähnlicher Form bei Jänicke (1990, S. 223). Jänicke hat den Bereich der Aufklärung und Kommunikation in seiner Aufzählung nicht erwähnt. Zur Frage der internationalen Umweltpolitik und der dort verfügbaren Instrumenten vgl. Breitmeier et al. (1992, vor allem S. 186 ff.). Eine detaillierte Analyse umweltpolitischer Maßnahmen und Instrumente findet sich in Hartkopf u. Bohne (1983). Speziell zu den ökonomischen Anreizen und ihren Vorteilen vgl. die Diskussion in Bonus (1991); Weimann (1991, S. 132 ff.); Gawel (1994); Akademie der Wissenschaften zu Berlin (1992, S. 443 ff.). Praxiserfahrungen mit Anreizsystemen zur umweltpolitischen Steuerung finden sich im Bericht des Office of Technology Assessment (U.S. Congress, Office of Technology Assessment 1994, S. 264 ff.). Die meisten Autoren nehmen die kommunikativen Problemlösungsinstrumente noch nicht in den Katalog der umweltpolitischen Instrumente auf, obwohl gerade die von Ökonomen bevorzugte Coase Lösung über private Verhandlungslösungen diesen Weg vorzeichnet. Eine Übersicht über solche Verhandlungslösungen bietet der Sammelband von Hoffmann-Riem u. Schmidt Aßmann (1990).

Diese fünf Instrumentenblöcke unterscheiden sich nach dem Grad der Verbindlichkeit. Ordnungspolitische Maßnahmen lassen den betroffenen Akteuren keine Freiheit, anders als vorgeschrieben zu handeln; Informationsangebote beschränken den Freiheitsspielraum des einzelnen Akteurs dagegen kaum. Da das Konzept von Nachhaltigkeit als Meßlatte den Fortbestand des Leben unter humanen Bedingungen festgelegt hat, sind auch bei der Wahl der umweltpolitischen Maßnahmen die Instrumente vorzuziehen, die den erwünschten Effekt mit der geringsten Einbuße an Freiheit und Flexibilität erreichen können[68].

So ist es beispielsweise sinnvoll, ordnungspolitische Maßnahmen nur dort einzusetzen, wo eine Überschreitung zu eindeutig unerwünschten und schädlichen Konsequenzen führen würde. Planungen sind an den Stellen angebracht, an denen der gesetzliche Rahmen dies ermöglicht. Wirtschaftliche Anreize sind immer dann vorzuziehen, wenn es keine fest umrissenen Grenzwerte der Schädigung gibt, aber die Richtung, etwa eine kontinuierliche Reduktion der Emissionen, vorgegeben ist. So sollten in den Umweltbereichen, in denen die Ziele Streckung der Ressourcenbasis oder Schließung von Kreisläufen angestrebt werden, es aber keine erkennbaren Grenzen gibt, ab denen die menschliche Gesundheit oder die Funktionsfähigkeit von Ökosystemen akut gefährdet werden, ökonomische oder soziale Anreize (etwa über das Steuersystem oder die Wirtschaftsförderung) als Instrumente zum Einsatz kommen. Allenfalls Umweltzertifikate, also mengenbeschränkende Nutzungsrechte für Umweltgüter, können im Rahmen des ökonomischen Anreizsystems die Einhaltung von Grenzwerten sicherstellen. Bei Problemen kollektiven Verhaltens, etwa im Bereich der gemeinschaftlichen Energieversorgung oder bei der Erarbeitung von Entsorgungskonzepten, sind diskursive Verfahren des Aushandelns von Lösungen zu bevorzugen[69]. Sie bieten den großen Vorteil, daß alle beteiligten Akteure in die Entscheidungsfindung einbezogen werden und gemeinsam nach einer umweltverträglichen Lösung suchen. Geht es dagegen um das Verhalten des einzelnen Akteurs, etwa des Konsumenten oder Unternehmers (ohne daß dieses Verhalten weitreichende Auswirkungen auf Dritte hat), dann reichen die Instrumente der Information und Überzeugung aus.

Eine Mischung von Instrumenten ist in zwei Fällen angebracht: zum ersten bei Umweltauswirkungen unter hoher Unsicherheit und zum zweiten bei Umwelteinwirkungen, die keine Schädigung hervorrufen, aber ethisch fragwürdig sind. Zunächst zu den Risiken: Herrscht große Unsicherheit über die möglichen Folgen einer Eingriffs in die Umwelt, dann ist keine eindeutige Wahl für eines der umweltpolitischen Instrumente möglich. Ist

---

[68] Dieses Prinzip der Subsidiarität liegt auch den umweltpolitischen Empfehlungen von E.U. von Weizsäcker in seinem Buch "Erdpolitik" (1992, S. 264) zugrunde.

[69] Vgl. dazu Zilleßen (1993). Konkret zur diskursiven Behandlung von umweltpolitischen Problemen vgl. auch die Ausführungen in Renn u. Webler (1994).

ein hohes Katastrophenpotential nicht ausgeschlossen, ist also im schlimmsten Fall mit einer schweren Umweltschädigung zu rechnen, dann erscheint die Anwendung des Vorsorgeprinzips, d.h. einer vorsorglichen ordnungspolitischen Regulierung durch den Staat sinnvoll; bei niedrigem Katastrophenpotential oder individualisierbaren Risiken sollte mit Hilfe kommunikativer Maßnahmen oder wirtschaftlicher Anreize eine stetige Verringerung der Risiken über Zeit angestrebt werden[70]. In den Umweltbereichen, in denen eine direkte Schädigung der Umweltfunktionen nicht zu erwarten ist, aber die Menschen bestimmte Eingriffe mit Wertschätzungen verbinden (etwa die Rettung von Delphinen oder die Forderung nach humaner Tierhaltung), oder in denen die Verteilung der Risiken auf unterschiedliche Bevölkerungsgruppen zu wahrgenommenen Ungerechtigkeiten führen, kann über kommunikative, ökonomische oder ordnungsrechtliche Bestimmungen eine Regulierung erfolgen, sofern die Kosten dafür allen Beteiligten transparent sind[71].

In der nachfolgenden Tabelle 2 sind die umweltpolitischen Maßnahmen und ihre Einsatzgebiete im einzelnen erwähnt. In der Tabelle sind die Planungsansätze nicht gesondert aufgeführt, weil sie im wesentlichen eine Mischung unterschiedlicher Instrumente darstellen und sie die übrigen aufgeführten Instrumente in unterschiedlicher Dosierung im gesetzlich vorgegebenen Rahmen einsetzen. Kursiv gekennzeichnete Maßnahmen sollen Vorrang vor den anderen Maßnahmen in der jeweiligen Kategorie haben. Unter der Rubrik "Ökonomische Anreize" sind alle Möglichkeiten von den Ökosteuern bis hin zu Zertifikaten, Versicherungen und Subventionen enthalten. Je nach Zweckmäßigkeit und Zielrichtung kann aus diesem Maßnahmenbündel das geeignete Mittel ausgewählt werden.

Aufgrund der Zuordnung von Maßnahmen zu umweltpolitischen Aufgaben ergeben sich bereits wichtige Vorentscheidungen für die Frage nach den Bedingungen für ein menschengerechtes Leben sowie der Festlegung des Erhaltenswerten in der Natur. Mit dem Maßnahmenkatalog ist bereits eine implizite Prioritätensetzung vorgenommen worden: An oberster Stelle stehen Maßnahmen zur Erhaltung der Gesundheit, zur Vorsorge gegenüber großen Risiken, zur Funktionsfähigkeit von Ökosystemen

---

[70] Eine weitergehende Begründung für diese Trennung von Risiken mit hohem und niedrigem Katastrophenpotential und ihre unterschiedliche Behandlung findet sich in Shrader-Frechette (1991, S.66 ff. und 169 ff.). Ähnlich argumentiert auch Birnbacher (1988, S. 199 ff.). Vgl. auch die Ausführungen zum Problem Risikobewertung in Renn (1995)

[71] Im Rahmen dieser Ausführungen soll nicht auf die Frage der humanen Tierhaltung eingegangen werden. Wesentlich erscheint, daß es den Menschen als moralisch handelnde Wesen zumindest möglich, wenn nicht sogar zwingend sein sollte, die Leidensfähigkeit und Integrität anderer Lebewesen als Leitbilder für das eigene Verhalten diesen Lebewesen gegenüber zu beachten. Aber auch hier sind Abwägungen zwischen moralisch wichtigen menschlichen Zielen und humaner Behandlung von Tieren unumgänglich. Vgl. zu diesem Komplex Feinberg (1980); Meyer-Abich (1990) oder Dawkins (1991)

Tab. 2: Instrumente der Umweltpolitik: Einsatzgebiete und vorrangige Maßnahmen.

	Ordnungspolitik	Ökonomische Anreize	Runde Tische, Verhandlungen	Information, Aufklärung
Gesundheitsgefährdung	*Grenzwerte*	Reduzierung unterhalb der Grenzwerte (Versicherungen)	Vermeidungsstrategien	persönliche Schutz-maßnahmen
Gefährdung lebenswich-tiger Stoffkreisläufe	*Grenzwerte*	Reduzierung unterhalb der Grenzwerte	Substitutionsstrategien	Förderung von Umweltbewußtsein
Emmission umwelt-schädlicher Stoffe	Stand der Technik (Richtwerte)	*Stetige Reduktion durch Ökosteuer oder Zertifikate*	Ersatz von "End of the Pipe"-Lösungen	*Integrierter Umweltschutz*
Risikovorsorge bei hohem Katastrophenpotential	*Grenzwerte*	Reduzierung unterhalb der Grenzwerte	Notfallplanung	Notfalltraining
Risikovorsorge bei ge-ringem Schadensausmaß	(Technische) Anleitung	*Stetige Reduktion und Versicherung*	Risikovermeidung	Gesunde Lebensweise
Übernutzung von Ressourcen	Richtwerte	Eigentum schaffen	*Freiwillige Vereinbarungen*	Langfristkosten
Arten- und Naturschutz	*Verbote*, Schutzgüter	Subventionen für Habitat-Erhaltung	Kollektive Maßnahmen des Naturschutzes	Verhaltensregeln für Naturnutzung
Tierschutz	Ge- und Verbote	Subventionen artgerechter Tierhaltung	Freiwillige Vereinbarungen aller Produzenten	Auszeichnungspflicht

und zum Natur- und Artenschutz. Alle übrigen Belastungen sollen
kontinuierlich reduziert werden, feste Grenzwerte sind aber weder notwendig, noch politisch gerechtfertigt. Die Nutzung natürlicher Ressourcen
kann vor allem durch wirtschaftliche Anreize und Verfahren zum Aushandeln von gemeinsamen Nutzungsbedingungen erfolgen. Individuelle
Risiken haben ein geringe Priorität im umweltpolitischen Handlungsrahmen, sofern sie den Individuen bekannt sind und sie diese nicht auf
andere Individuen abwälzen können.

Natürlich sind dies nur Vorschläge, die auf Plausibilität beruhen[72]. Die
kollektiv verbindliche Zuordnung von Instrumenten und Maßnahmen zu umweltpolitischen Aufgaben muß im politischen Prozeß der Willensbildung und
Entscheidungsfindung bestimmt und dann demokratisch legitimiert werden.

Prioritäten in der Umweltpolitik zu setzen, ist eine elegante Möglichkeit,
der schwierigen Frage nach der Unterscheidung zwischen Erhaltenswertem
und nicht Erhaltenswertem aus dem Weg zu gehen und stattdessen die
möglichen Maßnahmen nach ihrer Dringlichkeit zu ordnen[73]. Auf diese
Weise vermeidet man eine politisch meist unfruchtbare Grundsatz-
diskussion, die in einer wertepluralistischen Gesellschaft selten zu einer
Einigung führt. Es mag in der Tat schwierig sein, theoretisch überzeugend
zu argumentieren, daß die Gesellschaft keinen Wert auf den Erhalt von
Ratten oder Küchenschaben legt oder zumindest dafür kein Geld ausgeben
will. Dagegen ist das Argument kaum zu widerlegen, daß der Schutz von
Regenwürmern und insektenfressenden Vögeln wegen ihrer unmittelbaren
Nützlichkeit für den Menschen Vorrang haben sollte vor dem Schutz von
Ratten und Küchenschaben. Bei begrenzten Mitteln und begrenztem
Zeitbudget kann es sich keine Gesellschaft leisten, alle Schutzziele auf
einmal erreichen zu wollen. Insofern können Prioritätensetzungen nach
Maßgabe nachvollziehbarer Kriterien (etwa Nützlichkeit, Seltenheit,
ästhetische Wertschätzung) politisch legitimiert und umgesetzt werden. Die
Festlegung der Kriterien kann dabei in diskursiven Prozessen mit den
beteiligten Akteuren (etwa Wirtschaftsverbände, Umweltschützer, Verbraucher-
verbände u.a.m.) erfolgen.

---

[72] Ähnliche Prioritätenkataloge finden sich z.B. im Gutachten des Sachverständigenrat für
Umweltfragen (1994, S. 83 ff.).

[73] Die Frage nach Formen und Verfahrensweisen rationaler Entscheidungsfindung in der
Politik war Thema eines Projektausschusses der US Academy of Sciences unter dem
Vorsitz des Nobelpreisträgers H.A. Simon. Die Kommission kam zu dem Schluß, daß
formalisierte Entscheidungsverfahren mit numerischer Gewichtung der jeweiligen
Entscheidungskriterien für politische Problemlösungen nur in Ausnahmefällen zu
empfehlen seien. Neben einer Reihe von anderen Verfahrensempfehlungen wurde vor
allem die Setzung von Prioritäten im Hinblick auf Zeit und Geld als beste Annäherung
an eine rationale Vorgehensweise vorgeschlagen. Vgl. US National Academy of
Sciences (1984, S. 22 ff.). Eine ausführliche Erörterung des Für und Wider
umweltpolitischer Prioritätensetzung findet sich in Bechmann et al. (1994, S. 74 ff. und
S. 93 ff.). Vgl. dazu auch Gute (1991, S. 226 ff.)

Das Instrument der Prioritätensetzung hat auch den Vorteil, daß implizite Wertschätzungen durch soziale Gruppen oder ganze Gesellschaften transparent werden. So geben z. B. die U.S.-Amerikaner pro Jahr rund 5 Milliarden Dollar für Hunde- und Katzenfutter aus, dagegen nur 0,7 Milliarden Dollar für Babynahrung[74]. Vergleicht man diese Zahlen mit Ausgaben im Rahmen der 1992 vereinbarten Konvention zur Erhaltung der Biodiversität, also des Fortbestands der heute existierenden Vielfalt im Tier- und Pflanzenreich, dann werden offenkundig Prioritäten sichtbar: Für diese globale Aufgabe stehen weltweit Finanzmittel in Höhe von 1,3 Milliarden zur Verfügung, obwohl nach Expertenschätzungen rund 52 Milliarden gebraucht würden[75]. Mit den faktischen Unterschieden in der Wertschätzung von Umwelt und Natur wird der letzte Teil dieses Beitrages berührt: die kulturelle und soziale Dimension der Umweltnutzung.

5. Die Rolle der Kultur- und Sozialwissenschaften

Bislang wurde auf den Untertitel dieses Beitrages noch wenig eingegangen. Welche Funktion können die Kultur- und Sozialwissenschaften in der Debatte um Nachhaltigkeit spielen? Zweifelsohne sind die Wissenschaften der Ökonomie und der Ökologie bei den Problemen der Nachhaltigkeit besonders gefragt. Von der Ökologie kann man wichtige Antworten erwarten, wenn es darum geht, die Folgen menschlicher Eingriffe und Störungen in Umwelt und Natur zu identifizieren und so weit wie möglich zu quantifizieren. Die Ökonomen können vor allem bei der Verbesserung der Ökoeffizienz und der Gestaltung von ökonomischen Anreizen behilflich sein. Was ist dann der mögliche Beitrag der Kultur- und Sozialwissenschaften[76]?

---

[74] Vgl. Tyler Miller (1992, S. 386)

[75] Siehe World Resources Institute (1994, S. 157); zum Bedarf vgl. World Resources Institute (1992, S. 140)

[76] Die Rolle der Kultur- und Sozialwissenschaften ist unter den Experten der Nachhaltigkeit umstritten. So zitiert Bas Arts die Antwort des holländischen Umweltökonomen Roefie Hueting auf die Frage nach der Rolle der Sozialwissenschaften: "(Nein), nur Umweltfunktionen .... Laß den Rest um Himmels Willen da raus. Wenn man andere Dinge hinzuzieht, wird es ein Chaos." (zitiert nach Arts 1994, S. 24). Dies sehen die Sozialwissenschaftler natürlich anders: "Environmental sociology provides insight into the social dimensions inherent in most environmental problems. For example, environmental sociologists emphasize that conditions such as factory smoke may be seen as problematic in one society but not another, or a sign of economic vitality in one era but as pollution in another. Sociologists thus point to the importance of understanding how conditions come to be recognized as problematic and defined as environmental problems, highlighting the different roles played by activists, industry, media, and government agencies" (Eblen u. Eblen 1994, S. 655).

Um die Rolle der Kultur- und Sozialwissenschaften im Konzept der Nachhaltigkeit näher bestimmen zu können, sind einige grundlegende Überlegungen voranzustellen. Ausgangspunkt ist die analytische Trennung zwischen Natur und Umwelt[77]. Umwelt wird als die für menschliche Zwecke und nach menschlichen Plänen gestaltete Natur verstanden. Das "Natürliche" bezeichnet also die Phänomene, die auch ohne die Handlungen bzw. Eingriffe von Menschen existieren und ihre Wirkungskraft entfalten. Kulturelle Systeme benutzen einen Teil der natürlichen Phänomene (etwa Rohstoffe oder nachwachsende Ressourcen), um sich durch Arbeit gestaltete Umwelten (naturnahe und naturferne) zu schaffen. Die Schaffung künstlicher Umwelten bedeutet, wie schon bei der Behandlung der dritten These angedeutet, keinen Sündenfall der Menschheit, sondern bildet vielmehr eine anthropologische Notwendigkeit für ein Lebewesen, das zum rationalen und ethischen Handeln befähigt ist. Die kulturelle Gestaltung und Veränderung der Natur setzt die Existenz von Leitbildern und Vorstellungen über Ursachen und Wirkungen voraus[78]. Beides ergibt sich im sozialen Prozeß der Wertbildung und der Schaffung von Wissen.

Die Erforschung dieser Prozesse bildet traditionell den Kern der Sozial- und Kulturwissenschaften[79]. Gerade weil Nachhaltigkeit als Zielvorstellung auf Selektion und Abwägung angewiesen ist, können diese Wissenschaften wichtige Kenntnisse liefern, wie Umwelt und Natur im Verlauf der Geschichte wahrgenommen und bewertet wurden und wie unterschiedliche Erfahrungs- und Lebenswelten auf die Wertschätzung von natürlichen Elementen zurückwirken[80]. Diese Reflektionsleistung ist keineswegs ein feuilletonistisches Beiwerk außerhalb des Kerns der Nachhaltigkeit. Sie bildet vielmehr die Voraussetzung dafür, daß die Kernwissenschaften der Ökologie und der Umweltökonomie sinnvoll in die Umweltpolitik eingebracht werden können. Denn die öffentliche Aufmerksamkeit und die Politik bestimmen weitgehend, was in den Fokus der angewandten Wissenschaft gerät[86].

---

[77] Die hier vorgenommene Unterscheidung orientiert sich an den Ausführungen des Biologen Mohr (1995, S. 29 ff.).

[78] Vgl. dazu die Abgrenzung zwischen naturwissenschaftlicher und sozialwissenschaftlicher Umweltforschung in (Mosler 1995, S. 83)

[79] Allerdings tun sich die Kultur- und Sozialwissenschaftler auch schwer, sich mit den Problemen der nachhaltigen Entwicklung zu beschäftigen. Vor allem in der Soziologie setzt die Tradition andere Schwerpunkte. Dazu die beiden Umweltsoziologen R.E. Dunlap und W.R. Catton: "...the Durkheimian legacy suggested that the physical environment should be ignored, while the Weberian legacy suggested that it could be ignored, for it was deemed unimportant in social life." (Dunlap u. Catton 1994). Vgl. auch Catton u. Dunlap (1978)

[80] "The idea is straightforward: adherence to a certain pattern of social relationships generates a particular way of looking at the world; adherence to a certain worldview legitimizes a corresponding kind of behavior - and therefore a corresponding kind of economic activity" (Dake u. Thompson 1993, S. 432).

Dazu ein kurzes Beispiel: In Kalifornien gibt es noch bzw. wieder etwa 80 Kondore (große Greifvögel), für die pro Jahr und Exemplar rund 0,7 Millionen Dollar aufgebracht werden[82]. Diese Summe übersteigt bei weitem alle Kosten, die für den Erhalt irgendeines Tieres direkt aufgebracht werden und liegt auch wesentlich über dem Satz, der faktisch zum Erhalt eines statistischen Menschenlebens in Kalifornien ausgegeben wird. Da der Kondor vor allem durch die Zerstörung seines Lebensraumes bedroht ist, werden nach Ansicht vieler Beobachter die Summen auch völlig vergeblich aufgebracht; denn die hervorragende gesundheitliche Betreuung jedes Exemplars kann auf Dauer die Regenerationsfähigkeit nicht sicherstellen. Warum wird diese riesige Summe ausgegeben, obwohl der Erfolg zweifelhaft ist und andere Naturschutzaufgaben sicherlich wichtiger wären? Der Kondor ist das Wappentier Kaliforniens, das unter keinen Umständen dort aussterben darf, weil es symbolisch für "natürliche Lebensqualität" in Kalifornien steht. Der Soziologe Gary Machlis hat diese selektive Wertschätzung von Tieren mit dem Begriff "charismatische" Tiere umschrieben.[83] Damit ist gemeint, daß Kulturen immer schon und auch heute noch mit bestimmten Tieren und Lebewesen Assoziationen und symbolische Zuordnungen verbinden, die bei der Frage nach Schutzwürdigkeit und eigenem Umweltverhalten orientierungsbildend sind.

Um keine Mißverständnisse aufkommen zu lassen, es geht hier weder gegen Initiativen zum Schutz bedrohter Tiere, noch um die Entmystifizierung des kulturellen Schatzes an Tierassoziationen. Allerdings ist es unerläßlich, sich angesichts knapper Mittel und Zeit, die für den Schutz der Umwelt zur Verfügung stehen, der eigenen Gebundenheit in kulturelle Traditionen und Werten gewahr zu werden und auf der Basis dieses reflektierten Wissens Entscheidungen über Prioritäten zu fällen. Die Kulturwissenschaften können den Menschen nicht die Entscheidung über Prioritäten abnehmen (das kann keine Wissenschaft), aber sie können helfen, die Prioritäten im Lichte der eigenen Befangenheiten und Traditionen klarer erkennen zu können[84].

---

81   Vgl. dazu Cansier (1995, S. 6). Er schreibt: „In der wissenschaftssoziologischen Literatur ist die notwendige Selektivität bei der Auswahl von wissenschaftlichen Forschungsfragen und die Abhängigkeit der Forschungsdurchführung von externen Werten und Ziele ein wichtiger Forschungszweig. Diese Abhängigkeit ist besonders bei Latour (1987, vor allem S. 179 ff.) herausgearbeitet."

82   Das folgende Beispiel verdanke ich dem Kollegen G. Machlis von der University of Idaho in den USA. Die Geschichte des kalifornischen Kondorerhaltungsprogramms bis zum Jahre 1990 beschreibt Tyler Miller (1990, S. 42).

83   Vgl. Machlis (1989)

84   "Our cultural theory does not allow people to float free of their personal convictions, but it does allow for them to recognize what their convictions are, and to see how they differ from those that are held by others. Such 'self-reflexivity' has important implications, not just for understanding of why sustainable development happens (and doesn't happen) but also for our understanding of what sustainable development is" (Dake u. Thompson 1993, S. 432).

Neben der Reflektionsleistung können die Kultur- und Sozialwissenschaften auch dabei helfen, die notwendigen Abwägungen zwischen Naturerhalt und Grad der ökonomischen Nutzung zu treffen. Jede Umweltpolitik
muß sich der Aufgabe stellen, das "rechte" Maß an Naturbelastung und
Naturschonung zu finden, um die natürlichen Voraussetzungen für ein langfristiges Überleben der Menschheit in humanen Verhältnissen zu gewährleisten[85]. Ein solcher Abwägungsprozeß setzt zweierlei voraus: Wissen über
die Konsequenzen der jeweiligen Eingriffe (naturwissenschaftliche Umweltforschung) und Wissen über die Wünschbarkeit und ethische Begründ-
barkeit von unterschiedlichen Maßstäben, um das "rechte" Maß zu finden.
Die Sozial- und Kulturwissenschaften können dieses "rechte" Maß nicht
bestimmen und auch nicht aus ihren Wissensbeständen ableiten, sie können
jedoch Hilfestellung leisten, um den Prozeß der Maßfindung nach rationalen
und ethischen Kriterien zu strukturieren. Vor allem sind es die Sozialwissenschaften und die Rechtswissenschaften, die neue Verfahren der
Willens- und Urteilsbildung in Umweltpolitik und Umweltrechtsprechung
entwickelt haben[86]. Diskursive Formen zur Festlegung kollektiv verbindlichen Handelns werden in der zukünftigen Umweltpolitik einen zunehmenden Stellenwert einnehmen[87]. Damit sie die wichtige Funktion der
Konsensfindung ausfüllen können, sind sozialwissenschaftliche Begleit- und
Evaluationsuntersuchungen unerläßlich.

Dazu tritt ein weiteres Element, nämlich die Erforschung der Beweg-
gründe, die menschliches Verhalten in eine bestimmte Richtung drängen.
Wenn menschliche Arbeit die Ursache für die Transformation von Natur in
Umwelt ist, so ist auch der Erhalt der Natur als Schutz vor dem menschlichen Streben nach Umweltgestaltung ein Akt menschlicher Willensbe-
zeugung. Das richtige Maß gefunden zu haben, heißt noch lange nicht, das
richtige Maß auch durchsetzen zu können. Zwischen Einsicht und Handeln
klafft oft eine tiefe Lücke[88]. Dies gilt sowohl für Individuen wie für
Sozialsysteme. Sozialwissenschaftliche Forschung kann helfen, diese Kluft
besser verstehen zu lernen und aus diesem Wissen heraus Vorschläge für
soziale Brücken zu entwerfen, die Verbindungen zwischen Einsicht und
Verhalten aufbauen. Dazu kann die Sozialwissenschaft folgende Leistungen
erbringen[89]:

---

[85]   Vgl. dazu ausführlich Akademie der Wissenschaften zu Berlin (1992, S. 347 ff. und S. 435 ff.)

[86]   Vgl. den Überblick in Fietkau u. Weidner (1992) sowie in Gaßner et al. (1992)

[87]   Vgl. dazu die Ausführungen in Renn (1992)

[88]   Die Unterschiede zwischen Wissen und Handeln sind besonders im Bereich des
       Umweltverhaltens anzutreffen. Vgl. Dickmann u. Preisendörfer (1992); Gessner u.
       Kaufmann-Hayoz (1995). Auf der Ebene der Implementation von umweltpolitischen
       Handelns vgl. Mayntz et al. (1978)

[89]   Zu dem folgenden Katalog von Aufgaben vgl. Lowe u. Rudig (1986). Zu den Aufgaben-
       feldern sozialwissenschaftlicher Umweltforschung siehe auch Dierkes und Fietkau (1988,
       S. 7). Zur Aufgabe der Sozialwissenschaften bei der Erklärung der Kluft zwischen
       Umweltbewußtsein und Umweltverhalten siehe Gessner u. Kaufmann-Hayoz (1995, S. 15 ff.).

- die Wirksamkeit von umweltpolitischen Bildungs- und Aufklärungs-
  programmen zu überprüfen und zu verbessern;

- Modelle anbieten, die marginale Beiträge sichtbar machen und damit der
  Illusion der Folgenlosigkeit des eigenen Handelns entgegenwirken;

- Einsichten in die Bedingungen individueller und kollektiver Handlungsmöglichkeiten gewinnen, so daß die strukturellen und sozialen Voraussetzungen für umweltgerechtes Verhalten verbessert werden können;

- politische und soziale Barrieren identifizieren, an denen umweltgerechtes
  Handeln scheitern kann

- Arenen und Modelle für gemeinsame Planungs- und Problemlösungs-
  aufgaben entwickeln und testen sowie

- partizipative Verfahren der Entscheidungsfindung und Willensbildung
  entwickeln und evaluieren.

Im traditionellen Verständnis der Umweltforschung und Umweltpolitik
wird den Sozialwissenschaften allenfalls die oben genannten Aufgaben
übertragen. Man braucht sie, um Anleitungen zu erhalten, wie man eine als
richtig erkannte Maßnahme auch politisch und sozial durchsetzen kann.
Zweifelsohne ist dies eine wichtige Aufgabe der Sozialwissenschaften,
obwohl das mechanistische Verständnis vieler Umweltpolitiker und Planer
ungerechtfertigte Illusionen über die soziale Machbarkeit von Verhaltens-
steuerungen nährt. Dagegen finden die beiden anderen wichtigen Aufgaben
der Sozial- und Kulturwissenschaften, nämlich die Reflektion über die
kulturellen Ziele und Mittel der Naturveränderung sowie die Hilfestellung
bei der Abwägung von Zielkonflikten wenig Beachtung. Dies ist um so
bedauerlicher, als diese beiden Aufgabenbereiche häufig die Voraussetzung
dafür sind, daß der dritte Bereich der sozialwissenschaftlichen Umweltforschung, nämlich Bedingungen der Verhaltensbeeinflussung ausfindig zu
machen und zu erproben, überhaupt als legitim angesehen werden kann und
sich auch politisch rechtfertigen läßt[90].
Als Fazit bleibt festzuhalten, daß kultur- und sozialwissenschaftliche
Umweltforschung drei wesentliche Ziele verfolgen sollte und dies auch im
Prinzip zu leisten vermag:

- systematische Erkenntnisse über den Prozeß der Wissensgenerierung und
  den Prozeß der Wertbildung hinsichtlich der Veränderungen und der
  Eingriffe des Menschen in Natur und Umwelt zu gewinnen und mit
  diesen Erkenntnissen zur kulturellen Besinnung und Reflektion über das
  Mensch-Natur-Verhältnis beizutragen.

---

[90] Daß die reflexive Funktion der Sozialwissenschaften Voraussetzung für ihre mögliche
      instrumentelle Funktion sein muß, betont vor allem Beck (1991).

– Wissen über Prozesse und Verfahren zu gewinnen, mit deren Hilfe soziale Abwägungen über das sozial wünschbare und ethisch begründbare Maß an Naturaneignung nach rational nachvollziehbaren und politisch legitimierbaren Kriterien vollzogen werden können.

– Hemmnisse und Barrieren, aber auch Möglichkeiten und Anreize, die auf die Realisierung subjektiv empfundener Einsichten in entsprechendes Verhalten auf individueller wie auf kollektiver Ebene einwirken, systematisch zu erforschen und dazu konstruktive Vorschläge zu erarbeiten.

Kultur- und Sozialwissenschaften sind also wesentliche Bestandteile einer wissenschaftlichen Behandlung des Nachhaltigkeitskonzeptes. Sie können vor allem eine Art kulturelle Rückkopplungsfunktion für Konzepte und Maßnahmen im Rahmen der Nachhaltigkeit übernehmen. Zusammen mit den Naturwissenschaften und der Ökonomie tragen sie mit dazu bei, einen Grundstock an Erkenntnissen und Einsichten über Funktionszusammenhänge und Wirkungsketten im Verhältnis von Mensch, Umwelt und Natur auszubilden, deren Kenntnis eine verantwortungsvolle Umweltpolitik erst ermöglicht.

6. Zusammenfassung

Der vorliegende Beitrag verfolgte drei Ziele. Zum ersten ging es um eine konzeptionelle Klärung und Erläuterung des Begriffs "Nachhaltigkeit". Auf der Basis dieses Konzepts wurden zweitens die Bedingungen und Schlußfolgerungen für die Umweltpolitik behandelt. Schließlich wurde die Funktion der Kultur- und Sozialwissenschaften für das Verständnis und die praktische Umsetzung des Nachhaltigkeitskonzeptes erörtert. Zum Schluß seien hier noch einmal die wichtigsten Erkenntnisse aus dieser Abhandlung aufgezählt:

– Bei der Nachhaltigkeit geht es nicht um globale Ziele wie Überleben der Menschheit oder sogar der Natur. Beides ist letztlich nicht in Gefahr.

– Nachhaltige Entwicklung bedeutet den Fortbestand einer menschenwürdigen Existenz in einer funktionsfähigen und den Werten der Menschen entsprechenden Umwelt. Den Erhalt der dafür notwendigen natürlichen Grundlagen zu sichern, muß Ziel einer nachhaltigen Politik sein.

– Eine nachhaltige Entwicklung bedeutet keine "Friede, Freude, Eierkuchen" Gesellschaft. Viele Ziele der Nachhaltigkeit stehen im Konflikt zu Zielen der wirtschaftlichen Entfaltung und sozialen Gerechtigkeit. Hier sind Abwägungen zwischen den Zielen notwendig.

– Die Festlegung der erhaltenswerten Elementen der Umwelt und die Bestimmung der menschenwürdigen Lebensverhältnisse läßt sich weder aus der Ökologie, noch aus der Ökonomie ableiten. Dies ist eine genuin kulturelle Leistung. Diesen Selektionsprozeß können die Sozialwissenschaften verdeutlichen und interpretieren, die Inhalte der Selektion müssen aber nach ethischen und politischen Kriterien und Verfahren gefüllt werden. Allenfalls kann die Sozialwissenschaft konstruktive Verfahren vorschlagen, einen rationalen und reflektierten Diskurs zur Bestimmung einer menschenwürdigen Zukunft durchzuführen.

– Zur Umsetzung der Nachhaltigkeit in umweltpolitische Maßnahmen stehen fünf Instrumentenblöcke zur Verfügung: die Ordnungspolitik, Planungsverfahren, ökonomische Anreize, diskursive Verhandlungsverfahren und Aufklärung. Der Grad der Verbindlichkeit der Maßnahmen ist bei der Ordnungspolitik am höchsten und bei der Aufklärung am geringsten. Es gehört zu den wesentlichen Kennzeichen einer freiheitlichen Demokratie, den stärker freiheitserhaltenden Maßnahmen Priorität zu geben. Allerdings muß stets eine Abwägung zwischen der Tiefe des Eingriffs und der Wichtigkeit der umweltpolitischen Zielerreichung vorgenommen werden.

– Als besonders dringlich werden Maßnahmen zur Erhaltung der Gesundheit, zur Vorsorge gegenüber großen Risiken, zur Funktionsfähigkeit von Ökosystemen und zum Natur- und Artenschutz eingestuft. Dazu sind ordnungspolitische Vorgaben und Grenzwerte notwendig. Alle übrigen Umweltaufgaben können durch die weniger durchgreifenden, aber effizienteren Maßnahmen der ökonomischen Anreize und mit Hilfe von Verfahren zum Aushandeln von gemeinsamen Nutzungsbedingungen angegangen werden. Individuelle Risiken sollten eine geringe Priorität im umweltpolitischen Handlungsrahmen besitzen, sofern sie den Individuen bekannt sind und sie diese nicht auf andere Individuen abwälzen können.

– Die Kultur- und Sozialwissenschaften können im Rahmen der Nachhaltigkeitsdebatte drei wichtige Aufgaben erfüllen: Sie können erstens systematische Erkenntnisse über den Prozeß der Wissensgenerierung und den Prozeß der Wertbildung im Hinblick auf die Eingriffe des Menschen in Natur und Umwelt gewinnen. Sie können zweitens Wissen über Prozesse und Verfahren bereitstellen, mit deren Hilfe reflektierte Abwägungen über das sozial wünschbare und ethisch begründbare Maß an Naturaneignung nach rational nachvollziehbaren und politisch legitimierbaren Kriterien getroffen werden können. Schließlich können die Sozial- und Kulturwissenschaften die Hemmnisse und Barrieren, aber auch die Möglichkeiten und Anreize, die auf die Überführung von subjektiv empfundenen Einsichten in entsprechendes Verhalten auf individueller wie auf kollektiver Ebene einwirken, systematisch erforschen und dazu konstruktive Vorschläge erarbeiten.

Mit dem Begriff der nachhaltigen Entwicklung ist eine Wortkombination geglückt, bei der beide Aspekte, nämlich wirtschaftliche Weiterentwicklung und Vermeidung von Umweltbelastung in einer gemeinsamen Vision vereint sind. Die Gefahr mit einem Konzept, das von allen als Zielvorstellung geteilt und als politisches Schlagwort unreflektiert in vielen Diskussionen vorherrscht, liegt in der Beliebigkeit, mit der das Konzept definiert und operationalisiert wird. Dieser Gefahr wollte der vorliegende Beitrag entgegenwirken. Ziel war es, rhetorische Floskeln in der Nachhaltigkeitsdebatte auf ihren sachlichen oder theoretischen Kern zu reduzieren, illusionäre Vorstellungen auszuräumen, Zielkonflikte aufzuzeigen und Handlungsmöglichkeiten darzulegen. In dem Allerweltsbegriff der Nachhaltigkeit steckt ein großes Potential.

Auf der einen Seite liegt im richtig verstandenen Konzept einer nachhaltigen Entwicklung das Fundament für eine sachlich gerechtfertigte und ethisch begründbare Leitlinie zur künftigen Entwicklung der Industrie- und der Entwicklungsländer. Gleichzeitig bietet der Konsens der vielen Akteure in Politik und Gesellschaft, dieses Konzept als Leitlinie zu akzeptieren, auch eine große Chance der Durchsetzbarkeit. Denn die Bezugnahme auf eine gemeinsame Zielvorstellung erleichtert den Diskurs über notwendige Strategien zur Implementation der erwünschten Ziele und begünstigt eine Neuorientierung nach den oben entwickelten Kriterien. Darüber hinaus trägt die Debatte um Nachhaltigkeit zu einer Reflektion des eigenen Handelns und der eigenen Zielvorstellungen bei. Eine solche Reflektion bedarf eines Konzeptes, vielleicht sogar einer Vision von einer lebenswerten Zukunft, die den Pluralismus der Meinungen und Lebensstile nicht außer Kraft setzt, aber kollektiv wirksame Eckpfeiler einer gesellschaftlichen Entwicklung setzt. Dazu sind interdisziplinäre Anstrengungen der Wissenschaften, ein fester politischer Willen der Akteure und die Bereitschaft zum Überdenken des eigenen Lebensstils bei der Bevölkerung notwendig. Nur so kann man dem Anspruch dieses Beitrages "Ökologisch denken - sozial handeln" gerecht werden.

Literatur

Akademie der Wissenschaften zu Berlin (1992). Umweltstandards. - Berlin

Arts, B. (1994). Nachhaltige Entwicklung. Eine begriffliche Abgrenzung. PERIPHERIE 54, 6-27

Barash, D. P. (1991). Introduction to Peace Studies. - Belmont

Bechmann, G., Coenen, R. und Gloede, F. (1994). Umweltpolitische Prioritätensetzung. Verständigungsprozesse zwischen Wissenschaft, Politik und Gesellschaft. - Stuttgart

Beck, U. (1991). Wie streichle ich mein Stachelschwein? Zur Verwendung von Sozialwissenschaften in Praxis und Politik. In: Beck, U. (Hrsg.): Politik in der Risikogesellschaft, S. 172-179. - Franfurt/Main

Birg, H. (1994) Weltbevölkerung, Entwicklung, Umwelt. Dimensionen eines globalen Dilemmas. Aus Politik und Zeitgeschehen B 35-36, 35-36

Birnbacher, D. (1988). Verantwortung für zukünftige Generationen. - Stuttgart

Bleischwitz, R. (1994). Umweltschutz als Chance einer gesellschaftlichen Erneuerung. Wege zu neuen Wohlstandsmodellen. In: AG Ökologische Wirtschaftspolitik (Hrsg.): Ökologische und soziale Bedingungen des deutschen Einigungsprozesses. - Berlin

Bonus, H. (1991). Umweltpolitik in der sozialen Marktwirtschaft. Aus Politik und Zeitgeschichte B 10/9, 37-45

Breitmeier, H., Gehring, T., List, M. und Zürn, M. (1992). Internationale Umweltregime. In: von Prittwitz, V. (Hrsg.): Umweltpolitik als Modernisierungsprozeß, S. 163-191. - Opladen

Brown, L. R., Flavin, C., und Postel, S. (1991). Saving the Planet. How to Shape an Environmentally Sustainable Global Economy. - New York

Busch-Lüthi, C. (1990). Nachhaltigkeit als Leitbild des Wirtschaftens. Politische Ökologie 10, Sonderheft 4, 6-12

Cansier, D. (1995). Nachhaltige Umweltnutzung als neues Leitbild der Umweltpolitik. Diskussionsbeitrag Nr. 41. Wirtschaftswissenschaftliches Seminar der Universität Tübingen. - Tübingen

Catton, W. R. (1980). Overshoot: The Ecological Basis of Revolutionary Change. - Urbana

Catton, W. R. (1994). Foundations of Human Ecology. Sociological Perspectives 27/1, 75-95

Catton, W. R.und Dunlap, R. E. (1979). Environmental Sociology: A New Paradigm. The American Sociologist 13, 1-49

Clark, C. und Haswell, M. (1970). The Economics of Subsistence Agriculture (vierte Auflage). - London

Clift, R. (1994). The Hitch Hiker's Guide to Environmental Economics. Chemical Technology Europe 4

Corson, W. H. (Hrsg.) (ohne Jahresangaben). Citizen's Guide to Sustainable Development Global Tomorrow Coalition. - Washington D.C.

Daily, G. C. und Ehrlich, P. R. (1992). Population Sustainability and Earth's Carrying Capacity. A Framework for Estimating Population Sizes and Lifestyles That Could Be Sustained without Undermining Future Generations. BioScience 42, 761-771

Dake, K. und Thompson, M. (1993). The Meanings of Sustainable Development: Household Strategies for Managing Needs and Resources. In: Wright, S. D., Dietz, T., Borden, R. Young, G. und Guagnano, G. (Hrsg.): Human Ecology: Crossing Boundaries, S. 421-436. - Fort Collins

Daly, H. (1993). Sustainable Growth: An Impossibility Theorem. In Daly, H. E. und Townsend, K. N. (Hrsg.): Valuing the Earth, S. 267-274. - Cambridge

Dawkins, M. S. (1991). Attitudes to Animals. In: Friday, L. und Laskey, R. (Hrsg.): The Fragile Environment, S. 41-60. - Cambridge

Dickmann, A. und Preisendörfer, P. (1992). Persönliches Umweltverhalten: Diskrepanzen zwischen Anspruch und Wirklichkeit. Kölner Zeitschrift für Soziologie und Sozialpsychologie 44/2, 226-251

Dierkes, M. und Fietkau, H.-J. (1988). Umweltbewußtsein - Umweltverhalten. Materialien zur Umweltforschung Band 15. Aus der Serie: Rat der Sachverständigen für Umweltfragen (Hrsg.): Materialien zur Umweltforschung. - Stuttgart

Dunlap, R. E. und Catton, W. R. (1994). Toward an Ecological Sociology: The Development, Currrent Status, and Possible Future of Environmental Sociology. In: D'Antonio, W. V., Sasaki, M. und Yonebayashi,Y. (Hrsg.): Ecology, Society & the Quality of Social Life, S. 11-31. - New Brunswick

Durning, A. B. (1989). Action at the Grassroots: Fighting Poverty and Environmental Decline. Worldwatch Paper 88. - Washington D. C.

Durning, A. B. (1990). Ending Poverty. In: Worldwatch Institute (Hrsg.): State of the World 1990, S. 135-153. - New York

Enquete Kommission "Schutz der Erdatmosphäre" (Hrsg.) (1995). Mehr Zukunft für die Erde. - Bonn

"Environmental Sociology" (1994). In: Eblen, R. A. und Eblen, W. R. (Hrsg.): The Encyclopedia of the Environment, S. 655. - Boston

Feinberg, J. (1980). Die Rechte der Tiere und zukünftiger Generationen. In: Birnbacher, D. (Hrsg.): Ökologie und Ethik. S. 140-179. - Stuttgart

Feldhaus, S. (1995). Ethische Orientierungsgrößen für eine verantwortbare Energieversorgung der Zukunft. Energiewirtschaftliche Tagesfragen 45, 1/2, 20-24

Fietkau, H.-J. und Weidner, H. (1992). Mediationsverfahren in der Umweltpolitik in der Bundesrepublik Deutschland. Aus Politik und Zeitgeschichte B39-40/92, 24-34

Fremlin, J. M. (1964). How Many People Can the World Support? New Scientist 415, 285-287

Fritsch, B. (1992). Ökologie und Konsensfindung: Neue Chancen und Risiken. In: Sandoz Rheinfonds (Hrsg): Verhandlungen des Symposiums vom 3.-4. September 1992, S. 9-22. - Basel

Gale, R. P. und Cordray, S. M. (1994). Making Sense of Sustainability: Nine Answers to "What Should Be Sustained?". Rural Sociology 59/2, 311-332

Gaßner, H., Holznagel, L. M. und Lahl, U. (1992). Mediation. Verhandlungen als Mittel der Konsensfindung bei Umweltstreitigkeiten. - Bonn

Gawel, E. (1994). Ökonomie der Umwelt. Zeitschrift für angewandte Umweltforschung 7, 37-83

Georgescu-Roegen, N. (1971). The Entropy Law and the Economic Process. - Cambridge

Gessner, W. und Kaufmann-Hayoz, R. (1995). Die Kluft zwischen Wollen und Können. In: Fuhrer, U. (Hrsg.): Ökologisches Handeln als sozialer Prozeß, S. 11-25. - Basel

Gestring, N., Mayer, N. - H. und Siebel, W. (1995). Ökologisches Haushalten - Zumutung oder Selbstverwirklichung? In: Nauck, B. und Onnen-Isemann, C. (Hrsg.): Familie im Brennpunkt von Wissenschaft und Forschung. Familie als Generationen- und Geschlechterbeziehung im Lebenslauf, S. 579-588. - Neuwied

Gethmann, C. F. (1994). Zur Ethik des umsichtigen Naturumgangs. Manuskript für den Workshop: Natürlichkeit und Chemie in Bonn - Bad Godesberg, vom 25. bis 26. 11. 1994. - Essen

Goodland, R. (1992). Die These: Die Welt stößt an Grenzen. In: Goodland, R., Daly, H. El Serafy, S. und von Droste, B. (Hrsg.): Nach dem Brundtland Bericht: Umweltverträgliche wirtschaftliche Entwicklung, S. 15-28. - Bonn

Goudie, A. (1989). The Changing Human Impact. In: Friday, L. und Laskey, R. (Hrsg.): The Fragile Environment, S. 121. - Cambridge

Greempeace (1990). Das Greenpeace-Buch der Delphine. - London

Gute, D. M. (1991). Regulatory Environmental Decisions. In: Chechile, R. A. und Carlisle, S. (Hrsg.): Environmental Decision Making. A Multidisciplinary Perspective, S. 217-237. - New York

Harboth, H.-J. (1991). Dauerhafte Entwicklung statt globaler Selbstzerstörung. Eine Einführung in das Konzept des "Sustainable Development. - Berlin

Hardin, G. (1968). The Tragedy of the Commons. Science 162, 1243-1248

Hartkopf, G. und Bohne, E. (1983). Umweltpolitik. Band 1: Grundlagen, Analysen und Perspektiven.- Opladen

Hauff, V. (Hrsg.) (1987). Unsere gemeinsame Zukunft. Der Brundtland-Bericht der Weltkommission für Umwelt und Entwicklung. - Greven

Häußermann, H. und Siebel, W. (1989). Ökologie statt Urbanität? UNIVERSITAS 44, 6, 514-525

Hoffmann-Riem, W. und Schmidt Aßmann, E. (Hrsg.) (1990). Konfliktbewältigung durch Verhandlungen. - Baden-Baden

Hösle, V. (1991). Philosophie der ökologischen Krise. - München

Huber, J. (1993). Ökologische Modernisierung: Zwischen bürokratischem und zivilgesellschaftlichem Handeln. In: von Prittwitz, V. (Hrsg.): Umweltpolitik als Modernisierungsprozeß, S. 51-69. - Opladen

Institut für sozialökologische Forschung (Hrsg.) (1994). Milieu defensie - Sustainable Netherlands. Aktionsplan für eine nachhaltige Entwicklung der Niederlande. - Frankfurt/Main

Jänicke, M. (1990). Ursacheneindämmung durch nationale Politik. In: Simonis, U. E. (Hrsg.): Basiswissen Umweltpolitik. Ursachen, Wirkungen und Bekämpfung von Umweltproblemen, S. 218-228. - Berlin

Jänicke, M., Mönch, H. und Binder, M. (1992). Umweltentlastung durch industriellen Strukturwandel? Eine explorative Studie über 32 Industrieländer (1970-1990). - Berlin

Janssen, W. (1986). Mittelalterliche Gartenkultur. Nahrung und Rekreation. In: Herrmann, B. (Hrsg.): Mensch und Umwelt im Mittelalter, S. 224-243. - Stuttgart

Jöst, F. und Manstetten, R. (1993). Grenzen und Perspektiven des Konzeptes der nachhaltigen Entwicklung. Diskussionsschriften Nr. 201 der Wirtschaftswissenschaftlichen Fakultät. - Heidelberg

Kappel, R. (1994). Von der Ökologie der Mittel zur Ökologie der Ziele? Die Natur in der neoklassischen Ökonomie und ökologischen Ökonomik. PERIPHERIE Nr. 54, 58-78

Kates, R. W., Chen, R. C., Downing, T. E., Kasperson, J. X., Messer, E. und S. Millman (1989). The Hunger Project: 1989 Update. Research Report HR-89-1. Alan Shawn Feinstein World Hunger Program. - Provindence

Kesselring, T. (1994). Ökologie Global: Die Auswirkungen von Wirtschaftswachstum, Bevölkerungswachstum und zunehmendem Nord-Süd-Gefälle auf die Umwelt. In: Ökologie aus philosophischer Sicht. Schriftenreihe des Humboldt Studienzentrums Universität Ulm Band 8, S. 39-76. - Ulm

Korff, W. (1995). Umweltethik. In: Junkernheinrich, M,. Klemmer, P. und Wagner, G. R. (Hrsg.): Handbuch zur Umweltökonomie, S. 278-284. - Berlin

Kunreuther, H. und Linnerooth, J. (Hrsg.) (1983). Risikoanalyse und politische Entscheidungsprozesse. - Berlin

Latour, B. (1987). Science in Action. - Cambridge

Leisinger, K. M. (1994). Bevölkerungsdruck in Entwicklungsländern und Umweltverschleiß in Industrieländern als Haupthindernisse für eine zukunftsfähige globale Entwicklung. GAIA 3, 131-143

Levine, H. M. und Carlton, D. (Hrsg.) (1986). The Nuclear Arms Race Debated. - New York

Lowe, P.D. und Rudig, W. (1986). Political Ecology and the Social Sciences - The State of the Art. British Journal of Political Science 16, 513-550

Luhmann, N. (1990). Ökologische Kommunikation. Kann die moderne Gesellschaft sich auf ökologische Gefährdungen einstellen? (dritte Auflage). - Opladen

Machlis, G. (1989). Managing Parks as Human Ecosystems. In: Altman, I. und Zube, E. H. (Hrsg.): Public Places and Spaces. Heft 10 of the HBE Series, S. 255-273. - New York

Machlis, G. E. und Scott, J. M. (1991). The Application of Sociology to Biodiversity Problems. Manuskript University of Idaho, Department of Forest Resources. - Moscow/ID

Majer, H. (Hrsg.): Qualitatives Wachstum. - Frankfurt/Main

Martinez-Alier, J. (1991). Ökologische Ökonomie und Verteilungskonflikte aus historischem Blickwinkel. In: Beckenbacher, F. (Hrsg.): Die ökologische Herausforderung für die ökonomische Theorie, S. 42-62. - Marburg

Mayntz, R., Derlin, H.-U., Bohne, E., Hesse, B., Hucke, J. und Müller, A. (1978). Vollzugsprobleme der Umweltpolitik. Empirische Untersuchung der Implementation von Gesetzen im Bereich der Luftreinhaltung und des Gewässerschutzes. Band 4 aus der Serie Rat der Sachverständigen für Umweltfragen (Hrsg.): Materialien zur Umweltforschung. - Stuttgart

Meyer-Abich, K. M. (1990). Aufstand für die Natur - Von der Umwelt zur Mitwelt. - München

Minsch, J. (1993). Nachhaltige Entwicklung. Idee-Kernpostulate. IWÖ-Diskussionsbeitrag Nr. 14 (Institut für Wirtschaft und Ökologie). - St. Gallen

Mittelstraß, J. (1990). Science and the Environment - Challenges, Risks, and the Future. European Journal of Clinical Pharmacology 38, 1-4

Mohr, H. (1987). Natur und Moral. Ethik in der Biologie. - Darmstadt

Mohr, H. (1995). Qualitatives Wachstum. Losung für die Zukunft. - Stuttgart

Mosler, H. J. (1995). Umweltprobleme: Eine sozialwissenschaftliche Perspektive mit naturwissenschaftlichem Bezug. In: Fuhrer, U. (Hrsg.) Ökologisches Handeln als sozialer Prozeß, S. 77-86. - Basel

Nadakavukaren, A. (1990). Man and Environment. - Prospect Hights

Ostrom, E. (1990). Governing the Commons. The Evolution of Institutions for Collective Action. - Cambridge

Peters, W. (1984). Die Nachhaltigkeit als Grundsatz der Forstwirtschaft - Ihre Verankerung in der Gesetzgebung und ihre Bedeutung in der Praxis. Dissertation. - Hamburg

Postel, S. (1994). Carrying Capacity: Earth´s Bottom Line. In: Brown, L. (Hrsg.): State of the World 1994, S. 3-2. - New York

Raskin, P. D. (1992). Sustainability and Equity. In: ReVelle, P und ReVelle, C. (Hrsg.): The Global Environment. Securing a Sustainable Future, S. 456-457. - Boston

Rawls, J. (1971). A Theory of Justice. - Cambridge/MA

Redclift, M. (1994). Reflections on the 'Sustainable Development' Debate. Sustainable Development and World Ecology 1/1, 3-21

Renn, O. (1992). Die Bedeutung der Kommunikation und Mediation bei der Entscheidung über Risiken. Umweltrecht in der Praxis 6/4, 275-308

Renn, O. (1994). Ein regionales Konzept qualitativen Wachstums. Arbeitsbericht der Akademie für Technikfolgenabschätzung Nr. 3. - Stuttgart

Renn, O. (1995). Risikobewertung aus Sicht der Soziologie. In: Berg, M. et al.: Risikobewertung im Energiebereich, S. 71-134. - Zürich

Renn., O. und Webler, T. (1994). Konfliktbewältigung durch Kooperation in der Umweltpolitik - Theoretische Grundlagen und Handlungsvorschläge. In: Umweltökonomische Studenteninitiative OIKOS an der Hochschule St. Gallen (Hrsg.): Kooperationen für die Umwelt. Im Dialog zum Handeln, S. 11-52. - Zürich

Repetto, R. (1985). Agenda for Action. In: Repetto, R. (Hrsg.): The Global Possible: Resources, Development, and the New Century, S. 496-519. - New Haven

Rote Liste der gefährdeten Wirbeltiere in Deutschland (1994). Schriftenreihe für Landschaftspflege und Naturschutz, 42, 49

Ryan, J. C. (1992). Conserving Biological Diversity. In: Worldwatch Institute (Hrsg.): State of the World 1992, S. 9-26. - New York

Sachverständigenrat für Umweltfragen (1994). Umweltgutachten 1994. Für eine dauerhaft-umweltgerechte Entwicklung. Drucksache 12/6995. - Bonn

Schmitz, P. (1985). Ist die Schöpfung noch zu retten? Umweltkrise und christliche Verantwortung. - Würzburg

Sherratt, A. (1981). Plough and Pastoralism: Aspects of the Secondary Products Revolution. In: Hodder, I., Isaac, G. und Hammond, N. (Hrsg.): Patterns of the Past, S. 261-305. - Cambridge

Shrader-Frechette, K. S. (1991). Risk and Rationality. - Berkeley

Siebel, W., Gestring, N. und Mayer, N. (1995). Was ist sozial an der Ökologie? Zeitschrift für Angewandte Umweltforschung, Sonderheft b. Stadtökologie, 33 - 46

Sieferle, R. P. (1982). Der unterirdische Wald. Energiekrise und Industrielle Revolution. - München

Simonis, U. E. (1988). Ökologische Orientierungen (zweite Auflage). - Berlin

Simonis, U. E. (1990). Beyond Growth. Elements of Sustainable Development. - Berlin

Simonis, U. E. (1991). Globale Umweltprobleme und zukunftsfähige Entwicklung. Aus Politik und Zeitgeschichte B 10/91, 3-12

Simonis, U. E. (1995). Globale Umweltpolitik. In: Junkernheinrich, M., Klemmer, P. und Wagner, G. R. (Hrsg.): Handbuch zur Umweltökonomie, S. 47-53. - Berlin

Solow, R. (1974). The Economics of Resources or the Resources of Economics. American Economic Review 64/2, 1-14

Tyler Miller, G. (1990). Resource Conservation and Management. - Belmont

Tyler Miller, G. (1992). Living in the Environment (siebte Auflage). - Belmont

U.S. Congress, Office of Technology Assessment (1994). Industry, Technology, and the Environment. - Washington, D.C.

United Nations (1990). United Nations Environment Programme. Caring for the Earth - A Strategy for Sustainable Living. - London

United Nations (1993). Agenda 21. Programme of Action for Sustainable Development. - New York

United Nations Environment Program (UNEP) (1992). State of the Environment: 1972-1992. - Nairobi

Unmüßig, B. (1995). Zwischen Rio und Berlin. Klimaschutz ein Nord-Süd-Konflikt? Zukünfte 11, 35-39

US National Academy of Sciences (1984). Decision Making and Problem Solving. - Washington D.C.

Vitousek, P. M., Ehrlich, P. R., Ehrlich, A. H. und Matson, P. A. (1986). Human Appropriation of the Products of Photosynthesis. BioScience 36, 6, 368-373

Von Ditfurth, H. (1985). So laßt uns denn ein Apfelbäumchen pflanzen. - Hamburg

Von Prittwitz, V. und Wolf, K. D. (1993). Die Politik globaler Güter. In: von Prittwitz, V. (Hrsg.). Umweltpolitik als Modernisierungsprozeß, S. 192-218. - Opladen

Von Weizsäcker, E. U. (1992). Erdpolitik. Ökologische Realpolitik an der Schwelle zum Jahrhundert der Umwelt (dritte Auflage). - Darmstadt

Vornholz, G. (1994). Zur Konzeption einer ökologisch tragfähigen Entwicklung. - Marburg

Weimann, J. (1991). Umweltökonomik (zweite. Auflage). - Berlin

World Commission on Environment and Development (WCED) (1987). Our common future (The Brundtland-Report). - Oxford

World Resource Institute (Hrsg.) (1994). World Resources 1994-1995. A Guide to the Global Environment. - New York

World Resources Institute (Hrsg.) (1992). World Resources 1992-1993. Toward Sustainable Development. - New York

Wynne, B. (1987). Risk Management and Hazardous Waste: Implementation and the Dialectics of Credibility. - Berlin

Zilleßen, H. (1993). Die Modernisierung der Demokratie im Zeichen der Umweltproblematik. In: von Prittwitz, V. (Hrsg.): Umweltpolitik als Modernisierungsprozeß, S. 81-91. - Opladen

Zimmermann, K. W. (1995). Verteilung und Umweltschutz. In: Junkernheinrich, M., Klemmer, P. und Wagner, G. R. (Hrsg.): Handbuch zur Umweltökonomie, S. 362 ff. - Berlin

Psychologische Ansätze zur Entwicklung einer zukunftsfähigen Gesellschaft

Lenelis Kruse-Graumann[1]

1. Nachhaltige Entwicklung - ein Thema für die Psychologie?

Seit dem "Erdgipfel", d.h. der Konferenz für Umwelt und Entwicklung der Vereinten Nationen in Rio de Janeiro im Jahre 1992, wird die Forderung nach "sustainable development" in immer weiteren Kreisen diskutiert. Obwohl oder gerade weil dieser Begriff, – populär geworden durch den Brundlandt-Bericht der Weltkommission für Umwelt und Entwicklung (WCED 1987) –, bisher weder eine einheitliche Übersetzung noch eine konsensfähige Definition erfahren hat, wird er landauf, landab zum Thema, und dies nicht nur in der Bundesrepublik, sondern auch in vielen weiteren europäischen Staaten und nicht minder häufig in einer Reihe von Entwicklungsländern.

Sustainable development, hierzulande meist als "nachhaltige", "tragfähige", "zukunftsfähige" oder neuerdings als "dauerhaft-umweltgerechte" Entwicklung (SRU 1994) übersetzt, ist ein fuzzy set, ein unscharfer Begriff, der viele Assoziationen erlaubt und geradezu auffordert, ihn mit konzeptuellem und empirischem Gehalt zu füllen.

Ursprung der Diskussion um eine zukunftsfähige Entwicklung ist die Erkenntnis globaler Umweltveränderungen, allen voran der Atmosphäre. Durch die rasante Zunahme der sog. Treibhausgase (CO_2, Methan, Ozon, Lachgas) droht eine Erwärmung, die zum Anstieg des Meeresspiegels und zur Verschiebung der Niederschlagszonen führen kann, aber schon vor diesen Klimafolgen eine Veränderung der Pflanzengesellschaften und damit der Nahrungsgrundlagen zur Konsequenz hätte. Zu den Veränderungen der Atmosphäre gehört auch das notorische "Ozonloch", d.h. die Verdünnung der Ozonschicht in der Stratosphäre als Folge des massiven Einsatzes von Fluorchlorkohlenwasserstoffen (FCKW), mit den nicht minder gefürchteten Konsequenzen der Zunahme von UV-B Strahlen mit gravierenden Effekten – nicht nur für die menschliche Gesundheit. Neben Klimaänderungen und

---

Ozonabbau gibt es jedoch weitere Veränderungen, die als globale bezeichnet werden, weil sie insgesamt das Leben der rasch wachsenden Menschheit bedrohen (können). Dazu gehören der Rückgang der biologischen Vielfalt durch die zunehmende Zerstörung des Lebensraumes für viele Tier- und Pflanzenarten, die fortschreitende Degradation und der Verlust der Böden als Basis für die Ernährung, aber auch die Verknappung und Verschmutzung der lebensnotwendigen Trinkwasserressourcen und nicht zuletzt Tempo und Ausmaß des Bevölkerungswachstums selbst (vgl. WBGU 1993, 1994, 1995).

Globale Umweltveränderungen sind, sofern sie nicht auf natürliche Ursachen zurückzuführen sind, *anthropogen*. Das heißt, sie müssen als direkte oder indirekte Folgen menschlichen Handelns verstanden und analysiert werden.

Der Anstieg von CO_2 ist vor allem eine Folge der Verbrennung fossiler Brennstoffe, z.B. beim Heizen und Kühlen von Wohn- und Arbeitsstätten oder beim Transport von Gütern und Menschen. Der Ozonabbau ist eine Folge von Technikentwicklungen mit FCKW-Einsatz. Die Verminderung der Biodiversität ist vor allem ein Resultat der Abholzung der artenreichen Tropenwälder zur Gewinnung von Ackerland in Ländern mit stetig wachsender Bevölkerung und/oder ungünstiger Verteilung der Eigentumsrechte. Die "Bevölkerungsexplosion" schließlich ist auf eine Fülle kultureller, ökonomischer und sozialer Ursachen zurückzuführen.

Natürlich haben Menschen seit Beginn ihrer Existenz die Erde immer verändert. Ausmaß und Geschwindigkeit dieser Einwirkungen haben jedoch in einem Maße zugenommen, daß sie die Anpassungsfähigkeit und Reparaturmöglichkeiten der Ökosysteme zu übersteigen scheinen. Der Mensch hat, so wurde bereits 1957 erkannt, das bislang "größte geophysikalische Experiment mit einem ungewissen Ausgang gestartet" (vgl. Kellogg 1988), und für viele Naturwissenschaftler steht fest, daß die Grenzen der Belastbarkeit der Erde erreicht sind und damit ihre "Tragfähigkeit" für die Spezies Mensch – und nicht nur für diese – nicht mehr gegeben ist (vgl. u.a. Goodland et al. 1992, Postel 1994, SRU 1994, WBGU 1994).

Nicht nur die Katastrophenszenarien, die einen baldigen "Ökozid", also einen mehr oder minder gewaltsamen Untergang dieses Planeten prophezeien, sondern auch gut fundierte wissenschaftliche Analysen und Modellrechnungen legen nahe, daß die derzeitigen Lebensweisen der Menschheit nicht zukunftsfähig sind.

Eben diese Erkenntnis, daß die Menschheit dabei ist, durch die Art ihres Lebens und Wirtschaftens und der damit verbundenen Nutzung der Natur "sich das Wasser abzugraben", "sich den Boden unter den Füßen wegzuziehen", ist es, die immer mehr Menschen, vor allem in der Wissenschaft, aber auch in der Politik, die Forderung nach einer umweltverträglicheren Entwicklung der Menschheit unterstützen läßt. So ist denn die von der Brundlandt-Kommission formulierte Forderung nach einer *"Entwicklung, die die Bedürfnisse der Gegenwart befriedigt, ohne die Fähigkeit künftiger*

Generationen zur Befriedigung ihrer eigenen Bedürfnisse zu beeinträchtigen", inzwischen zu einem "ökologischen Imperativ" geworden, mit dem sich Naturwissenschaftler, Ingenieure und zunehmend mehr Wirtschaftswissenschaftler auseinandersetzen. Dies ist unmittelbar einsehbar, geht es doch um eine Entwicklung, die die wirtschaftliche Existenz der Menschheit sicherstellen, aber auch die ökologischen Grundlagen als Voraussetzung für den Erhalt der Menschheit insgesamt erhalten soll.

Zu dieser Forderung nach ökologischer und ökonomischer Verträglichkeit, die im einzelnen sehr kontrovers diskutiert wird, tritt immer häufiger auch die Forderung nach *Sozialverträglichkeit*. Mit dieser Forderung wird auf einen Komplex von Faktoren verwiesen, die sich auf den Menschen als Subjekt und als Objekt nachhaltiger Entwicklung beziehen. In der Regel wird Sozialverträglichkeit unter dem Aspekt von Chancengleichheit und sozialer Gerechtigkeit diskutiert, soziale Gerechtigkeit für die Gruppen und Schichten innerhalb einer Gesellschaft, aber auch für die verschiedenen Ländergruppen auf dieser Erde, die Industriestaaten des Nordens ebenso wie die Entwicklungsländer im Süden.

Der Begriff der Sozialverträglichkeit, der ursprünglich von Meyer-Abich im Zusammenhang mit der Diskussion um die Einführung atomarer Energiesysteme geprägt wurde und seinerzeit vor allem die Bedingungen der Akzeptanz bzw. Akzeptabilität der Kernenergie thematisierte (Meyer-Abich u. Schefold 1986; Renn 1986), muß als Bestandteil einer nachhaltigen Entwicklung neu und umfassend diskutiert werden. Denn wenn gegenwärtig unter der Leitidee einer nachhaltigen Entwicklung Konzepte für einen "ökologischen Strukturwandel", den "ökologischen Umbau der Industriegesellschaft", die "Begrenzung des Wachstums", eine "neue Stoffpolitik" oder ein "neues Wohlstandsmodell" gefordert werden, so ist damit immer die Veränderung des Verhältnisses des Menschen zu seiner Umwelt gemeint. Diese muß sich letztlich in veränderten Verhaltensweisen niederschlagen, etwa in einer Begrenzung der Stoffflüsse, in dem geringeren oder langsameren Verbrauch erneuerbarer und nichterneuerbarer Ressourcen, in einer Verminderung der Umweltverschmutzung, in der Reduzierung des Bevölkerungswachstums.

Derartige umweltverträglichere Mensch-Umwelt-Verhältnisse werden ebenfalls unter verschiedenen Begriffen auf den Punkt gebracht. Gefordert werden neue Werthaltungen, die – sehr allgemein – als Verantwortung für kommende Generationen oder – kaum konkreter – als neue Lebensstile, als Veränderung von Konsumgewohnheiten oder Mobilitätsansprüchen, als Begrenzung der Unersättlichkeit, als Suffizienzrevolution oder auch als Gewinn neuer Lebensqualitäten bestimmt werden.

Wie auch immer diese Ziele benannt und definiert werden mögen, gefragt ist ein gesellschaftlicher Wandel, der letztlich global wirksam wird, der aber national, regional und lokal, auf der Ebene jeder Gemeinde, jedes Betriebes, jedes Privathaushaltes und letztlich von jedem Individuum realisiert werden muß. Ob und wie gut oder wie schnell dieser Wandel gelingt, hängt von der

Wandlungsfähigkeit, von der Anpassungsfähigkeit und -bereitschaft dieser Systeme ab, des ökonomischen und soziokulturellen ebenso wie des individuellen Systems. Auf eine kurze Formel gebracht: Der Wandel muß sozialverträglich sein. Sozialverträglichkeit ist aber nicht schon dann gegeben, wenn – was häufig gefordert wird – Arbeitslosigkeit, Inflation, Verarmung von Teilen der Bevölkerung weitgehend vermieden werden kann. In Vertiefung einer solchen nur ökonomischen Konzeption muß Sozialverträglichkeit auf das bezogen werden, was soziokulturell möglich und zumutbar ist.

Es erscheint hier sinnvoll, den vorsokratischen Begriff des "menschlichen Maßes" zu bemühen, allerdings ohne damit die Konnotation zu übernehmen, daß der "Mensch das Maß aller Dinge" sei. Das "menschliche Maß" für eine nicht nur ökologisch nachhaltige, sondern in der Tat zukunftsfähige und damit humane Entwicklung, kann sich nicht, wie es häufig bei Diskussionen um die "Tragekapazität" des Planeten geschieht, an der puren Überlebensfähigkeit des Menschen auf der Basis von Mindestkalorien und Mindestflüssigkeitsmengen pro Tag orientieren und damit den Menschen lediglich als Organismus berücksichtigen. Vielmehr gilt es, Maßstäbe zu erkennen oder zu entwickeln, die den Menschen als *Kulturwesen* berücksichtigen, das jenseits seiner anatomischen und physiologischen Grundausstattung, wenn auch durch diese begrenzt, in einer soziokulturellen Umwelt lebt, die es gestaltet, pflegt und zerstört oder auch nur sozial definiert, d.h. mit bestimmten Bedeutungen belegt, die wiederum sein Urteilen und Handeln in und gegenüber dieser Umwelt leiten.

Derartige Maße und Maßstäbe des Menschen können universell sein, d.h. für alle Menschen dieser Erde gelten, oder auch kultur- und gruppenspezifisch variieren. Sie können unveränderbar sein oder sich nur über "historische" Zeiträume hinweg verändern oder auch, wie *fads* und *fashions*, nur kurzlebig sein. Sie werden wirksam in allen Bereichen menschlicher Existenz, beim Wahrnehmen und Erkennen von Objekten und Problemen, beim Bewerten und Akzeptieren von Meinungen und Maßnahmen, beim Wohnen, Arbeiten, Ernähren und Kommunizieren, beim Zusammenleben in Familien, Gruppen und Völkergemeinschaften.

Auf jeden Fall stellen solche Maße für eine zukunftsfähige Entwicklung Möglichkeiten wie Begrenzungen dar, und zwar

1. für die Definition von Zielen und Standards für Mensch-Umwelt-Verhältnisse einer zukunftsfähigen Weltgesellschaft (wechselseitig abhängiger Individuen und Gruppen im *global village*) ebenso wie für die Festlegung von nationalen und lokalen Strategien, die schließlich "in jedem Dorf" wirksam werden sollen,

2. für die Einsicht und Akzeptanz dieser Ziele und Standards und schließlich

3. für mögliche Strategien zur Veränderung als umweltschädigend erkannter Verhaltensweisen.

Bevor die relevanten psychologischen Prozesse mit begrenzendem und förderndem Charakter genauer darlegt werden, sollen nachfolgend einige Beispiele verdeutlichen, was bei Einbeziehung des menschlichen Maßes unter sozialverträglichen Prozessen zu verstehen ist:

Die Definition von Standards (z.B. für sauberes Trinkwasser) setzt die Wahrnehmung und Bewertung von Umweltzuständen als günstig oder ungünstig, ungefährlich oder risikoreich voraus. Solche Wahrnehmungs- und Bewertungsvorgänge sind immer selektiv und perspektivisch, beeinflußt einerseits durch menschliches Wahrnehmungsvermögen, Fähigkeiten der Informationsverarbeitung oder zum vernetzten Denken u.a.m., andererseits durch bestimmte Rollen, Werthaltungen, Interessen und Motive der an solchen Wahrnehmungs- und Urteilsprozessen Beteiligten. Es ist hinlänglich bekannt bzw. wird unterstellt, daß ökologisch günstige Entwicklungen im Gegensatz zu ökonomisch wünschenswerten Zielen stehen können. Damit sind gesellschaftliche Konflikte vorgegeben, die nach einer Lösung verlangen. In einer demokratischen Gesellschaft können Konflikte dieser Art nicht gewaltsam oder autoritär, z.B. durch eine "Ökodiktatur", gelöst werden, sondern nur durch Verhandlungen. Inzwischen ist deutlich geworden, daß solche Konfliktlösungen nicht durch die Politiker allein, sondern nur über einen Konsens aller gesellschaftlichen Gruppen erreicht werden könnnen. Ein Konsens setzt Kommunikation und Partizipation voraus, und dies von Partnern oder Kontrahenten, die oft ganz verschiedene "Sprachen" sprechen, geprägt durch unterschiedliche Begriffe, Perspektiven und Gewichtungen von Sachverhalten. Wie kann zwischen solchen Interessengruppen und ihren Positionen vermittelt werden, wenn einem nicht jedes Mittel recht ist, sondern man sich Zielen wie Meinungsfreiheit und Gleichberechtigung verpflichtet fühlt?

Auch wenn es immer noch Stimmen gibt, die das Ziel einer nachhaltigen, umweltgerechten Entwicklung als eine Aufgabe für Naturwissenschaftler und Ökonomen sehen, kann es gar keinen Zweifel geben, daß im Mittelpunkt dieses Prozesses die sozialverträgliche Veränderung von Mensch-Umwelt-Beziehungen und damit der Mensch stehen muß. Folgerichtig müssen sich diejenigen Wissenschaften aufgerufen fühlen, etwas zum Prozeß der nachhaltigen Entwicklung beizutragen, die sich – über die Ökonomie hinaus – mit dem Menschen auf allen Ebenen individuellen und gesellschaftlichen Handelns beschäftigen (vgl. dazu auch den Beitrag von Ortwin Renn in diesem Band). Dies sind letztlich alle Humanwissenschaften, speziell die Sozial- und Verhaltenswissenschaften (wie Psychologie, Soziologie, Pädagogik, Politikwisssenschaft, aber auch Kulturanthropologie oder Sozialgeographie); hinzu kommen die Rechtswissenschaften und weitere Geisteswissenschaften, etwa Philosophie (vor allem Ethik) und Geschichte.

Am Beispiel der Psychologie bzw. Umweltpsychologie soll in diesem Beitrag deutlich gemacht werden, welchen Beitrag diese Wissenschaft zur Analyse globaler Umweltveränderungen sowie zu dem Ziel einer nachhaltigen Entwicklung und einer zukunftsfähigen Gesellschaft leisten kann.

Versteht sich die Psychologie traditionell als Wissenschaft vom Erleben und Verhalten, so befaßt sich die Umweltpsychologie mit dem Erleben und Verhalten des Menschen zu seiner physischen Umwelt, zur natürlichen wie vom Menschen gemachten, also zur gebauten und technischen Umwelt. Diese Umweltpsychologie begann sich erst seit Ende der 60er Jahre zu entwickeln, obwohl es Ansätze zu einer Umweltpsychologie auch schon in früheren Zeiten, z.B. in Deutschland seit Beginn dieses Jahrhunderts gegeben hat (vgl. Hellpach 1911, 1977). Insgesamt war jedoch die traditionelle Psychologie "umweltvergessen" und hatte sich, wenn überhaupt, allenfalls mit der sozialen, d. h. mitmenschlichen Umwelt als Determinante oder Korrelat menschlichen Verhaltens beschäftigt (vgl. Kruse 1974).

Der eigentliche Anstoß zur Entwicklung der modernen Umweltpsychologie war die Tatsache, daß die Umwelt zunehmend zum Problem wurde, in eine Krise geriet und der bisher "umweltvergessene" Mensch aufwachte, umweltbewußt wurde, d.h. sich bewußt wurde, daß er in einer Umwelt lebt, in der immer mehr Tier- und Pflanzenarten aussterben, Boden, Wasser und Luft möglicherweise verseucht, die einst als unerschöpflich angesehenen Ressourcen begrenzt sind. Veränderungen der Umwelt wurden lange Zeit als "natürliche" Prozesse verstanden, die sich ohne Zutun des Menschen vollziehen. Die Bedeutung von Umwelt als etwas, das durch menschliches Verhalten nicht nur genutzt, sondern vor allem verschmutzt und zerstört werden kann, hat sich erst langsam und seit den 70er Jahren stetig zunehmend im öffentlichen Bewußtsein durchgesetzt. Die vielzitierte "ökologische Krise" ist demnach auch keine Krise der Umwelt, sondern eine Krise der Kultur (vgl. Glaeser 1992) und letztlich die Folge "fehlangepaßten Verhaltens", wie es die beiden Amerikaner Maloney und Ward bereits 1973 formuliert haben. Zwar sind es aus der Sicht eines Individuums dann immer noch "die anderen", die Industriellen, der Staat, oder mindestens doch die Nachbarn, aber Umweltveränderungen als Ergebnis menschlichen Verhaltens zu sehen, oder allgemeiner als Wechselwirkungen von Mensch und Umwelt (bzw. von Natur- und Anthroposphäre) zu begreifen, ist inzwischen weitgehend akzeptiert. So ist auch die umfassende Analyse dieser Wechselwirkungen der Ausgangspunkt für die Arbeiten des 1992 berufenen, multidisziplinär zusammengesetzten Wissenschaftlichen Beirats der Bundesregierung Globale Umweltveränderungen (WBGU), in dem Naturwissenschaftler und Humanwissenschaftler (vor allem Ökonomen und die Autorin als Vertreterin einer Sozialwissenschaft) zusammenwirken.

2. Nachhaltige Entwicklung als Verhaltensproblem

Betrachtet man Umweltprobleme bzw. Umweltveränderungen als Ergebnis menschlichen Handelns, sei es als individuelles oder gesellschaftliches, kommt dieses Handeln unter drei Perpektiven in den Blick: Es ist einerseits *Ursache* für globale Umweltveränderungen (CO_2-Produktion durch Autofahren, Heizen etc.), zum anderen ist es von diesen Veränderungen *betroffen*, indem diese z.B Möglichkeiten der Nahrungsproduktion oder das Wohlbefinden beeinträchtigen, und schließlich kann es als *Antwort* auf bereits eingetretene oder erst antizipierte Umweltveränderungen wirksam werden. In drei verschiedenen, aber keineswegs unverbundenen "Rollen" ist der Mensch also Verursacher, Betroffener und potentieller Bewältiger von globalen Umweltproblemen und damit auch dreifach Handlungssubjekt einer nachhaltigen Entwicklung.

Viele menschliche Aktivitäten, die im Zusammenhang mit Landnutzung, Erschließung von Bodenschätzen, Rohstoff- und Energieverbrauch, industriellem Wirtschaften oder Mobilität stehen, können als *unmittelbare Ursachen* globaler Umweltveränderungen angesehen werden (z.B. Formen des Energieverbrauchs oder der Landnutzung). Diesen liegen wiederum weitere Ursachen als *treibende Kräfte* zugrunde, z.B. Bevölkerungswachstum und -verteilung, Wirtschaftswachstum, technologische Entwicklungen und soziopolitische Strukturen, schließlich aber auch individuelle Wahrnehmungen, Einstellungen und Bedürfnisse. Gerade diesen mentalen Prozessen und Strukturen wird in der jüngsten programmatischen Literatur zu "human dimensions of global change" (Jacobson u. Price 1990, Stern et al. 1992) besondere Bedeutung beigemessen. Den Beitrag menschlicher Aktivitäten in ihrer multiplen Bedingtheit für die verschiedenen Aspekte globaler Veränderungen zu klären, ist daher ein wichtiges Ziel aller Forschung zu diesen "humanen Dimensionen", die aber letztlich nur *interdisziplinär* sinnvoll ist.

Ebenso bedeutsam ist die Untersuchung von Wahrnehmung, Wissen, Werten und Handlungen, wenn es um die *Folgen* globaler Umweltveränderungen geht. Dabei ist zu beachten, daß Menschen nicht nur auf bereits eingetretene Veränderungen, z.B. die Erhöhung des Meeresspiegels oder die Erosion des Bodens, reagieren, sondern schon aufgrund der *Antizipation* von Umweltveränderungen, also präventiv, agieren können (z.B. Dämme bauen, Versicherungen abschließen, auswandern). Dennoch werden globale Umweltveränderungen mit ihren je spezifischen lokalen und regionalen Auswirkungen für viele Menschen und Gesellschaften physische und psychische Streßerfahrungen (z.B. Hunger, Obdachlosigkeit, vermehrte Krankheiten und emotionale Belastungen) mit sich bringen, und häufig werden – zunächst – diejenigen am meisten betroffen sein, die am wenigsten zu ihrer Verursachung beigetragen haben und sich am wenigsten zu helfen wissen. Umso wichtiger ist es zu wissen, wie solche Umweltstressoren wahrgenommen und bewertet werden, und wie Individuen und Gruppen darauf reagieren.

Reaktionen auf globale Umweltveränderungen können einerseits als *Anpassung* an bereits eingetretene oder antizipierte Veränderungen stattfinden. Dadurch werden nicht die Umweltveränderungen selbst beeinflußt, sondern es wird der Versuch unternommen, die Auswirkungen dieser Umweltveränderungen auf menschliches Leben und Wohlbefinden und das, *was Menschen wertschätzen*, zu begrenzen. Andererseits können Handlungsweisen der Vermeidung oder *Milderung* unerwünschter Umweltveränderungen dienen. Diese Handlungen können an verschiedenen Knotenpunkten der Verknüpfung von Natur- und Anthroposphäre ansetzen (vgl. dazu Stern et al. 1992).

Für eine zukunftsfähige Entwicklung kommt Verhaltensweisen in Antizipation von Umweltveränderungen besonderes Gewicht zu. Sie können im Hinblick auf die Entstehung globaler Umweltveränderungen präventiv wirken, auch bevor man im einzelnen verstanden und wissenschaftlich abgesichert hat, welchen Beitrag menschliche Handlungen zu globalen Umweltveränderungen leisten. Außerdem bieten sie die Chance, die menschliche Gesellschaft auf mögliche Folgen globaler Umweltveränderungen vorzubereiten und ihre Fähigkeiten zur Bewältigung dieser Veränderungen zu erhöhen (damit diese beispielsweise nicht unvorbereitet von Dürren, steigendem Meeresspiegel, vermehrter UV-B-Strahlung oder auch dem Zwang zur Migration getroffen wird).

Menschen als Verursacher, Betroffene und Bewältiger von globalen Umweltveränderungen und damit als verantwortliche Subjekte nachhaltiger Entwicklung zu verstehen, setzt voraus, *daß man mehr über die verschiedenen Bedingungen von umweltschädigenden und umweltgerechten Verhaltensweisen und von adaptiven und präventiven Reaktionen weiß.* Auch sie definieren das menschliche Maß für Veränderungschancen und -barrieren. Eine umfassende Kenntnis solcher Bedingungen und Wirkungen weist der Psychologie eine wichtige Rolle zu, wenn es darum geht, im Zusammenwirken mit anderen Human- und Naturwissenschaften zu einer nachhaltigen und zukunftsfähigen Entwicklung beizutragen, die ökologisch, sozial und ökonomisch verträglich ist.

2.1 Bedingungen umweltschädigenden und umweltschonenden Verhaltens

Geht man vom Prinzip der Wechselwirkung zwischen Mensch und Umwelt aus, dann muß auch die Frage nach den Bedingungen umweltbezogenen Verhaltens und Handelns diesem Prinzip gemäß gestellt werden. Bedingungen, die beim Menschen gesucht und untersucht werden, sind in ihrer Umweltbezogenheit zu thematisieren. Bedingungen, die in der Umwelt lokalisiert werden, sind, wenn schon nicht als vom Menschen gemachte, so doch als vom Menschen beeinflußte, zumindest von ihm definierte, sozial konstruierte, zu verstehen (vgl. Graumann u. Kruse 1990, Kruse 1989).

Um diese Wechselwirkung genauer zu verstehen, muß etwas weiter ausgeholt werden: Umwelt ist letztlich ein soziales/gesellschaftliches Konstrukt: Das heißt zunächst einmal, daß mit Umwelt nicht die "objektive" Natur (als Gegenstand der Naturwissenschaften) gemeint ist, sondern – ganz im Sinne des Biologen Jakob v. Uexküll (1921) – Umwelt als subjektives Korrelat menschlichen Wahrnehmens, Denkens, Fühlens und Handelns. Als ein derartiges Korrelat wird Umwelt vor allem in verschiedenen *Bedeutungen*, als attraktiv oder abstoßend, als harmlos oder gefährlich erlebt. Solche Bedeutungen sind nun aber nicht Eigenschaften von Dingen oder Orten, sondern Korrelate menschlicher Fähigkeiten, Wünsche, Bedürfnisse, Stimmungen, Ziele. Entsprechend wandeln sich manche Bedeutungen von einem Augenblick zum nächsten (der "strahlend schöne" Apfel wird plötzlich als "verstrahlt" erkannt), andere (z.B. der Reiz des Meeres – oder des Hochgebirges) mögen ein Leben lang anhalten.

Manche Umweltbedeutungen werden aufgrund eigener Erfahrung erworben, andere gelernt durch die Vermittlung von Eltern, Lehrern oder durch die Medien, über Gebote und Verbote oder einfach über bestimmte sprachliche Etikettierungen (z.B. als schön oder eßbar, als häßlich oder ungenießbar, als prestigefördernd oder einfach "unmöglich"). Welche Bedeutungen erworben werden, hängt nicht nur von individuellen Eigenschaften (wie Alter und Geschlecht), sondern vor allem auch vom jeweiligen soziokulturellen und politisch-ökonomischen Kontext ab.

Ein wichtiges Element sozialer Konstruktion ist die Art und Weise, wie über Umwelt geredet wird, der *Umweltdiskurs:* In Diskussionen über die Ziele des Naturschutzes oder über den Standort einer Müllverbrennungsanlage macht es einen großen Unterschied, ob man einen Naturpark als "verwildert" oder "naturbelassen" ansieht, ob man von "Müllkippen" oder von "Entsorgungsparks", von "Giftmüll" oder von "Sonderabfällen" spricht, ob man" Müll verbrennt" oder "Reststoffe thermisch recycelt". "Unkraut" "Ungeziefer", "Schädlinge", "Raubvögel" legen schon vom Begriff her nahe, vom Menschen bekämpft oder gejagt zu werden, während "Nützlinge" "Ackerwildkräuter "seltene Arten" ganz andere Assoziationen wecken, und der Anspruch auf ihren Schutz ungleich leichter durchgesetzt werden kann.

Der seit den 60er Jahren entstandene Umweltdiskurs hat in der Zwischenzeit nicht nur ein Krisen- und Gefährdungsvokabular entwickelt, sondern zunehmend auch ein Beschwichtigungs- und Betroffenheitsvokabular, die sich dem aufmerksamen Beobachter bei jeder Bürgeranhörung erschließen und inzwischen auch zum Gegenstand linguistischer Analyse geworden sind (z.B. Nothdurft 1992).

Umweltdiskurse und gesellschaftliche Konstruktionen von Umwelt weisen große kulturspezifische Unterschiede auf. Dies trifft jedoch nicht nur auf weit voneinander entfernte Länder, z.B. den industrialisierten Norden im Vergleich mit den Entwicklungsländern des Südens zu. Kulturelle Unterschiede finden sich selbst in eng benachbarten Gesellschaften, und Beispiele aus jüngerer Zeit, wie das Waldsterben oder das Robbensterben, haben offenkundig gemacht, wie die unterschiedliche Bedeutung und Bewertung von Umweltrisiken politisch relevant werden, wenn es um europäische oder internationale Vereinbarungen und Konventionen geht. Die weltweite Verständigung über die Ziele und Wege einer nachhaltigen Entwicklung wird ganz wesentlich von solchen gesellschafts- und kulturspezifischen Konstruktionen von Umwelt und den entsprechenden Sprachen und Diskursen bestimmt.

Die sprachliche Kommunikation und die dadurch vermittelten Bedeutungen sind eine notwendige, aber keinesfalls hinreichende Bedingung für die Entwicklung einer zukunftsfähigen Gesellschaft, geht es doch dabei nicht nur um die Veränderung mentaler Repräsentationen, sondern letztlich um die Veränderung von Lebensstilen, von Konsumgewohnheiten, Wohn- und Arbeitsstilen, von Mobilität und Freizeitaktivitäten. Aus der Sicht der Psychologie geht es dabei darum, umweltschädigendes in dauerhaft umweltverträgliches Verhalten zu verändern, um Ressourcen zu schonen und Umweltbelastungen zu verringern. *Voraussetzung dafür ist, daß man etwas über die Bedingungen von Verhalten und seiner Veränderung weiß.*

In der Öffentlichkeit und besonders auch bei Politikern ist die Ansicht weit verbreitet, daß es vor allem einer Stärkung des Umweltbewußtseins der Bevölkerung bedarf, um das umweltschädliche Verhalten zu verändern.

Nun wird mit "Umweltbewußtsein", als Begriff im politischen und nicht im wissenschaftlichen Diskurs entstanden, alltagssprachlich wie auch als wissenschaftliches Konstrukt – ganz Unterschiedliches verbunden. In der wissenschaftlichen Diskussion zählt in der Regel neben dem Umweltwissen und der emotionalen Bewertung von Umweltgegebenheiten – oft als "Einstellung" bezeichnet – auch noch die Verhaltensabsicht (etwas für oder gegen bestimmte Zustände zu tun) zum Umweltbewußtsein, manche rechnen ihm fälschlicherweise auch noch das tatsächliche Verhalten zu.

Viele politische Forderungen und Aktivitäten richten sich auf die Verbesserung des *Umweltwissens* oder auch der *Umwelteinstellung* (z.B. eine saubere Umwelt haben zu wollen), und dies mit der impliziten Annahme, daß dadurch – gleichsam automatisch – auch das tatsächliche Handeln des Menschen gegenüber der Umwelt verbessert werde. Nun haben zwar Wissen und Einstellungen etwas mit dem Verhalten zu tun, aber längst nicht so viel und so direkt, wie oft angenommen wird. Aus der sozialpsychologischen Einstellungforschung ist hinlänglich bekannt, daß zwischen verbal geäußerten Einstellungen und tatsächlichem Verhalten große Diskrepanzen bestehen (Jeder Raucher, der das Rauchen eigentlich schlecht findet, wird dies bestätigen können.). Im Bereich des Umweltbewußtseins und des umweltschonenden Verhaltens scheint diese Diskrepanz noch größer zu sein. Umweltwissen allein, vor allem wenn es sich auf eher abstrakte Zusammenhänge und nicht auch auf konkrete Handlungsmöglichkeiten bezieht, hat nur eine geringe direkte Beziehung zum Verhalten in und gegenüber der Umwelt.

Offenbar muß man eine ganze Reihe weiterer Faktoren berücksichtigen, wenn man die jeweiligen *Verhaltensbarrieren* für umweltschonendes Verhalten bzw. die *Verhaltensstützen* für umweltschädigendes Verhalten kennenlernen will, um sie zu beeinflussen.

Zur Konzeptualisierung umweltrelevanter – und das heißt der schädigenden ebenso wie der umweltverträglichen – Verhaltensweisen und ihrer Determinanten ist mittlerweile eine Reihe von theoretischen und empirisch gestützten Modellen entwickelt worden, die vor allem eines zeigen: daß es eine Vielzahl von Faktoren gibt, deren jeweilige Gewichtung noch längst nicht feststeht, die zudem miteinander in Wechselwirkung stehen, und die schließlich auch mit dem jeweiligen ökologischen, soziokulturellen, ökonomischen, rechtlichen und technologischen Kontext variieren (s. z.B. die Darstellungen und Diskussionen bei Fishbein und Ajzen 1975, Fietkau und Kessel 1981, Schahn u. Giesinger 1993, Stern u. Oskamp 1987, WBGU 1993, 1995)

Zu berücksichtigen sind:

– die Wahrnehmung und Bewertung von Umweltzuständen und Umweltveränderungen,

– umweltrelevantes Wissen und Informationsverarbeitungsprozesse,

– Einstellungen und Werthaltungen,

– Handlungsanreize (intrinsische Motivation oder externe Verstärker, z.B. Lob oder Belohnungen),

– Verhaltensgewohnheiten und Alltagsroutinen,

– wahrnehmbare Verhaltenskonsequenzen (z.B. durch Feedback über das eigene Verhalten),

– Handlungsgelegenheiten und Verhaltensangeboten in der Umwelt.

Nachfolgend werden einige der besonders relevanten und hinreichend gesicherten Faktoren anhand von Beispielen erläutert.

2.2 Wahrnehmung und Bewertung von Umweltzuständen und -veränderungen

Für eine Reihe von Umweltzuständen und vor allem Umweltveränderungen hat der Mensch keine spezifischen Sinnesorgane und manche Veränderungen vollziehen sich so unmerklich, daß sie unterhalb der jeweiligen Unterschiedsschwelle bleiben. Beides gilt gerade auch für globale Umweltzustände und -veränderungen. Weder das "Ozonloch" noch die von Tschernobyl ausgehende radioaktive "Wolke" haben die menschlichen Sinnesorgane affizieren können. Sie blieben und bleiben unsichtbar, wenn sie nicht durch kunstvolle Veranschaulichungen (z.B. Computersimulationen) wahrnehmbar gemacht werden. Auch die meisten der "schleichenden" globalen Veränderungen, etwa die Erwärmung der Erdatmosphäre, erreichen nicht die Ebenmerklichkeit, auf die das Empfindungsvermögen angewiesen ist.

Zur Unmerklichkeit globaler Umweltveränderungen gehört schließlich auch die oft beachtliche *zeitliche* und *räumliche* Distanz, die zwischen erster Verursachung und erstem spürbaren Effekt, etwa eines umweltschädigenden (aber auch -rettenden) Prozesses liegen kann. Gerade bei globalen Veränderungen gilt, daß man es oft mit *Spät- und Fernwirkungen* zu tun hat, die nicht unmittelbar als Effekte ganz bestimmter Handlungsweisen erkannt werden. Setzt sich die Erkenntnis des kausalen Zusammmenhanges schließlich doch durch, ist es für rettende oder auch nur mildernde Maßnahmen oft zu spät. Am Beispiel der Bodendegradation läßt sich dieser *Kind-im-Brunnen-Effekt* mehrfach belegen (WBGU 1994, Kap.1.3.3). Ihn hat der Wissenschaftliche Beirat Globale Umweltveränderungen in seinem Jahresgutachten 1994 zum Thema "Böden" anhand sogenannter *Syndrome* verdeutlicht: Am *Dust-Bowl-Syndrom* den durch eine industrielle Landwirtschaft zerstörten Weizengürtel im mittleren Westen und Südwesten der USA, dem in Staubstürmen die fruchtbare Bodenkrume unwiederbringlich fortflog; am *Aralsee-Syndrom* die Schrumpfung und Versalzung des einst viertgrößten Süßwassersees der Erde durch Wasserbau- und landwirtschaftliche Großprojekte; am *Alpen-Syndrom* eine zu spät erkannten Bodendegradation durch (Förderung des) Massentourismus usw. Hier, wie in anders gearteten Degradationsgebieten (Sahel, Bitterfeld, Los Angeles) hat es zu lange gedauert, bis die schädlichen bzw. zerstörerischen Effekte erkannt und anerkannt worden sind.

In anderen Fällen, zu denen der *sauere Regen*, die Ozonverdünnung durch FCKW-Emissionen sowie ein Teil des Effekts der Tschernobyl-Katastrophe gehört, liegt die (wahrnehmbare oder unmerkliche) schädliche Wirkung selbst in geographisch entfernten Gebieten. Daß schließlich Hunger und Not in der "Dritten Welt" auch mit dem Wohlstand und den Konsumgewohnheiten der "Ersten Welt" ursächlich zusammenhängen, wird, da es ohnehin nicht wahrgenommen, sondern nur geschlußfolgert werden kann, von den – nicht nur in geographischer, vielmehr auch in *sozialer Distanz* lebenden – Bewohnern der wohlhabenden Länder nur zögernd und widerwillig zur Kenntnis genommen (Pawlik 1991).

Die fehlende bzw. mangelhafte Wahrnehmbarkeit globaler Zusammenhänge und Veränderungen hat eine Reihe psychologischer Folgen: An die Stelle der unmittelbaren Erfahrung, die subjektive Gewißheit gibt, treten Zweifel, ob die erschlossenen Zusammenhänge wirklich so sind. Diese Zweifel werden umso stärker sein, je mehr die Folgerungen Einschränkungen und Verzicht in der Lebenshaltung nahelegen. – Wo mit der Wahrnehmung die unmittelbare Erfahrung fehlt, drängt es umso mehr zur mittelbaren, also vermittelten Erfahrung, wie sie vor allem die Medien, die Anschaulichkeit anbieten, aber auch die interpersonale Kommunikation, die soziale Unterstützung bietet, liefern. In dem Maße, wie die Wirklichkeit nicht unmittelbar "getestet" werden kann, ist man auf die Kommunikation mit Referenzpersonen angewiesen, auch wenn den sozialen Kriterien der Wirklichkeit nicht das Vertrauen entgegengebracht wird wie den "objektiv" physikalischen (Festinger 1954).

Das aber, was man wahrnehmen und beurteilen zu können glaubt, der zu heiße Sommer, die zu milden Winter, die angeblich "nie dagewesene" Serie von Unwettern, verweist in vielen Fällen eher auf fehlerhafte Urteile aufgrund von *Heuristiken* (Kahneman et al. 1982) oder auf *illusorische Korrelationen* als auf tatsächliche globale Umweltveränderungen. Selbst bei letzteren ist die – vor allem von Medien gezogene und sensationell aufgemachte – Schlußfolgerung auf anthropogene Verursachung angesichts der unbekannt bzw. unerwähnt bleibenden natürlichen Varianz des Klimawandels vorschnell und damit oft falsch. Aus den selektiv und häufig einseitig wertend aufbereiteten Informationen der Medien greifen sich die Rezipienten wiederum selektiv, perspektiven- und interessengeleitet das heraus, was sie hören wollen oder verstehen können. So hat Bell (1991) in Neuseeland nachweisen können, daß die Korrelationen zwischen den Aussagen von Wissenschaftlern und den auf ihnen basierenden Medienberichten einerseits, sowie den Medieninhalten und den Meinungen der Leserschaft andererseits nur gering sind.

2.3 Die Wahrnehmung und Bewertung von Risiken

Besonderes psychologisches Interesse gewinnt die Kognition von Umweltveränderungen, wenn man sie aus der Perspektive der *Risikoforschung* betrachtet. Die globale Erwärmung, die Ausdünnung der Ozonschicht, die Erosion bzw. Überdüngung von Böden, die Überfischung bestimmter Meere und die rasante Abnahme der biologischen Vielfalt durch die Störung bzw. Zerstörung von artspezifischen Lebensräumen sind immer auch Risiken, die erst einmal als solche erkannt werden müssen, dann aber von Politikern verschiedener Couleur, Wissenschaftlern verschiedener Disziplinen, Journalisten konkurrierender Medien, Vertretern rivalisierender Interessengruppen und Lobbys sowie schließlich von Laien unterschiedlicher Betroffenheit sehr verschieden bewertet werden, was alles unterschiedliche Folgen für präventives oder adaptives Handeln haben kann.

Zur Wahrnehmung und Akzeptanz von Risiken durch den Menschen existiert eine mittlerweile beachtliche Anzahl an Untersuchungen und empirisch gestützten Konzeptualisierungen. Diese beziehen sich allerdings zumeist auf Risiken aus technischen Entwicklungen (Kernenergie, neue Chemikalien usw.). Schleichende Prozesse, wie sie globale Umweltveränderungen darstellen, tauchten hingegen als Gegenstand der Risikowahrnehmungsforschung bislang noch kaum auf (Fischhoff u. Furby 1983).

Die vorliegenden Forschungsergebnisse lassen sich folgendermaßen umreißen (Slovic 1987): Menschen akzeptieren eher Risiken, die sie selbst freiwillig eingegangen sind, als solche, die sie als von außen aufgebürdet wahrnehmen (z.B. Autofahren vs. Kernenergie). Dabei kommt es häufig zu einer Überschätzung der eigenen Fähigkeiten bzw. Kapazitäten (self serving bias). Risiken, die als unbekannt oder unkontrollierbar eingeschätzt werden, werden als bedrohlich wahrgenommen, wohingegen Risiken, die als kontrollierbar eingeschätzt werden und/oder deren Auswirkungen und Folgen bekannt sind, einen wesentlich geringeren Bedrohlichkeitscharakter aufweisen. Schwierigkeiten bereitet offenbar das Abschätzen der Eintrittswahrscheinlichkeit von Gefährdungen bzw. Schäden, wobei es zu charakteristischen "Fehlern" kommt: Selten auftretende und latente Bedrohungen werden überschätzt, häufige bzw. permanente, tatsächliche Bedrohungen werden eher unterschätzt.

Durchgängig sind Unterschiede in der Beurteilung von Risiken durch "Experten" und "Laien" gefunden worden: "Laien" gehen – sozusagen intuitiv – von einem wesentlich breiteren Risikobegriff aus, während "Experten" ihren Risikoanalysen ausschließlich "objektives" Zahlenmaterial über potentielle unmittelbare Folgen (z.B. Sterblichkeitsraten) zugrundelegen. Zwar wird der breitere Risikobegriff der Laien häufig als "irrational" bezeichnet; dennoch muß er ernst genommen werden, zumal auch die von "Experten" angelegten Kriterien nicht selten bereits durch politische Vorgaben oder wirtschaftliche Erwägungen "kontaminiert" sind (Fischhoff 1990).

Mit der Freiwilligkeit des eingegangenen Risikos ist es bei globalen Umweltveränderungen nicht weit her; denn wer wird schon als Individuum sich selbst einen kausalen und nicht zu vernachlässigenden Beitrag zu einem negativen globalen Effekt zuschreiben? Und das Mitverantwortlichkeit und Solidarität implizierende Gattungsbewußtsein *(species consciousness),* das Robert J. Lifton (1992) als notwendige Konsequenz aus der Einsicht in ein gemeinsames Schicksal annimmt, bleibt bis auf weiteres ein Postulat – gegenüber der noch weit verbreiteten ("not-in-my-backyard"- Mentalität, der) Risikoakzeptanz mit beschränkter Haftung: "Prinzipiell ja, aber bitte nicht in meinem Garten!".

Mittlerweile wird selbst auf der politischen Ebene erkannt, wie wichtig die Kenntnis gruppenspezifischer Wahrnehmung und Bewertung von Umweltrisiken ist, wenn Risikokommunikation und partizipatives Risikomanagement erfolgreich sein sollen (vgl. Vaughan 1993).

2.4 Werthaltungen und Einstellungen

Was heute als "Umweltbewußtsein" bezeichnet wird, hat zwar Umfrageergebnissen zufolge zugenommen (im Überblick WBGU 1995), und dies sowohl in der EU (Hofrichter u. Reif 1990) oder in den USA (Milavsky 1991) wie auch weltweit (vgl. Dunlap et al. 1993, World Values Study Group 1994). Doch sind damit weniger *Umweltwissen,* also die Kenntnis ökologischer Zusammenhänge, sondern eher Einstellungen und Werthaltungen gegenüber der Umwelt gemeint. Zwar gibt es Erhebungen auch zur Verteilung des Wissens über globale Klimaveränderungen (z.B. Löfstedt 1992; vgl. auch Pawlik,1991b). Zumeist jedoch wird das Ausmaß der Besorgtheit, der Sensibilisierung gegenüber globalen – vor allem klimatischen – Veränderungen erhoben und im Zusammenhang damit die Bereitschaft, sich zu engagieren. Daß diese Sensibilität und die Bereitschaft, etwas für den Umweltschutz zu tun, nicht notwendig positiv mit Umweltwissen korrelieren, ist immer wieder beobachtet worden, und dies zeigen auch zwei neuere Studien.

So stellt Wiedemann (1992) bezüglich Klimaveränderungen einerseits fest: "Die Bevölkerung in Deutschland ist sensibilisiert, und das Meinungsklima ist für die Durchsetzung entsprechender Schutzmaßnahmen günstig" (S. 245); andererseits: "Das Wissen über Klimafragen auf seiten der Bevölkerung ist unzureichend" (S. 246). Krause (1993) berichtet aufgrund einer Fragebogenstudie an 300 US-Amerikanern, daß für die Probanden dieser Stichprobe – die sich übrigens zu 57.2 % als "environmentalists" ("ökologisch orientiert") einstuften – wohl die Entsorgung von Sondermüll, Luft- und Wasserverschmutzung und die Ozonschicht, nicht aber das Bevölkerungswachstum als besorgniserregend angesehen werden, was den Autor zu der Hypothese anregt: "Amerikaner scheinen das Gefühl zu haben, daß, wenn es ein Bevölkerungsproblem gibt, dieses anderswo liegen muß" (S. 134). Die den allgemein angenommenen Zusammenhang zwischen Einstellungen und relativ überdauernden Werthaltungen bekräftigende Schlußfolgerung dieser Studie lautet, daß aus amerikanischer Perspektive Luft, Wasser und die anderen Lebensformen auf diesem Planeten nur existieren, "um den Menschen das Leben zu erleichtern" ("to provide comfort to human beings") , und daß diese "individuum-zentrierte Attitüde in der Kultur, den Religionen, ja im ganzen Spektrum der Lebensstile Amerikas verwurzelt ist" (S. 140). Es besteht kein Grund anzunehmen, daß die Einbettung des Umweltbewußtseins in eine Werthierarchie nicht auch für andere Kulturen zutrifft.

Wenn in den vergangenen Jahren gelegentlich der Wandel des Umweltbewußtseins mit dem von Inglehart (1977, 1989) postulierten allgemeineren Wertewandel vom Materialismus zum Postmaterialismus in Zusammenhang gebracht worden ist, so dürfte es aufgrund noch uneindeutiger und unzureichender Befunde für eine verbindliche Bewertung dieses Zusammenhangs noch zu früh sein.

2.5 Motivation, Handlungsanreize, Handlungsgelegenheiten

Die sicher nicht nur für den *American way of life* charakteristische individuenzentrierte Wertorientierung, die darin involvierten egozentrischen Motive und die ihnen entsprechenden Handlungsmuster werden ökologisch dann problematisch, wenn sie auf begrenzte Ressourcen zielen, auf die auch andere angewiesen sind. Es kommt, wenn kurzfristige individuelle Interessen mit langfristigen der Gemeinschaft kollidieren, zu einem Dilemma.

Verallgemeinert und auf die globale Problematik übertragen: Was kurzfristig (etwa innerhalb einer Lebensspanne) und lokal bzw. regional (etwa in einer Industrienation) von Nutzen ist (z.B. der Verbrauch preiswerter fossiler Energie), kann langfristig (etwa schon für die kommende Generation) und überregional/global (Bewohnern der Dritten Welt) Schaden zufügen. Nutzen und Kosten werden (raum-zeitlich und sozial) dissoziiert. Die Lösung dieses Dilemmas, die in verschiedenen Formen temporären Verzichts (auf Konsum, Mobilität, Nettoeinkommen) bestehen könnte, stößt nach wie vor auf Widerstände. Doch ist das Ausbrechen aus solchen "sozialen Fallen" (Platt 1973) eine notwendige Voraussetzung für die Entwicklung und Stabilisierung umweltgerechten Handelns auch in globaler Perspektive. Denn die Erfahrungen mit FCKW, mit DDT, mit vermehrtem CO_2-Ausstoß, mit einer unkontrollierten Schadstoffentsorgung sollten die globale Wirksamkeit lokaler bzw. regionaler Umweltschädigung zur Genüge demonstriert haben.

Doch Demonstration, d.h. Information, reicht nicht aus. Es bedarf sowohl sehr unterschiedlicher *Verhaltensanreize,* die die gesteigerte Unbequemlichkeit oder Kostspieligkeit umweltschonenden Verhaltens leichter überwinden lassen (Cone u. Hayes 1980, Dwyer et al. 1993, Fietkau u. Kessel 1981).

Zur Reduktion globaler Umwelteffekte bedarf es aber auch alternativer *Handlungsgelegenheiten.* Wenn also das Bundeskabinett den Deutschen 1990 das Ziel gesetzt hat, mit der Senkung der CO_2-Emission bis 2005 um 25% einen auch global relevanten Beitrag zu leisten, dann müssen für den einzelnen Bürger für so unterschiedliche Einsparfelder wie Wärmedämmung, Heiztechnik, Einsatz energiesparender Geräte, Umstieg auf öffentliche Verkehrsmittel bzw. abgasärmere Fahrzeuge und die Erhöhung der Recycling-Quoten bzw. die Abfallvermeidung (Wiedemann 1992, S. 225) auch Alternativen bereitgestellt werden, die es dem Bürger gestatten, seine bisherigen Verhaltensmuster durch umweltfreundlichere zu ersetzen. Dazu gehört außer der Bereitstellung entsprechender "hardware" (wie ein verbessertes öffentliches Verkehrsnetz) auch die fiskalische und administrative Beherzigung der Psychologen vertrauten Regel, daß Belohnen langfristig wirksamer ist als Bestrafen (Besteuern).

2.6 Möglichkeiten der Verhaltensbeeinflussung

Zur Modifikation umweltschädlicher Verhaltensweisen ist inzwischen eine Reihe von Interventionsstrategien entwickelt und bisher vor allem in den USA eingesetzt und evaluiert worden. Sie lassen sich grob unterteilen in eher kognitions- und eher verhaltensorientierte Strategien. Letztere lassen sich nochmals unterteilen nach dem kritischen Verhalten vorangehenden (antezedenten) oder dem Verhalten folgenden (konsequenten) Maßnahmen. Demnach können Veränderungen von umweltschädigenden Verhaltensweisen erreicht werden:

(a) durch den Ansatz an der Wahrnehmung und dem Wissen bezüglich Umweltzuständen und -veränderungen ("Umwelterziehung") sowie an weiteren Prozessen der menschlichen Informationsverarbeitung, des vernetzten Denkens usw., und zwar vor allem durch *Information* und *Aufklärung,* durch das Lernen an Modellen oder auch durch Methoden, die den Aufbau kognitiver Dissonanzen (Festinger, 1978) zum Ziel haben (kognitionsorientierte Strategien),

(b) durch die Verwendung von *Verhaltenshinweisen* (Schilder, Plakate) und das Angebot von *Handlungsgelegenheiten* (Energiespareinrichtungen, getrennte Müllbehälter), die als antezendente Bedingungen umweltschonendes Verhalten anregen und umweltschädigendes Verhalten verhindern oder vermindern sollen (antezendente verhaltensorientierte Strategien) und

(c) durch den Einsatz von sog. *Verstärkern* als Handlungskonsequenzen (z.B. Prämien oder Lob), die im Sinne von materiellen wie immateriellen Anreizen die Wahrscheinlichkeit umweltschonenden Verhaltens erhöhen, umweltschädigenden Verhaltens verringern sollen. Wirksam ist in diesem Sinne auch die Rückmeldung über den eigenen Handlungserfolg (Einsparung oder Zuwachs des Energieverbrauchs) (konsequente verhaltensorientierte Strategien).

Darstellungen solcher Strategien und ihrer Anwendung in unterschiedlichen Kontexten finden sich bei Bell et al. (1990), Dwyer et al. (1993), Kempton et al. (1992), Schahn und Giesinger 1993, Stern (1992) sowie Stern u. Oskamp (1987). Als Fazit läßt sich festhalten, daß für eine nachhaltige Entwicklung nur eine Kombination von kognitiven sowie antezedenten und konsequenten Verhaltensstrategien zum Erfolg führt: Zur Aufklärung über ökologische Zusammenhänge und über die Konsequenzen umweltschädigenden Verhaltens muß eine immer wieder neue – symbolische oder unmittelbar verhaltensrelevante – Erinnerung an umweltschonendes Verhalten kommen, das schließlich auch – und sei es nur unregelmäßig – bekräftigt werden muß, um sich langfristig zu halten. Sämtliche verhaltensbeeinflussenden Maßnahmen müssen situations- und zielgruppenspezifisch geplant werden und vor allem auch den kulturellen, technologischen, ökonomischen, politischen und rechtlichen Kontext mit berücksichtigen. Welche Maßnahmen in welcher Kombination und Abfolge in einem konkreten Fall zur Anwendung kommen sollten, ist ein empirisches Problem, das noch viel umfassender als bisher in verschiedenen Projekten angewandter und interdisziplinärer Forschung angegangen werden muß. Als Ansatzpunkt für derartige Programme eignet sich zunächst eher die *lokale* Ebene, z.B. einer kleinen Gemeinde, eines Stadtviertels, wo face-to-face-Kontakte und konkrete Partizipation möglich sind, als die Ebene einer Großstadt, einer Region, eines ganzen Landes.

3. Schlußbemerkungen

Nachhaltige Entwicklung ist, wie eingangs betont, ein Prozeß, der die Integration von ökonomischen, ökologischen und sozialen Dimensionen verlangt. Wer *nur* ökologisch denkt, und dazu noch in dem verkürzten Sinne des Naturschutzes und des Erhaltens der Artenvielfalt, der trägt ebensowenig zur Zukunftsfähigkeit bei, wie derjenige, der glaubt, alles ökonomisch, z.B. über Preise und Steuern, in den Griff kriegen zu können, oder derjenige, der nachhaltige Entwicklung zwar will, aber dies nur unter Wahrung des derzeitigen Lebensstandards und Besitzstandes. Erforderlich ist vielmehr die abgewogene Berücksichtigung aller drei Komponenten dieses Prozesses: der ökologisch begründeten Nachhaltigkeit, der ökonomischen Machbarkeit ökologisch sinnvoller Wohlstandsmodelle, aber eben auch die am menschlichen Maß orientierten Veränderungsmöglichkeiten einer Gesellschaft und der sie konstituierenden Gruppen.

Aus der Sicht der Wissenschaft ergibt sich daraus zwingend die Notwendigkeit einer Zusammenarbeit der Disziplinen: der Sozial- oder Gesellschaftswissenschaften *untereinander*, vor allem aber auch der Zusammenarbeit von Natur- und Gesellschaftswissenschaften (vgl. dazu Wissenschaftsrat 1994). Der Imperativ, eine zukunftsfähige Gesellschaft zu entwickeln, könnte eine Chance sein, die viel beschworene Kluft zwischen den beiden Kulturen der Natur- und der Sozial- und Geisteswissenschaften zu überwinden.

Literatur

Bell, A. (1991). Hot air: Media, miscommunication and the climate change issue. In: Coupland, N., Giles, H. und Wiemann, J.M. (Hrsg.): "Miscommunication" and problematic talk. S. 259-282. - Newbury Park

Bell, P.A., Fisher, J.D., Baum, A. und Greene, Th.E. (Hrsg.) (1990). Environmental psychology. 3. Auflage. - Fort Worth

Cone, J.D. und Hayes, S.C. (1980). Environmental problems and behavioral solutions. - Monterey

Dunlap, R.E., Gallup jr., G.H. und Gallup, A.M. (1993). Health of the planet. A George H. Gallup Memorial Survey. Results of a 1992 International Environmental Opinion Survey of Citizens in 24 Nations. - Princeton

Dwyer, W.O., Leeming, F.C., Cobern, M.K., Porter, B.E. und Jackson, J.M. (1993). Critical review of behavioral interventions to preserve the environment. Environment and Behavior 25, 275-321

Festinger, L. (1954). A theory of social comparison processes. Human Relations 7, 117-140

Festinger, L. (1978). Theorie der kognitiven Dissonanz. - Bern

Fietkau, H.-J. und Kessel, H. (Hrsg.) (1981). Umweltlernen: Veränderungsmöglichkeiten des Umweltbewußtseins. Modelle - Erfahrungen. - Königstein/Ts.

Fischer, W. und Schütz, H. (Hrsg.).(1994). Gesellschaftliche Aspekte von Klimaänderungen. Programmgruppe Mensch, Umwelt, Technik (MUT). Berichte aus der ökologischen Forschung. Bd. 13. - Jülich

Fischhoff, B. (1990). Psychology and public policy. Tool or toolmaker? American Psychologist 45, 647-653

Fischhoff, B. und Furby, L. (1983). Psychological dimensions of climatic change. In: Chen, R. S. und Boulding, E. (Hrsg.): Social science research and climate change. An interdisciplinary appraisal, S. 180-207. - Dordrecht

Fishbein, M. und Ajzen, I. (1975). Belief, attitude, intention, and behavior. An introduction to theory and research. - Reading

Graumann, C.F. und Kruse, L. (1990). The environment: Social construction and psychological problems. In: Himmelweit, H.T. und Gaskell, G. (Hrsg.): Societal psychology, S. 212-229. - Newbury Park

Glaeser, B. (1992). Natur in der Krise? Ein kulturelles Mißverständnis. GAIA 1, 195-203

Goodland, R., Daly, H. El Serafy, S., von Droste, B. (Hrsg.) (1992). Nach dem Brundtlandbericht: Umweltverträgliche wirtschaftliche Entwicklung. - Bonn

Hellpach, W. (1911). Die geopsychischen Erscheinungen. - Leipzig

Hellpach, W. (1977). Geopsyche. 8.Auflage. - Stuttgart

Hofrichter, J. und Reif, K. (1990). Evolution of environmental attitudes in the European Community. Scandinavian Political Studies 13, 119-146

Inglehart, R. (1977). The silent revolution. Changing values and political styles among Western publics. - Princeton

Inglehart, R. (1989). Kultureller Umbruch. Wertwandel in der westlichen Welt. - Frankfurt/Main

Inglehart, R. (1991). Changing human goals and values: A proposal for a study of global change. In: Pawlik, K. (Hrsg.): Perception and Assessment of Global Environmental Change (PAGEC): Report 1. ISSC/HDP. - Barcelona

Jacobson, H. K. und Price, M. F. (1990). A framework for research on the human dimensions of global environmental change. International Social Science Council HDP Report. - Barcelona

Kahneman, D., Slovic, P. und Tversky, A. (1982). Judgement under uncertainty: Heuristics and biases. - Cambridge

Kellogg, W. (1988). Human impact on climate: The evolution of awareness. In: Glantz, M. (Hrsg.): Societal responses to regional climate change: Forcasting by analogy, S. 9-40. - Boulder

Krause, D. (1993). Environmental consciousness. An empirical study. Environment and Behavior 25, 126-142

Kruse, L. (1974). Räumliche Umwelt. Die Phänomenologie räumlichen Verhaltens als Beitrag zu einer psychologischen Umwelttheorie. - Berlin

Kruse, L. (1989) Die Umwelt als gesellschaftliches Konstrukt: Natur, Oikos, Milieu, Soziotop. In: Ruprecht-Karls-Universität Heidelberg (Hrsg.): Ökologie: Krise, Bewußtsein, Handeln, S. 75-87. - Heidelberg

Kruse, L. (1995). Globale Umweltveränderungen: Eine Herausforderung für die Psychologie. Psychologische Rundschau 46, 81-92

Kruse, L., Graumann, C.F. und Lantermann, E.D. (Hrsg.) (1990). Ökologische Psychologie. - München

Lifton, R.J. (1992). From genocidal mentality to a species mentality. In: Staub, S. und Green, P. (Hrsg.): Psychology and social responsibility. Facing global challenges, S. 17-29. - New York

Löfstedt, R.E. (1992). Lay perspectives concerning global climate change in Sweden. Energy and Environment 3, 161-175

Maloney, M.P. und Ward, M.P. (1973). Ecology: Let's hear from the people. An objective scale for the measurement of ecological attitudes and knowledge. American Psychologist 28, 583-586

Meyer-Abich, K. und Schefold, B. (1986). Die Grenzen der Atomwirtschaft. - München

Milavsky, J. R. (1991). The U.S. public's changing perceptions of environmental change 1950 to 1990. In: Pawlik, K. (Hrsg.): Perception and assessment of global environmental change (PAGEC): Report 1. ISSC/HDP. - Barcelona

Miller, R. B. und Jacobson, H. K. (1992). Research on the human components of global change: Next steps. Global Environmental Change 2, 170-182

Nothdurft, W. (1992). Müll-Reden. Mikroanalytische Fallstudie einer Bürgerversammlung zum Thema "Müllverbrennung". Arbeiten zur Risikokommunikation, Heft 32. - Jülich

Pawlik, K. (1991a). The psychology of global environmental change. Some basic data and an agenda for cooperative international research. International Journal of Psychology 26, 547-563

Pawlik, K. (Hrsg.) (1991b). Perception and assessment of global environmental change (PAGEC): Report 1. ISSC/HDP. - Barcelona

Platt, J. (1973). Social traps. American Psychologist 28, 641-651

Postel, S. (1994). Carrying capacity: Earth's bottom line. In: World Watch Institute: State of the world 1994, S. 3-21. - Washington

Renn, O., Albrecht, C., Kotte, U., Peters, H.P. und Stegelmann, U. (1986). Sozialverträglichkeit unterschiedlicher Energiesysteme. Zeitschrift für Umweltpolitik und Umweltrecht 9,181-202

Renn, O. (1995). Ökologisch denken - sozial handeln: Die Realisierbarkeit einer nachhaltigen Entwicklung und die Rolle der Kultur- und Sozialwissenschaften. Arbeitsbericht Nr. 45 Akademie für Technikfolgenabschätzung in Baden-Württemberg. - Stuttgart

Schahn, J. und Giesinger, T. (Hrsg.) (1993). Psychologie für den Umweltschutz. - Weinheim

Slovic, P. (1987). Perception of risk. Science 236, 280-285

SRU (Rat von Sachverständigen für Umweltfragen) (1994). Für eine dauerhaft-umweltgerechte Entwicklung. Umweltgutachten 1994. - Stuttgart

Stern, P.C. (1992). Psychological dimensions of global environmental change. Annual Review of Psychology 43, 269-302

Stern, P.C. und Oskamp, S. (1987). Managing scarce environmental resources. In: Stokols, D. und Altman, I. (Hrsg.): Handbook of environmental psychology. Vol.2. S. 1043-1088. - New York

Stern, P.C., Young, O.R. und Druckman, D. (1992). Global environmental change. Understanding the human dimensions. - Washington, D.C.

Uexküll, J.v. (1921). Umwelt und Innenwelt der Tiere. 2.Auflage. - Berlin

Vaughan, E. (1993). Individual and cultural differences in adaptation to environmental risks. American Psychologist 48, 673-680

WBGU (Wissenschaftlicher Beirat der Bundesregierung Globale Umweltveränderungen) (1993). Welt im Wandel: Grundstruktur globaler Mensch-Umwelt-Beziehungen. - Bonn

WBGU (Wissenschaftlicher Beirat der Bundesregierung Globale Umweltveränderungen) (1994). Welt im Wandel: Die Gefährdung der Böden. - Bonn

WBGU (Wissenschaftlicher Beirat der Bundesregierung Globale Umweltveränderungen) (1995). Welt im Wandel: Wege zur Lösung globaler Umweltprobleme. - Berlin

WCED (World Commission on Environment and Development) (1987). Our common future (The Brundtland-Report). - Oxford

Wiedemann, P.M. (1992). Klimaveränderungen: Risiko-Kommunikation und Risikowahrnehmung. In: Borsch, P. und Wiedemann, P. W. (Hrsg.): Was wird aus unserem Klima: Fakten, Analysen und Perspektiven, S. 224-252. - München

Wissenschaftsrat (1994). Stellungnahme zur Umweltforschung in Deutschland. - Köln

World Values Study Group (1994). World Values Survey, 1981-1984 and 1990-1993. - Ann Arbor

Vorsorge statt Nachhaltigkeit - Ethische Grundlagen der Zukunftsverantwortung

Dieter Birnbacher und Christian Schicha

1. Zukunftsverantwortung in einer bedrohten Welt

Fragen der Zukunftsverantwortung sind heute von besonderer Aktualität, und zwar aus mehreren Gründen:

1. Die technische Verfügungsmacht des Menschen nimmt immer größere Dimensionen an und reicht in immer weitere Zukunftshorizonte hinein. Ein Beispiel sind die möglichen globalen Wirkungen der Emission von Treibhausgasen wie CO_2 auf die großklimatischen Verhältnisse. Von den meteorologischen, ökonomischen und sozialen Auswirkungen der zu befürchtenden Klimaveränderungen werden voraussichtlich erst die Generationen unserer Enkel und Urenkel betroffen sein.

2. Wir wissen zunehmend mehr über die mit gegenwärtigem Handeln und Unterlassen verknüpften langfristigen Risiken und über mögliche Handlungsalternativen. Damit erhöht sich der moralische Druck auf menschlichem Tun und Unterlassen. Der Spielraum für Entlastungsargumente von der Art "Wir haben es nicht gewußt", "Wir konnten es nicht wissen", "Wir konnten es nicht ändern" schrumpft.

3. Wir sind dabei, der Nachwelt eine gewaltige Hypothek in Gestalt einer *übernutzten* Umwelt zu hinterlassen. Ursächlich dafür ist das ungebremste Wachstum der zivilisatorischen Inanspruchnahme der Natur, sowohl als *Quelle* von Naturgütern wie Boden, Wasser, Rohstoffen und Energie als auch als *Senke* für Rest- und Schadstoffe aus Produktion und Konsum wie Abfälle, Chemierückstände und Luft- und Wasserverunreinigungen.

4. Viele der Schädigungen, die wir den künftigen Generationen hinterlassen, sind *irreversibel* und gefährden die Lebensqualität aller nachfolgender Generationen: verödete Landschaften, Artenschwund, klimatische Veränderungen. Hinzu kommen die irreversiblen *Risiken*, an die sich die späteren Generationen anpassen müssen, etwa die Risiken der radioaktiven Rückstände aus der Nutzung der Kernenergie. Diese Hypothek

geht bisher zum größeren Teil nicht auf das Konto des globalen Bevölkerungswachstums, sondern auf das Konto des Wachstums der Aktivitäten eines kleinen Teils der Weltbevölkerung, die ihre Austauschprozesse mit der Natur (in Produktion und Konsum) unbekümmert um die natürlichen Begrenzungen des "Raumschiffs Erde" enorm intensiviert haben. Mit dem Eintritt bevölkerungsreicher "Schwellenländer" wie Indien und China in den Kreis der Industrieländer könnte sich diese Situation ändern. Schon heute gehen die größten Gefahren etwa für die Ozonschicht der Atmosphäre nicht mehr von den Industrieländern, sondern den Schwellenländern aus, die nicht reich genug sind, um auf umweltgefährdende Naturnutzungen verzichten zu können.

5. Das anhaltende exponentielle Bevölkerungswachstum nimmt eine immer dramatischere Qualität an. Die Zahl der Bewohner der Erde hat sich seit 1950 von 2,5 Milliarden Menschen bis heute mehr als verdoppelt. Im Mittel rechnen die gegenwärtigen Schätzungen bis zum Jahr 2050 mit einer Weltbevölkerung von insgesamt zehn Milliarden Menschen. Es ist noch gänzlich unklar, wie die Grundbedürfnisse so vieler Menschen mit den zur Verfügung stehenden Ressourcen gedeckt werden sollen. Selbst eine hypothetische radikale Egalisierung der Ressourcen zwischen den reichen, bevölkerungsarmen und den armen, bevölkerungsreichen Länder könnte die Überlastung der Tragfähigkeit der Erde kaum verhindern, ganz abgesehen von der Unwahrscheinlichkeit, daß sich die reichen Ländern zu einer derartigen Umverteilung bereit finden werden. Auch wenn es uns in der industrialisierten Welt von Jahr zu Jahr besser zu gehen scheint: global sind die Aussichten fatal. Schon heute hungern mehr Menschen auf der Erde als in irgendeiner der vorangegangenen Phasen der Existenz der Menschheit.

Angesichts der globalen Entwicklungstrends bedarf es keiner weiteren Erklärung dafür, warum sich das Paradigma der Zukunftsethik (wie man es nennen könnte) in den beiden letzten Jahrzehnten vom *optimistischen* zum *pessimistischen* Pol verschoben hat. Das *optimistische* Paradigma sah Verantwortung für zukünftige Generationen primär als Verpflichtung zur Verlängerung eines verläßlichen, auch ohne die Befolgung spezifisch zukunftsethischer Normen eintretenden *Fortschrittsprozesses*. In diesem Paradigma sind die zukünftigen Generationen – u. a. wegen eines autonomen, d.h. von den gesellschaftlichen Bedingungen unabhängigen technischen Fortschritts – gegenüber der gegenwärtigen Generation grundsätzlich bessergestellt. Von dem optimistischen Paradigma, das den *mainstream* der Philosophie der Aufklärung (Condorcet, Kant), des Marxismus (Bloch), der "neoklassischen" ökonomischen Theorie und der liberalen politischen Philosophie einschließlich John Rawls' "Theorie der Gerechtigkeit" kennzeichnet, sind noch die globalen Entwicklungsmodelle bestimmt, die die Perspektive und die Erwartungen der Entwicklungsländer widerspiegeln, wie etwa das Bariloche- oder das Leontief-Modell (vgl. Herrera u. Scolnik 1977, Leontief 1977). Im *pessimistischen* Paradigma sind die zukünftigen Generationen ohne die Beachtung spezifisch zukunftsethischer Normen gegenüber der gegenwärtigen Generation *schlechtergestellt.* Verantwortung für zukünftige Generationen ist deshalb *konservativer* Natur und beinhaltet primär die Verpflichtung zur Erhaltung des technisch, wirtschaftlich und kulturell Erreichten, zur Schadensvermeidung, zur Minimierung langfristiger Risiken und zur Vorsorge gegen zukünftige Katastrophen. Das pessimistische Paradigma liegt – wie schon dem Malthusianismus des 18. und der Eugenik-Bewegung des 19. Jahrhunderts – den meisten gegenwärtigen spezifisch *ökologischen* zukunftsethischen Ansätzen sowie dem Projekt einer "ökologischen Ökonomie" (vgl. Constana 1991) zugrunde. Auf den Punkt gebracht wird es in der von Hans Jonas geforderten "Heuristik der Furcht" (Jonas 1979, S. 63 ff.), nach der das Schadensrisiko grundsätzlich stärker zu gewichten ist als die Erfolgschancen und im Zweifelsfall auch auf beträchtliche technische Fortschritte zugunsten der Minimierung des Katastrophenrisikos verzichtet werden soll.

Daß die Unterscheidung zwischen *optimistischem* und *pessimistischem* Paradigma allerdings nur idealtypisch gilt, zeigt sich u. a. daran, daß sich bei den vielleicht wichtigsten impliziten Zukunftsethikern des 19. Jahrhunderts, *Marx* , *Engels* und *Mill,* beide Paradigmen vermischen. Der Fortschritt technischer Naturbeherrschung ist selbst für die Vertreter eines ausgeprägten technologischen Optimismus nicht in jeder Hinsicht ein Fortschritt: Derselbe Marx, der sich die Befreiung des Proletariers von der "Entfesselung der Produktivkräfte" mittels fortschreitender technischer Naturbeherrschung erhoffte, hatte gleichzeitig ein Gespür für die "Herabwürdigung" der Natur durch menschliche Ausbeutung. Ein Standardvorwurf gegen den Kapitalismus bei *Engels* ist sein zerstörerischer "Raubbau" an den natürlichen Lebensgrundlagen (den ein sozialistisches System seiner Meinung nach überwinden würde). Und der Fortschrittsoptimist *Mill* trat nicht nur als einer der ersten politisch für die Geburtenkontrolle ein (u. a. auch zugunsten der Befreiung der Frauen von ausschließlich familiären Aufgaben), sondern auch für ein Stagnieren des wirtschaftlichen Wachstums zugunsten der Erhaltung von Naturwerten bei gleichzeitiger Fortsetzung der kulturellen und moralischen Höherentwicklung.

2. Grundfragen der Zukunftsethik

Alle theoretischen Grundfragen der Zukunftsethik sind auch von großer praktischer Bedeutung: erstens die Frage nach der *zeitlichen Reichweite* der Zukunftsverantwortung, zweitens die Frage nach der *ontologischen Reichweite*, den *Objekten* der Zukunftsverantwortung, drittens die Frage nach den *Inhalten* der Zukunftsverantwortung, viertens die Frage nach dem *Gewicht* der Zukunftsverantwortung im Verhältnis zur Gegenwartsverantwortung und fünftens das Problem der *Motivation* zur Akzeptierung und praktischen Übernahme von Zukunftsverantwortung.

Hinsichtlich der *zeitlichen Reichweite* der Zukunftsverantwortung besteht unter den Ethikern nahezu Einigkeit darüber, daß sie die gesamte für uns heute überblickbare Zukunft einschließt und lediglich durch die Grenzen des prognostischen Wissens begrenzt wird. Einige Ethiker erheben jedoch *normative* Bedenken und bestreiten, daß wir zur Vorsorge für mehr als die beiden nächsten Generationen verpflichtet sein können, da uns nur die Vertreter der unmittelbar nachfolgenden Generationen konkret bekannt sind. (Eine solche einschneidende *Begrenzung* der Zukunftsverantwortung vertritt bemerkenswerterweise auch Rawls – kontrapunktisch zur ansonsten universalistischen Tendenz seiner Gerechtigkeitstheorie (Rawls 1971, S. 392)).

Die Schwierigkeit dieser Ansätze besteht darin, zu begründen, warum die intergenerationelle moralische Verantwortung an *face-to-face*-Kontakte oder spontane Sympathiegefühle gebunden sein soll, während doch auch sonst moralische Pflichten gegenüber abstrakten (oder statistischen) Betroffenen bestehen, etwa zur Vermeidung von Gefährdungen, deren mögliche Opfer wir ex ante nicht kennen. Eine der wesentlichen gesellschaftlichen Funktionen moralischer Pflichten besteht darin, fehlende *persönliche* Verpflichtungsbeziehungen zu ersetzen und den Horizont der Verantwortung über den Kreis emotionaler Nahbeziehungen hinaus zu erweitern. Das u. a. von Hans Jonas und von John Passmore herangezogene Leitbild der Elternverantwortung darf also nicht zu eng interpretiert werden. Daß "Nächstenliebe" im Sinne ausschließlicher Solidarität mit den "Nächsten" keine hinreichende Basis für zukunftsethische Normen sein kann, ist bereits in *Nietzsches* polemischer Wendung von der Notwendigkeit der "Fernstenliebe" angedeutet.

In der Frage, für *wen* Verantwortung zu übernehmen ist, besteht bedeutend weniger Konsens. *Anthropozentrische* Konzeptionen postulieren eine Pflicht zur Zukunftsvorsorge lediglich für die zukünftigen Angehörigen der Gattung Mensch. Eine Pflicht zur Erhaltung der Natur und ihrer Teilsysteme (Ökosysteme, Biotope, Arten) besteht danach nur insoweit, als sie für zukünftige Menschen von Bedeutung sein können, sei es als Ressource einer praktisch-technischen Verfügung (*instrumenteller* Wert), sei es als Gegenstand kontemplativer (theoretischer, religiöser oder ästhetischer) Einstellungen (*inhärenter* Wert). Soweit angesichts des traditionellen Vorherrschens des humanistisch-anthropozentrischen Standpunkts für diese Position überhaupt eine Begründung für nötig gehalten wird, wird sie zumeist in der Sonderstellung des Menschen als Geistwesen, als zwecksetzendes Wesen (*Jonas*) oder – in der Tradition Kants – als Vernunft- und Moralwesen gesehen. *Pathozentrische* Konzeptionen beziehen die empfindungsfähigen Tiere in den Kreis der moralisch berücksichtigenswürdigen Wesen ein, beschränken sich aber überwiegend auf die Forderung, Vorsorge gegen ein Leiden der Tiere zu treffen, ohne für diese auch ein

Existenzrecht geltend zu machen. Sehr viel weiter in ihren Vorsorgenormen gehen *biozentrische* Konzeptionen, die zumeist nicht nur individuellen Tieren und Pflanzen (so aber z. B. Taylor 1986), sondern auch generationenübergreifend existierenden ökologischen Systemen und biologischen Arten ein Existenzrecht zuschreiben. Danach besteht für die gegenwärtige Generation eine *direkte* Verpflichtung zur langfristigen Erhaltung der Integrität der natürlichen Systeme und Arten unabhängig von deren Funktionen für den Menschen, wobei im Konfliktfall – außer von den strengen Gattungsegalitaristen (wie z. B. Taylor) – Abwägungen zugunsten des Menschen zugelassen werden: Auch irreversible Verluste eines Ökosystemtyps oder einer biologischen Art sollen in Kauf genommen werden dürfen, wenn andernfalls für den Menschen prohibitive Kosten oder Opportunitätskosten (Nutzungsverzichte) anfallen würden. Vertreter der *holistischen* Position sind der Auffassung, daß auch der unbelebten Natur Wert zukommt und daher um ihrer selbst willen zu schützen ist.

So ehrenwert die Motive der letzten beiden Ansätze sind, um so weniger scheinen sie uns als praktische Entscheidungshilfe geeignet zu sein. Sofern der Bereich der Rechte auf Pflanzen und unbelebte Materie ausgedehnt wird, ist es problematisch, Maßstäbe des Verantwortlichkeitsbereiches zu definieren. Folgt man etwa der Maxime "Jeder nimmt auf alles Rücksicht" die von Meyer-Abich (Meyer-Abich 1986, S. 33) als einem Vertreter der holistischen Position formuliert wird, bewegt man sich auf der Ebene einer "idealen" Norm, die jedoch keine Hilfestellung für die Abwägungsnotwendigkeiten in der Praxis liefert. Wenn alles schützenswert ist, gibt es keine Maßstäbe, die Eingriffe in die Natur rechtfertigen können.

3.   Wofür sind wir verantwortlich?

Mehr noch als in der Bestimmung der ontologischen Reichweite der Zukunftsverantwortung spiegelt sich in der Bestimmung ihres *Inhalts* die ganze Vielfalt der gegenwärtig in der philosophischen Ethik vertretenen normativen Positionen:

1. Besteht eine Verpflichtung zur Vorsorge für das *Wohlergehen* zukünftig existierender Menschen oder auch für deren *Existenz*?

   Die eine Extremantwort ist die, daß wir lediglich verpflichtet sind, die Befriedigung der Bedürfnisse der – ohnehin lebenden – Zukünftigen sicherzustellen, nicht aber, das Überleben der Menschheit sicherzustellen (Patzig 1983, S. 16 f.). Sollte die Menschheit plötzlich steril werden, wäre das zwar zu bedauern, aber – vorausgesetzt, niemandem würde geschadet – nicht eigentlich moralisch bedenklich. Die andere Extremantwort ist die einiger katholischer Moraltheologen, nach der die Menschheit selbst unter Bedingungen, die kein lebenswertes Leben mehr gestatten, zur Nachkommenschaft verpflichtet ist. Die richtige Antwort liegt in der

Mitte: Nicht auf das Überleben der Menschheit um jeden Preis kommt es
an, sondern auf die Ermöglichung der größten Summe an Wohlfahrt über
alle Generationen. Solange die Menschen überwiegend ihr Leben als
lebenswert empfinden, ist die Fortexistenz des Menschen (bzw. des
gesamten bewußtseinsbegabten Lebens) auf der Erde ein hoher Wert. Ein
Ende der Existenz bewußten Lebens auf der Erde wäre eine moralische
Katastrophe auch dann, wenn es auf "sanftem" Wege käme und kein zusätzliches Leiden bedeutete. Eine entsprechend hohe Bedeutung muß der
dauerhaften Erhaltung der menschlichen Lebensgrundlagen beigemessen
werden.

2. Von welcher Axiologie soll ausgegangen werden, d. h. was soll als um
seiner selbst willen wertvoll angenommen werden?

Einer rein *bedürfnisorientierten* Axiologie zufolge sind wir zu Vorsorgeleistungen lediglich insoweit verpflichtet, als diese die (wahrscheinlichen) Präferenzen der Zukünftigen befriedigen. Falls wir sicher wären,
daß die Angehörigen zukünftiger Generationen an den heute aussterbenden
biologischen Arten kein wie immer geartetes direktes und indirektes
Interesse haben, wären wir danach nicht verpflichtet (vielleicht sogar
nicht einmal berechtigt), irgend etwas zur Erhaltung dieser Arten zu tun.
Eine *ideal-orientierte* Axiologie fordert darüber hinaus Vorsorge auch
dafür, daß sich die Präferenzen des Menschen selbst fortentwickeln,
kulturell anreichern, zumindest nicht auf ein primitiveres Niveau
zurückfallen. Nicht nur die Sicherung der (jeweils subjektiv beurteilten)
Qualität des Lebens ist das Ziel, sondern auch die Qualität des Menschen
selbst.

Das *Problem* aller ideal-orientierten Ansätze ist ihre geringe Verall-
gemeinerbarkeit: Ideale Menschenbilder und Tugendkataloge sind kultur-
abhängig und erfüllen nicht die im Allgemeingültigkeitsanspruch der Moral
enthaltene Bedingung, im Prinzip für jedermann verständlich, nachvollziehbar und akzeptabel zu sein. Diese Bedingung scheint in der Tat nur
durch einen einzigen (außermoralischen) Wert erfüllt zu werden, nämlich
den des subjektiven Wohlbefindens bzw. des Erlebens von subjektiv als
positiv bewerteten Bewußtseinszuständen. Die Annahme, daß das, was ein
Subjekt an sich selbst und unabhängig von den Folgen als positiven Be-
wußtseinszustand empfindet, deshalb auch objektiv etwas Positives ist, ist
ein gemeinsamer Besitz aller jemals vorgeschlagener Wertlehren.

Das läßt offen, in welchem *Ausmaß* die gegenwärtige Generation durch
eine Zukunftsethik zu Vorsorgeleistungen für das Wohlergehen künftiger
Generationen bewußtseinsfähiger Wesen (einschließlich der bewußtseins-
fähigen Tiere) verpflichtet wird. Am weitesten geht in dieser Hinsicht der
Utilitarismus, der Vorsorgeleistungen genau in dem Ausmaß fordert, in dem
die Wohlfahrt späterer Generationen aus heutiger Sicht erhöht werden kann.
Solange heutige Investitionen bzw. Nutzungsverzichte einen Nutzen für

Spätere versprechen, sind wir zu diesen Investitionen und Nutzungsverzichten auch verpflichtet. Ressourcen, die durch heutigen Verbrauch späteren Generationen nicht mehr zur Verfügung stehen, müssen danach so bewertet werden, wie sie auf einem *hypothetischen intergenerationellen Zukunftsmarkt* bewertet würden, auf dem als Nachfrager nicht nur die gegenwärtigen, sondern auch die zukünftigen Nutzer auftreten und auf dem die Preise nicht nur die gegenwärtigen und für die nahe Zukunft erwarteten, sondern *alle* späteren Knappheiten widerspiegeln.

Es liegt in der Konsequenz des utilitaristischen Modells, daß die Verteilung der Wohlfahrt über die Generationen extrem *ungleich* wird. Unter nicht ganz unrealistischen Bedingungen müssen gerade die ärmsten Generationen (etwa die "Aufbaugenerationen" nach krisenhaften Einbrüchen wie Kriegen) sehr viel sparen, sofern sie erwarten können, durch Sparen nachfolgende Generationen besserzustellen. Erst dann entfiele die Verpflichtung zur Zukunftsvorsorge, wenn der erwartete Grenznutzen zusätzlicher Vorsorgeleistungen so stark absinkt, daß er den investiven Aufwand nicht mehr aufwiegt.

Die häufigste Kritik an utilitaristischen Modellen intergenerationeller Gerechtigkeit richtet sich gegen die Zumutung an die früheren Generationen, für die Verbesserung der Wohlfahrt späterer Generationen auch dann Opfer bringen zu sollen, wenn anzunehmen ist, daß sich diese (etwa aufgrund des technischen Fortschritts) ohnehin auf einem sehr viel höheren Niveau befinden werden: Wird dadurch nicht eine unerträgliche *Unfairness* der intergenerationellen Verteilung in Kauf genommen, ein grobes Mißverhältnis von Aufwand und Ertrag? Unter praktischen Gesichtspunkten dürfte diese – nicht zu leugnende – Unfairness dadurch gemindert werden, daß die Vorsorgepflichten für die früheren Generationen bestimmte Grenzen der *Zumutbarkeit* nicht überschreiten dürfen, wenn sie für diese akzeptabel sein sollen. Das unter axiologischen Gesichtspunkten *optimale* Szenario ist nicht automatisch auch dasjenige, zu dessen Verwirklichung wir moralisch verpflichtet sind. So wird man etwa von den heute ärmsten Ländern nicht verlangen können, daß sie auf dem Hintergrund der gegenwärtig bestehenden Versorgungsprobleme zusätzliche Nutzungsverzichte zugunsten ihrer Nachkommen leisten.

Ein Faktor, der innerhalb der utilitaristischen Zukunftsethik den normativen Druck auf die gegenwärtige Generation verschärft, ist die These, daß die innerhalb der Ökonomie weitverbreitete *Diskontierung* oder Wertminderung zukünftigen Nutzens und Schadens ethisch nicht zu rechtfertigen ist: Ein Nutzen oder Schaden ist ein Wert oder Unwert, ungeachtet der zeitlichen Perspektive, aus der er jeweils betrachtet wird und unabhängig davon, wie nah oder wie weit er in der Zukunft liegt.

Leider ist das Thema "Diskontierung" – trotz der Klarstellungen etwa von Parfit (Parfit 1984, Appendix F) – innerhalb der Ökonomie weiterhin in tiefes Dunkel getaucht. Hampicke spricht nicht von ungefähr vom "Diskontierungsnebel" (vgl. Hampicke 1991). Zur Aufhellung des Nebels muß vor allem zwischen der Diskontierung zukünftiger *monetärer Werte* und der Diskontierung zukünftigen *Nutzens und Schadens selbst* unterschieden werden. Eine Diskontierung monetärer Werte kann u. U. durchaus legitim sein, nämlich wenn für die Zukunft ein realer Zinssatz angenommen werden kann, der es erlaubt, mit 100 Mark heute mehr als 100 Mark nächstes Jahr zu erwirtschaften. Dagegen ist der *Nutzen*, der durch die mehr als 100 Mark nächstes Jahr erwirtschaftet wird, deshalb aus heutiger Sicht nicht ebenso viel, sondern mehr wert als der Nutzen, den zu erzielen heute 100 Mark ausreichen. Jede Diskontierung zukünftigen Nutzens und Schadens diskriminiert die Zukünftigen gegenüber den Gegenwärtigen und ist – obgleich sie tief in der Psychologie des Menschen verankert scheint – bereits mit der Idee der Moral als einer überpersönlichen, unparteilichen und deshalb konsequenterweise auch *überzeitlichen* Beurteilung unvereinbar. Auch *pragmatische* Argumente für eine Diskontierung zukünftigen Nutzens und Schadens, wie sie Pearce, Barbier und Markandya (Pearce et al. 1988, S. 26) vortragen, nämlich daß eine Diskontrate von Null langfristige Kapitalinvestitionen lohnender erscheinen lassen und damit die Umweltzerstörung beschleunigen würde, können an diesem Ergebnis nicht rütteln. Zwar ist es zweifellos richtig, daß hohe Diskontraten Kapitalinvestitionen verlangsamen und damit den Bedarf nach natürlichen Ressourcen insgesamt verringern können. Aber das pragmatische Argument zäumt das Pferd vom Schwanz auf: Es steht nicht von vornherein fest, daß die natürlichen Ressourcen auf Kosten der Kapitalinvestitionen geschont werden müssen. Erst *nach* der Prüfung der Legitimität der Zukunftsdiskontierung kann geklärt werden, ob vermehrte Kapitalinvestitionen oder vermehrte Nutzungsbeschränkungen natürlicher Ressourcen zur Verbesserung der Lebensbedingungen zukünftiger Generationen eher geeignet sind.

Angesichts der prognostischen Unsicherheiten über die Bedürfnisse zukünftiger Generationen kann eine utilitaristische Zukunftsethik (ähnlich wie auch Hans Jonas in seinem zukunftsethischen Entwurf) im wesentlichen nur die *Offenhaltung bzw. Eröffnung von Wahlmöglichkeiten* fordern. Uneingeschränkte Verbote betreffen lediglich die Zerstörung der biologischen Lebensgrundlagen (Luft, Wasser, Boden, Energiequellen) und die Erzeugung schwerwiegender irreversibler Langfristrisiken (vgl. Birnbacher 1988).

Das Extrem auf der anderen Seite sind *minimalistische* Lösungen des intergenerationellen Verteilungsproblems, bei denen die gegenwärtige Generation zur *Erhaltung* des vorgefundenen Ressourcenbestandes, aber zu keiner weitergehenden Vorsorge verpflichtet ist. Ein minimalistisches Modell folgt aus einer *inter*generationellen Anwendung des von *Rawls* für *intra*generationelle Verteilungen vorgeschlagenen *difference principle*. (Unter optimistischen Annahmen unerschöpflicher Ressourcen, konstanter Bevölkerung und eines autonomen (von der Kapitalbildung unabhängigen) technischen Fortschritts erlaubt dieses Prinzip der relativ früheren Generation sogar, der folgenden Generationen *weniger* zu hinterlassen, als sie selbst vorgefunden hat, da sie darauf vertrauen kann, daß die nächste

Generationen dank des von ihr nicht zu beeinflussenden technischen Fortschritts mit weniger Ressourcen dasselbe Wohlfahrtsniveau erreichen wird.) In diesem minimalistischen Sinn wird herkömmlich auch das Prinzip der Nachhaltigkeit (bzw. der *sustainability*) verstanden, das seit dem *Brundtland Report* der Vereinten Nationen (vgl. Hauff 1987) zu so etwas wie einem umwelt- und entwicklungspolitischen Schlüsselbegriff geworden ist.

4. Was heißt "Nachhaltigkeit"?

Die Wurzeln des Nachhaltigkeitsprinzips liegen im Jagdwesen. Jäger und Sammler bemühten sich in der Regel, ihre Lebensgrundlagen über einen längeren Zeitraum aufrechtzuerhalten, indem ein Grundstock an Wildbeständen gewahrt wurde (Henning 1991, S. 11). Als Prinzip der Jäger galt die "[...] bestmögliche Nutzung des Zuwachses bei voller Erhaltung des Grundbestandes als Produktionsmittel" (Henning 1991, S. 28). Die Verbreitung der Idee der nachhaltigen Nutzung ist hingegen in der Tradition der europäischen Wald- und Forstwirtschaft anzusiedeln. Kasthofer definierte Nachhaltigkeit so, daß "[...] nicht mehr Holz gefällt wird, als die Natur jährlich darin erzeugt, und auch nicht weniger" (Kasthofer 1818, S. 71). Das Ziel bestand darin, nicht mehr zu ernten, als nachwächst. Den Hintergrund dazu bildet die Geschichte der menschlichen Waldnutzung: Gegen Ende des Mittelalters hatte die Holzverarbeitung, Metallverhüttung und Salzgewinnung dazu geführt, daß die Waldbestände in weiten Teilen Deutschlands gelichtet waren. Infolge des akuten Holznotstand im 16. Jahrhundert wurden Verordnungen geschaffen, die den Nutznießern der Baumbestände die Pflicht auferlegten, nach Abholzung eines Baumes, neue Bäume zu pflanzen (Bosselmann 1992, S. 101). Bereits 1713 verlangte Carlowitz, daß die Nutzung eines Waldes nur dann zulässig ist, wenn seine Produktionsfähigkeit nicht beeinträchtigt würde. Hartwig stellte 1795 die Forderung auf, daß Wälder nur soweit genutzt werden dürfen, daß den Nachkommen die Option offensteht, einen ebenso großen Nutzen aus dem Wald ziehen zu können wie die bereits vorhandenen Generationen. Dieses Postulat kann als "Generationenvertrag" bezeichnet werden, der zur grundlegenden Maxime des Forstwesens avancierte (Mai 1993, S. 98). Um die Wende vom 18. zum 19. Jahrhundert, als Bergwerke und frühindustrielle Anlagen die Holzvorräte mit der beginnenden Industrialisierung ausbeuterisch zu übernutzen begannen, setzte sich das Nachhaltigkeitsprinzip schließlich innerhalb der Forstordnung durch und wurde als Grundgesetz einer geordneten Waldwirtschaft von Deutschland aus in alle Teile der Welt exportiert (Vorholz, S. 16).

Inzwischen nimmt die Verwendung des Begriffs der Nachhaltigkeit allerdings inflationäre Züge an. Sogar die Chemieindustrie wirbt inzwischen mit ganzseitigen Anzeigen "für eine neue Qualität des Wachstums" durch "Sustainable Development" (Frankfurter Allgemeine Zeitung vom 8. Oktober 1994) und für den Chef von Hoechst ist diese Aufgabe gar ein "Schlüsselthema" seiner Unternehmensstrategie (Daniels et al. 1994, S. 17). Das mit dem Nachhaltigkeitspostulat verknüpfte Themenspektrum ist sukzessiv ausgeweitet worden. Neben der Ressourcenschonung werden u.a. soziale Fragen sowie globale Umweltprobleme diskutiert. Dabei trifft "Nachhaltigkeit" und "sustainability" ein gewisser Anfangsverdacht, als Leerformeln die unübersehbaren Divergenzen in den wirtschaftspolitischen Zielen internationaler Akteure zu überdecken und drohende internationale Verteilungsprobleme schon im Vorfeld rhetorisch abzumildern. Dieser Verdacht wird u. a. durch die Überlegung genährt, daß nicht klar ist, ob eine weitere wirtschaftliche Entwicklung ohne den irreversiblen Verbrauch vitaler und nicht substituierbarer Ressourcen überhaupt denkbar – oder sogar vertretbar – ist, vor allem bei Berücksichtigung des Grundbedarfs der zahlenmäßig sehr viel stärkeren nächsten und übernächsten Generation. Als politische Leitbegriffe können "Nachhaltigkeit" und "sustainability" insofern dazu dienen, Illusionen über die langfristige Vereinbarkeit von wirtschaftlichem Wachstum, ökologischer Stabilität und globaler Umverteilung (Nord-Süd-Egalisierung) aufrechtzuerhalten und gegen wissenschaftliche Plausibilitäten abzuschirmen. Im übrigen ist offensichtlich, daß sich die Begrifflichkeit des "nachhaltigen Wachstums" bzw. der "nachhaltigen Entwicklung" der politisch-rhetorischen Manipulation förmlich anbietet: Wer durch die Wahrnehmung von Entwicklungschancen etwas zu gewinnen hat (wie die sogenannten Schwellenländer), wird sich zur Legitimation seiner Politik auf die Wachstums- und Entwicklungskomponente, wer dadurch etwas zu verlieren hat (wie einige Industrieländer), auf die Bestandserhaltungskomponente berufen.

5. Nachhaltigkeit: vier Interpretationen

Der *Begriff* der Nachhaltigkeit ist noch kein *Konzept*, und es ist zu befürchten, daß der Begriff ebenso unbestimmt bleibt wie der des "qualitativen Wachstums", der vor zwanzig Jahren die umwelt- und wirtschaftspolitische Debatte bestimmte, jedoch praktisch wenig bewirken konnte. Wollte man ernsthaft daran gehen, den Begriff zu operationalisieren, muß man sich zwischen den folgenden – grundverschiedenen – Interpretationen entscheiden:

1. Nachhaltigkeit als Forderung nach einer Erhaltung des *physischen* Naturbestands,

2. Nachhaltigkeit als Forderung nach einer Erhaltung der *Funktionen* des gegenwärtigen Naturbestands,

3. Nachhaltigkeit als Forderung nach einer Sicherung der *Grundbedürfnisse* zukünftiger Generationen,

4. Nachhaltigkeit als Forderung nach einer aktiven Vorsorge für die *Bedürfnisse* zukünftiger Generationen.

In der ersten Interpretation würde Nachhaltigkeit besagen, daß sich jedes Land soweit wirtschaftlich entwickeln darf, wie der Gesamtbestand an globalen Ressourcen dadurch nicht vermindert wird. Ähnlich wie in John Lockes Eigentumstheorie die ursprüngliche Aneignung von Land lediglich in dem Maße gerechtfertigt ist, als anderen "enough, and as good" verbleibt, soll jede Generation die vorhandenen Ressourcen nur in dem Maße nutzen dürfen, als der nächsten Generation Ressourcen derselben Quantität und Qualität verbleiben. Das bedeutet konkret, daß *regenerierbare* Ressourcen mit keiner höheren Rate genutzt werden, als sie nachwachsen (jeder geschlagene Baum wird durch einen neu gepflanzten ersetzt), daß *nicht-regenerierbare* Ressourcen durch regenerierbare Ressourcen ersetzt werden (für jedes verbrauchte Barrel Rohöl werden 1000 Bäume neu gepflanzt) bzw. durch Wissenszuwächse und technische Verbesserungen, die die Substitution oder vermehrte Ausbeute und Nutzung nicht-regenerierbarer Ressourcen erlauben, und daß die ökologischen Spielräume für die Absorption von Schadstoffen und Abfällen erhalten bleiben.

Einer der Gründe, weswegen sich viele Theoretiker der nachhaltigen Entwicklung von dieser Interpretation angezogen fühlen, ist darin zu sehen, daß sie keinerlei *Bewertung* des zu erhaltenden Naturkapitals erfordert und damit die mit einer Bewertung verbundenen Informationsprobleme zu umgehen erlaubt.

Sieht man von diesem eher technischen Aspekt ab, erscheint die *zweite* Interpretation, die sich statt auf *materiale* auf die *funktionale* Größen bezieht, allerdings vorzugswürdig. Denn anders als die ersten Interpretation läßt sie eine *Substitution* verlorengegangene Naturbestandteile durch funktionale Äquivalente zu. Es kann ja nicht darauf ankommen, daß eine bestimmte Menge eines Naturstoffs oder jede einzelne biologische Art erhalten bleibt, sondern daß die *Funktionen* (einschließlich der ökologischen, ästhetischen und kulturellen Funktionen) dieser Naturbestandteile erhalten bleiben. Unterscheiden sich zwei verschiedene Stoffmengen oder biologische Arten in *keiner* ihrer Funktionen (einschließlich ihrer kulturell definierten, etwa ästhetischen oder pädagogischen Funktionen), ist nicht ersichtlich, warum *beide* um den Preis anderweitiger Nutzungsverzichte erhalten bleiben müssen. Man könnte allerdings – im Anschluß an Pearce,

Barbier und Markandya (1990, S. 16) – argumentieren, daß angesichts der Unkenntnis über spätere *mögliche* Funktionen biologischer Arten und anderer Naturbestandteile und angesichts der sicheren oder möglichen *Irreversibilität* des Verlusts eine *risikoaversive* Strategie angezeigt ist und man deshalb etwa die Zerstörung auch nur einer einzigen biologischen Art nicht zulassen sollte. Aber selbst wenn man dies im Prinzip zugeben muß, müßte doch zugestanden werden (was auch die Vertreter eines ansonsten rigiden *safe minimum standard* zugestehen, vgl. Bishop 1980, S. 210), daß zumindest die Zerstörung einer Art immer dann zugelassen werden sollte, wenn sie andernfalls nur mit einem prohibitiv hohen Aufwand zu schützen wäre.

Auch im Verständnis der Forstwirtschaft beginnt sich eine *funktionale* Interpretation von Nachhaltigkeit durchzusetzen. Der Wald soll nicht mehr nur als Holzbestand, sondern als multifunktionales Naturgut erhalten werden (Dürr 1992, S. 61; Minsch 1993, S. 11 f.). Innerhalb der aktuellen Diskussion beinhaltet die Definition der Nachhaltigkeit deshalb neben einer Bestands- eine Flußkomponente. Die "dauerhafte Erhaltung der Waldfläche" als Bestandsgröße ist lediglich eine wesentliche Bedingung für die "Fortdauer des Walddienstes" als Flußgröße. Darüber hinaus rücken die diversen "immateriellen Waldleistungen" in Form von Schutzdiensten (Schutz vor Steinschlag, Lawinen und Überschwemmungen) stärker ins Blickfeld. Es geht heute um die "[...] notwendige Erhaltung und Gesunderhaltung der Biosysteme als Voraussetzung für eine nachhaltige Bewirtschaftung der Naturgüter" (Henning 1991, S. 40). Neben dem reinen Holzertrag entfaltet der Wald eine "Wohlfahrtswirkung" in Gestalt von positiven Auswirkungen auf das Klima, den Wasserhaushalt, die Reinerhaltung der Luft und als Lebensraum für Pflanzen und Tieren, schließlich auch als Erholungsoption für den Menschen (Henning 1991, S. 19).

Sowohl in der Bestands- als auch in der funktionalen Interpretation dürfte der minimalistische Standard der Nachhaltigkeit politisch nur mit größter Mühe durchzusetzen sein. Unter ethischen Gesichtspunkten ist er jedoch in beiden Interpretationen noch immer *allzu* minimalistisch. Das dürfte aus den folgenden Überlegungen klarwerden:

Erstens erlaubt dieser Standard, auch dann auf mögliche *Verbesserungen* der Lage der späteren Generationen zu verzichten, wenn sich relativ große Wohlfahrtsverbesserungen für spätere Generationen mit relativ geringfügigen Investitionen oder Nutzungsverzichten erreichen lassen. Das ist etwa dann der Fall, wenn damit zu rechnen ist, daß die späteren Generationen die ihnen überlassenen Ressourcen sehr viel effektiver nutzen können als die gegenwärtige. So könnte es sich aus Sicht der späteren Generationen als eine grandiose Verschwendung darstellen, daß die begrenzten Vorräte an Erdöl gegenwärtig überwiegend als Treibstoff genutzt werden, statt daß das Erdöl ausschließlich als chemischen Rohstoff genutzt und die begrenzten Vorräte damit über die Folge der kommenden Generationen "gestreckt" würden.

Zweitens berücksichtigt der minimalistische Standard die absehbare – und kurzfristig nicht zu verhindernde – globale Zunahme der Bevölkerung nicht. Wenn die nächste Generation über denselben Ressourcenbestand wie die gegenwärtige verfügt, aber eine um die Hälfte größere Bevölkerung (und die darauffolgende eine zweimal so große Bevölkerung), sind bei Befolgung der minimalistischen Strategie die Angehörigen der nächsten Generationen vor Katastrophen keineswegs sicher. Gregory Kavka (1978) hat deshalb vorgeschlagen, den *Lockean Standard* so zu formulieren, daß nicht die *Generationen*, sondern die *Angehörigen* von Generationen über jeweils dieselben Ressourcen verfügen. In dieser Interpretation fordert der Standard der Nachhaltigkeit unter den bestehenden Bedingungen sehr viel höhere Vorsorgeleistungen als in den ersten beiden Interpretationen.

Man kann dabei wiederum unterscheiden zwischen der schwächeren Interpretation 3, die eine Vorsorge lediglich für die Grundbedürfnisse der Angehörigen späterer Generationen fordert, und der stärkeren Interpretation 4, die mehr oder weniger mit dem utilitaristischen Standard zusammenfällt. Die Interpretation 3 läßt sich rekonstruieren als eine intergenerationelle Version des sogenannten *negativen Utilitarismus* (vgl. Griffin 1979), der eine Verpflichtung zur Befriedigung der Bedürfnisse anderer lediglich bis zur Schwelle der Vermeidung und Linderung ausgesprochener *Notlagen* fordert. Diese Interpretation dürfte dem Begriff der Nachhaltigen Entwicklung, wie sie sich im Brundtland-Bericht findet, semantisch am nächsten kommen. Die grundlegende Definition des Berichts lautet: "Dauerhafte Entwicklung ist eine Entwicklung, die die Bedürfnisse der Gegenwart befriedigt, ohne zu riskieren, daß künftige Generationen ihre eigenen Bedürfnisse nicht befriedigen dürfen" (Hauff 1987, S. 46).

Wie dieses Ziel politisch umgesetzt werden kann, ist noch völlig unklar. Den Durchbruch zu einer nachhaltigen Entwicklung soll dem Brundtland-Bericht zufolge eine Wachstumsstrategie bringen, die durch Energieeinsparung, Substitutions- und Umweltschutztechnologien dafür sorgt, daß die Entwicklungsländer einen adäquaten Lebensstandard erreichen, ohne daß die globale Umweltzerstörung zunimmt: "Diese Wachstumsraten können dauerhaft in bezug auf die Umwelt sein, wenn die Industrienationen weiterhin wie kürzlich ihr Wachstum derart verändern, daß weniger material- und energieintensiv gearbeitet wird und daß die effiziente Nutzung von Materialien und Energien verbessert wird" (Hauff 1987, S. 55). Bei Experten wie Daly, Goodland und von Weizsäcker überwiegt jedoch vorerst die Skepsis, daß wirtschaftliches Wachstum mit einem Verzicht auf zunehmende Ressourcennutzung und Umweltbelastung verbunden werden kann (Daly 1992, S. 1 ff.; Goodland et al. 1992, S. 12; von Weizsäcker 1990, S. 3 ff.). Anstatt zur ökologischen Gesundung zu führen, würde eine Beibehaltung der Orientierung am Lebensstandard der Industrienationen, wie sie in zahlreichen Dritte-Welt-Staaten besteht, eher den sicheren ökologischen Untergang der Menschheit nach sich ziehen (Harboth 1992, S. 40).

Bisher weitgehend ungelöst ist das *Motivationsproblem*. Psychologisch spricht alles *gegen* eine Praktikabilität von Zukunftsverantwortung, vor allem die Unmöglichkeit einer *Vergeltung* ethisch motivierter Vorleistungen durch entsprechende Gegenleistungen, die *Anonymität* der Zukünftigen und die *Unsicherheiten* des prognostischen Wissens. Wie könnte die Motivation zur Zukunftsvorsorge dennoch gefördert werden? Wichtig scheint, ein Bewußtsein der eigenen *zeitlichen Position in der Kette der Generationen* zu entwickeln und ein *generationenübergreifendes Gefühl der Gemeinschaft* wenn nicht mit der ganzen Menschheit, so doch mit einer begrenzten kulturellen, nationalen oder regionalen Gruppe auszubilden, um daraus eine Einstellung der Dankbarkeit in rückwärtiger und der Anerkennung von Vorsorgeverpflichtungen in zukünftiger Richtung zu gewinnen. Bewußtseinsveränderungen reichen aber sicher nicht aus. Politisch wäre die Repräsentation der (wahrscheinlichen) Bedürfnisse und Interessen zukünftiger Generation in gegenwärtigen Entscheidungen durch die Institution eines *Ombudsman* für zukünftige Generationen auf lokaler, regionaler nationaler und internationaler Ebene ein Schritt in die richtige Richtung. Auch könnte die Institution der *Verbandsklage* über die Belange der Natur hinaus auf die Belange zukünftiger Generationen ausgedehnt und dadurch auch staatliches Handeln auf seine "Zukunftsverträglichkeit" hin überprüft werden. Zur Kontrolle und Sanktionierung der "Zukunftsvergessenheit" nationalstaatlichen Handelns wäre darüber hinaus ein Weltgerichtshof (Brown-Weiss 1989, S. 121) die beste Option. Aber auch bereits eine Kommission, vergleichbar der Menschenrechtskommission der Vereinten Nationen, die über keine Sanktionsmacht verfügt, wäre hilfreich, indem sie Verletzungen der Interessen Zukünftiger (wie die Rodung großer Teile des tropischen Regenwalds, die Desertifikation oder die Emission von Treibhausgasen) zumindest publik machen und Vertragsverstöße anprangern könnte.

Literatur

Birnbacher, D. (1977). Rawls' Theorie der Gerechtigkeit und das Problem der Gerechtigkeit zwischen den Generationen. Zeitschrift für philosophische Forschung 31, 385-401

Birnbacher, D. (1988). Verantwortung für zukünftige Generationen. - Stuttgart

Bishop, R. C. (1980). Endangered species: an economic perspective. In: Transactions of the Forty-fifth American Wildlife Conference, S. 208-218. - Washington D. C.

Bosselmann, K. (1992). Im Namen der Natur, Der Weg zum ökologischen Rechtsstaat. - München

Brown-Weiss, E. (1989). In fairness to future generations: International law, common patrimony, and intergenerational equity. - Tokio

Busch-Lüthy, C., Dürr, H.-P., Langer, H. (Hrsg.) (1990). Die Zukunft der Ökonomie: Nachhaltiges Wirtschaften, Beiträge, Berichte und Anstöße aus der Tutzinger Tagung "Ökonomie und Natur" 1990. Politische Ökologie Sonderheft 1

Busch-Lüthy, C., Dürr, H.-P., Langer, H. (Hrsg.) (1992). Ökologisch nachhaltige Entwicklung von Regionen. Beiträge, Reflexionen und Nachträge. Tutzinger Tagung "Sustainable Development- aber wie?" 1992. Politische Ökologie Sonderheft 4

Costanza, Robert (Hrsg.) (1991). Ecological Economics. - New York

Daly, H. E.(1992). Vom Wirtschaften in einer leeren Welt zum Wirtschaften in einer vollen Welt. Wir haben einen historischen Wendepunkt in der Wirtschaftsentwicklung erreicht. In: Goodland, R., Daly, H., El Serafy, S. und von Droste, B. (Hrsg.): Nach dem Brundtland-Bericht: Umweltverträgliche wirtschaftliche Entwicklung, S. 29-40. - Bonn

Daly, Herman E. (1992). Sustainable Development. Grundzüge einer nachhaltigen Wirtschaftsentwicklung. In: Oikos (Hrsg.): "Sustainable Delelopment". Nachhaltiges Wirtschaften in Markt und Demokratie. Tagungsband der 5. Oikos-Konferenz vom 25.-27. 6. 1992 in St. Gallen, S. 1-4. - St. Gallen

Daniels, A., Eglau, H. O. und Vorholz, F. (1994). "Wir waren zu patriotisch". Zeit-Gespräch mit Jürgen Dormann. Die Zeit Nr. 30, 22. Juli 1994, 17

Dürr, H.-P. (1992). Ökologische Kultivierung der Ökonomie. Politische Ökologie Sonderheft 4, 57-62

Goodland, R., Daly, H., El Serafy, S. und von Droste, B.(Hrsg.) (1992). Nach dem Brundtland-Bericht: Umweltverträgliche Wirtschaftliche Entwicklung. - Bonn

Griffin, J. (1979). Is unhappiness morally more important than happiness? Philosophical Quarterly 29, 47-55

Hampicke, U. (1991). Neoklassik und Zeitpräferenz - der Diskontierungsnebel. In: Beckenbach, F. (Hrsg.): Die ökologische Herausforderung für die ökonomische Theorie, S. 127-149. - Marburg

Hampicke, U. (1992). Ökologische Ökonomie. - Opladen

Harborth, H.-J. (1991). Dauerhafte Entwicklung statt globaler Selbstzerstörung - eine Einführung in das Konzept des "sustainable development". - Berlin

Harborth, H.-J. (1992). Die Diskussion um dauerhafte Entwicklung (Sustainable Development): Basis für eine umweltorientierte Entwicklungspolitik? In: Hein, W. (Hrsg.): Umweltorientierte Entwicklungspolitik (2. Auflage), S. 37-65. - Hamburg

Hauff, V. (Hrsg.) (1987). Unsere gemeinsame Zukunft. Der Brundtland-Bericht der Weltkommission für Umwelt und Entwicklung. - Greven

Hein, W. (Hrsg.) (1992). Umweltorientierte Entwicklungspolitik. - Hamburg

Henning, R. (1991). Nachhaltigkeitswirtschaft. Der Schlüssel für Naturerhaltung und menschliches Überleben. - Quickborn

Herrera, A. O., Scolnik, H. D. (1977). Grenzen des Elends. Das Bariloche-Modell. So kann die Menschheit überleben. - Frankfurt/M.

Kasthofer, K. (1818). Bemerkungen über Wälder und Auen des Bernischen Hochgebirges. - Aarau

Kavka, G. S. (1980). The futurity problem. In: Partridge, E. (Hrsg.): Responsibilities to future generations, S. 109-122. - Buffalo, N. Y.

Leontief, W. (1977). Die Zukunfts der Weltwirtschaft. - Stuttgart
Mai, D. (1993). Nachhaltigkeit und Ressourcennutzung. In: Stockmann, R. und Gaebe, W.
    (Hrsg.): Hilft die Entwicklungshilfe langfristig? Bestandsaufnahme zur Nachhaltigkeit
    von Entwicklungshilfeprojekten, S. 97-122. - Opladen
Meyer-Abich, K. M. (1986). Wege zum Frieden mit der Natur. - München
Minsch, J. (1993). Nachhaltige Entwicklung. Idee - Kernpostulate. Ein ökologisch-
    ökonomisches Referenzsystem für eine Politik des ökologischen Strukturwandels in der
    Schweiz. IÖW-Diskussionsbeitrag Nr. 14. - St. Gallen
Oikos (Hrsg.) (1992). "Sustainable Delelopment". Nachhaltiges Wirtschaften in Markt und
    Demokratie. Tagungsband der 5. Oikos-Konferenz vom 25.-27. 6. 1992 in St. Gallen.
    - St. Gallen
Parfit, D. (1984). Reasons and persons. - Oxford
Partridge, E. (Hrsg.) (1980). Responsibilities to future generations. - Buffalo, N. Y.
Passmore, J. (1980). Man's responsibility for nature. Ecological problems and western
    traditions (2. Auflage). - London
Patzig, G. (1983). Ökologische Ethik - innerhalb der Grenzen der bloßen Vernunft.
    - Göttingen
Pearce, D., Barbier, E. und Markandya, A. (1990). Sustainable Development, Economics and
    Environment in the Third World. - Worcester
Rawls, J. (1971). A theory of justice. - Cambridge, Mass.
Schweizerische Vereinigung für ökologisch bewußte Unternehmensführung (Hrsg.) (1990).
    Jahrestagung 1990. Schriftenreihe Ö.B.U./A.S.I.E.G.E. 3/1990. - St. Gallen
Stockmann, R. und Gaebe, W. (1993). Hilft die Entwicklungshilfe langfristig?,
    Bestandsaufnahme zur Nachhaltigkeit von Entwicklungshilfeprojekten. - Opladen
Taylor, P. W. (1986). Respect for nature. A theory of environmental ethics. - Princeton, N. J.
Vorholz, F. (1994). Die Last der Hedonisten. DIE ZEIT vom 22.7.1994, 15-16
Waldstein, C. G. (1990). Optimale Wertschöpfung im Wald. Nachhaltigkeit der
    Produktionsgrundlage am Beispiel der Forstwirtschaft. In: Busch-Lüthy, C., Dürr, H.-P.,
    Langer, H. (Hrsg.): Die Zukunft der Ökonomie: Nachhaltiges Wirtschaften, Beiträge,
    Berichte und Anstöße aus der Tutzinger Tagung "Ökonomie und Natur" 1990, S. 50.
    - Politische Ökologie Sonderheft 1
Weizsäcker, E. U. (1990). Entwicklung der Umweltpolitik in EG und Osteuropa- Schritte zu
    einer ökologischen Marktwirtschaft. In: Schweizerische Vereinigung für ökologisch
    bewußte Unternehmensführung (Hrsg.): Jahrestagung 1990, S. 3-11. Schriftenreihe
    Ö.B.U./A.S.I.E.G.E. 3/1990. - St. Gallen

Sustainable Development - Handlungsmaßstab und Instrument zur Sicherung der Überlebensbedingungen künftiger Generationen? - Rechtswissenschaftliche Überlegungen -

Meinhard Schröder[1]

1. Einleitung

Seitdem die internationale Staatengemeinschaft in der Rio-Deklaration von 1992 in augenfälliger Weise die Nachhaltigkeit (sustainability) zum Maßstab der Umwelt- und Entwicklungspolitik erhoben hat (United Nations 1993, S. 3), verzeichnen Begriff und Sache des Sustainable Development eine nahezu beispiellose Karriere . Die Vereinten Nationen haben sogleich eine Kommission für nachhaltige Entwicklung eingesetzt, deren Vorsitzender der frühere Bundesumweltminister Klaus Töpfer ist. Die EG bezeichnet ihr 5. Umweltprogramm in der englischen Version als "Programme of policy and action in relation to the environment and sustainable development". Der amerikanische Präsident hat sich ein Beratergremium "President's Council of Sustainable Development" geschaffen, der Präsident von Costa Rica gar im Mai 1994 verkündet, er werde die ganze Nation zum Pilotprojekt für Sustainable Development machen. Für die Niederlande gibt es einen vom dortigen Umweltverband ausgearbeiteten Aktionsplan "Sustainable Netherlands", in der Bundesrepublik ist ein ähnlicher Plan in Vorbereitung, an dem das Wuppertaler Institut für Klima, Umwelt, Energie arbeitet. Es gibt schließlich einen Unternehmerrat für Sustainable Development (BCSD), und Großunternehmen der Chemie erklären in ganzseitigen Zeitungsannoncen, daß sie sich dem Ziel des Sustainable Development verpflichtet fühlen (Abdruck z. B. in der ZEIT vom 25. November 1994, S. 14).

Bei soviel Bereitwilligkeit, die Forderung nach nachhaltiger Entwicklung aufzugreifen und umzusetzen, könnte man erwarten, daß über Begriff und Inhalt bereits hinreichende Klarheit erreicht worden sei. Dem ist aber nicht so. Die Rio-Deklaration und nachfolgende Dokumente der UN vermeiden eine begriffliche Eingrenzung, obwohl Definitionsansätze seit dem Bericht der Weltkommission für Umwelt und Entwicklung von 1987 (der sogenannten Brundtland-Kommission) vorliegen: Danach ist Sustainable Development

---

[1] Für wertvolle Hilfe danke ich meinem Mitarbeiter R. Voigtländer.

eine "Entwicklung, die die Bedürfnisse der Gegenwart befriedigt, ohne zu riskieren, daß zukünftige Generationen ihre eigenen Bedürfnisse nicht befriedigen können" (Hauff 1987, S. 47). Darauf nimmt das jüngste Umweltprogramm der EG Bezug. Die dazu gegebenen Erläuterungen machen dann aber deutlich, daß dem Anliegen von Sustainable Development nur sehr bedingt durch eine Begriffsklärung beizukommen ist. Auch Übersetzungen mit "dauerhafter umweltgerechter Entwicklung" oder mit "bestandsfähiger, dauerhafter und nachhaltiger Entwicklung" oder schlicht "nachhaltiger Entwicklung" helfen nicht wesentlich weiter. Denn im Kern geht es um eine Politik oder Strategie, für die Sustainable Development Maß und Richtpunkt ist.

2. Bestandteile einer nachhaltigen Entwicklung

Als Zielvorstellung einer Politik bzw. Strategie bedarf der Begriff der nachhaltigen Entwickung der Konkretisierung, der Verdichtung zu einem Konzept. Ein geschlossenes und handhabbares Konzept gibt es bisher nicht, auch wenn Äußerungen im Schrifttum oder die Darlegung des Bundesumweltministers zu einer "Politik für eine nachhaltige, umweltgerechte Entwicklung" dies suggerieren könnten. Plausible Bestandteile lassen sich aus einem kurzen historischen Rückblick und einer Analyse gewinnen, die sich schwerpunktmäßig auf die Rio-Deklaration stützt.

2.1 Historischer Rückblick

Schon vor der Rio-Deklaration gab es, unabhängig von der Nomenklatur, Ansätze, die aus heutiger Sicht das Konzept einer nachhaltigen Entwicklung vorbereitet haben. Das gilt zunächst für die mit ihm in Verbindung gebrachte Garantie der Bedarfsdeckung für zukünftige Generationen. Der Gedanke, daß gegenwärtige Generationen beim Gebrauch natürlicher Ressourcen zugunsten zukünftiger Generationen Zurückhaltung üben müssen, hat seit dem Maltesischen Vorstoß in der UN-Generalversammlung 1967 dahingehend, daß es ein gemeinsames Erbe der Menschheit (common heritage of mankind) gebe und dieses auch des rechtlichen Schutzes durch die Staatengemeinschaft bedürfe, breite internationale Zustimmung gefunden (Lang et al. 1991, S. 82). Dabei liegt die Vorstellung zugrunde, daß natürliche Ressourcen wie das Tiefseebett nicht die Früchte der Arbeit der gegenwärtigen Generationen sind und deswegen jeder Gebrauch dieser Ressourcen nur mit gebührender Rücksicht auf die "Rechte" zukünftiger Generationen gemacht werden darf (Fleischer 1980, S. 338).
  Auch verschiedene Prinzipien der Stockholmer Deklaration über die menschliche Umwelt aus dem Jahre 1972 können als Vorläufer genannt werden (Thacher 1992, S. 189). So fordert Prinzip 3 dieser Deklaration, daß die Fähigkeit der Erde, vitale erneuerbare Ressourcen zu produzieren,

erhalten und wo immer praktikabel, wiederhergestellt werden muß. Nicht erneuerbare Ressourcen müssen nach Prinzip 5 so verwendet werden, daß sie gegen die Gefahr ihrer zukünftigen Erschöpfung geschützt sind. Prinzip 11 schließlich postuliert, daß die Umweltschutzpolitiken aller Staaten das gegenwärtige oder zukünftige Entwicklungspotential der Entwicklungsländer fördern und nicht nachteilig berühren.

In der Folgezeit entwickelte sich auf der Basis der erwähnten Gesichtspunkte das Postulat, daß dem allzu verschwenderischen Ressourcenverbrauch nur durch eine Politik zu begegnen sei, die dem Prinzip der Nachhaltigkeit (sustainability) und dem Schutz künftiger Generationen verpflichtet ist. In der UN-Praxis erscheint dieses Konzept erstmals in der 1980 von der Generalversammlung als Absichtserklärung beschlossenen "World Conservation Strategy" (IUCN 1980). Eine frühe vertragliche Fixierung findet sich im ASEAN-Abkommen vom 9. Juli 1985. Die Vertragsstaaten verpflichten sich in Art. 1, im Rahmen ihrer einzelstaatlichen Gesetzgebung, gemeinsam oder individuell, je nach Bedarf, diejenigen Maßnahmen zu ergreifen, die erforderlich sind, um essentielle ökologische Prozesse und Lebenserhaltungssysteme zu schützen, die genetische Vielfalt zu erhalten und die fortwährende Produktivität derjenigen abbaubaren natürlichen Ressourcen zu garantieren, die unter ihrer Jurisdiktion stehen, dies in Übereinstimmung mit wissenschaftlichen Prinzipien und mit der Zielsetzung einer nachhaltigen Entwicklung. Danach hat vor allem der schon erwähnte, sogenannte Brundtland-Bericht dazu beigetragen, daß das Ziel der Nachhaltigkeit in der Staatengemeinschaft Fuß gefaßt hat. Es ist zum Schlüssel geworden für eine Entwicklung auf der Basis vorausschauender Bewirtschaftung verfügbarer, auch globaler Ressourcen sowie der Rehabilitation derjenigen Umweltbereiche, die zuvor Verfall und Mißbrauch ausgesetzt waren.

2.2   Die Rio-Deklaration

Richtet man nunmehr den Blick auf die Rio-Deklaration, so liegt nach dem zuvor Gesagten die ressourcenökonomische Konkretisierung von nachhaltiger Entwicklung auf der Hand. Zu ihr führt übrigens auch die Besinnung auf umweltrechtliche Ansätze, in denen das Prinzip der Nachhaltigkeit den Umgang mit natürlichen Ressourcen steuern soll, im deutschen Recht explizit unter anderem im Forst- und Naturschutzrecht (vgl. § 1 Abs. 1, BWaldG; §§ 1 Abs. 1, 2 Abs. 1 Nr. 3 und 8 BNatSchG). Im Ergebnis ergibt sich so, daß bei erneuerbaren natürlichen Ressourcen nicht mehr verbraucht werden soll als was wieder nachwächst und bei nicht erneuerbaren natürlichen Ressourcen ein sparsamer und haushälterischer Einsatz gefordert ist (Winkler 1994, 1427 ff.; Kloepfer 1989, S. 81).

Der Schutz der natürlichen Lebensgrundlagen zukünftiger Generationen findet sich in der Rio-Deklaration nicht, wie aufgrund des historischen Rückblicks zu erwarten wäre, in den Prinzipien zur nachhaltigen Entwicklung. Er wird vielmehr durch Prinzip 3 in einen Zusammenhang mit dem individuellen und kollektiven Recht auf Entwicklung gestellt (vgl. Ipsen 1990 sowie die Präambel der Rio-Deklaration und das Prinzip 1 der Stockholmer Deklaration). Hieran zeigt sich, daß Umweltanliegen nicht mehr als ausschließlicher Regelungsgegenstand des (internationalen) Umweltrechts gelten, sondern zugleich eine individualschützende Dimension innerhalb der Menschenrechte der sog. dritten Generation erhalten sollen. Andererseits wird das Recht auf Entwicklung aber auch durch den Umweltschutz begrenzt, seine Gemeinschaftsgebundenheit und Pflichtigkeit betont. Denn es soll so erfüllt werden, daß den Entwicklungs- und Umweltbedürfnissen gegenwärtiger und künftiger Generationen in gerechter Weise entsprochen werden kann.

Der Konnex zwischen Generationenschutz und Entwicklung gibt außerdem Anlaß zu betonen, daß das Ziel einer nachhaltigen Entwicklung nicht allein und auch nicht vorrangig auf Belange des Umweltschutzes bezogen ist. Zu ihm gehört, jedenfalls nach der Rio-Deklaration, nicht nur das umweltschützende Nachhaltigkeitsprinzip, sondern auch die Gewährleistung der individuellen und kollektiven Entwicklung der Menschen, Völker, Staaten und Regionen.

Wie dies zu verstehen ist, wird in den Prinzipien 4 und 5 der Rio-Deklaration näher konkretisiert: Nach Prinzip 4 erfordert eine nachhaltige Entwicklung, daß der Umweltschutz Bestandteil des Entwicklungsprozesses ist und von diesem nicht getrennt betrachtet werden darf. Es läge dementsprechend nahe, unter dem Vorzeichen von Sustainable Development Handlungskonzepte und Entscheidungen zu fordern, die die ökonomische, soziale und ökologische Entwicklung als innere Einheit begreifen und die einzelnen Faktoren nicht voneinander abspalten oder gegeneinander ausspielen (Höhn 1994, S. 13 ff.). In diesem Sinne will die EG ihr "Programm für eine dauerhafte und umweltgerechte Entwicklung" verwirklichen und versteht der Bundesumweltminister die "Politik für eine nachhaltige, umweltgerechte Entwicklung". Auch in der Rio-Deklaration wird explizit festgehalten, daß der Schutz der Umwelt nicht am Ende stehen darf, sondern *integraler Bestandteil jeder Entwicklung* sein muß (Bundesminister für Umweltschutz, Naturschutz und Reaktorsicherheit 1994, S. 9).

Die Forderung einer integralen Berücksichtigung ökonomischer, sozialer und ökologischer Entwicklungsfaktoren kann allenfalls für die Staaten und Regionen der Erde gelten, die die in Prinzip 5 aufgestellte unabdingbare Voraussetzung für Sustainable Development erfüllen: für die reichen Staaten und solche mit einigermaßen ausgeglichenen Lebensbedingungen. Prinzip 5 verknüpft nämlich nachhaltige Entwicklung mit der Beseitigung der Armut und ungleichen Lebensbedingungen. Die zu diesem Zwecke angemahnte Zusammenarbeit aller Staaten und Völker macht augenfällig, daß viele Staaten und Regionen der Erde aufgrund ihrer ökonomischen und sozialen Gegebenheiten derzeit überhaupt nicht in der Lage sind, eine dem Nachhaltigkeitsprinzip verpflichtete Entwicklung zum Handlungsmaßstab ihrer Politik zu machen und deshalb auf internationale Solidarität, insbesondere auf Seiten der reicheren Länder angewiesen sind. Deshalb kann von diesen Staaten und Regionen – es wird sich im wesentlichen um die Entwicklungsländer, vielleicht aber nicht nur um diese handeln – auch nicht verlangt werden, daß sie den Umweltschutz schon jetzt zum integralen Bestandteil ihrer Entwicklung machen. Die Konsequenzen für den Umweltschutz liegen auf der Hand: Er kann zurückgesetzt, zeitlich aufgeschoben werden, womöglich mit irreversiblen Folgen, es sei denn, die reichen Länder versetzten die ärmeren Staaten und Regionen durch finanziellen und technologischen Transfer sogleich in die von Prinzip 5 geforderte Ausgangslage.

Im Zusammenhang gesehen, ergeben die vorgenannten Konkretisierungen die anthropozentrische Ausrichtung des Konzeptes einer nachhaltigen Entwicklung. Ressourcenökonomie und Nachweltschutz sind prinzipiell anthropozentrische Anliegen (Kloepfer 1989, S. 15). Diese Perspektive bestimmt auch die Rio-Deklaration. Nach Prinzip 1 steht der Mensch im Mittelpunkt der Bemühungen um eine nachhaltige Entwicklung; er hat ein Recht auf ein gesundes und produktives Leben im Einklang mit der Natur. Unabhängig von ihrer individualrechtlichen Komponente macht diese Aussage das Wohl des Einzelnen zum eigentlichen Maßstab von Sustainable Development. "Eigenrechte" der Natur, etwa die Erhaltung der Artenvielfalt um ihrer selbst willen, haben dementsprechend nur eine sekundäre Bedeutung.

3. Zielvorgabe Nachhaltigkeit

Das Ziel einer nachhaltigen Entwicklung – soviel dürfte deutlich geworden sein – ist Maßstab dessen, was künftig unter produktivem Leben, also Wohlstand im Einklang mit der Natur zu verstehen ist. Seine Prämisse ist, daß der Prozeß der Industrialisierung nicht in der bisherigen Weise fortgesetzt werden darf (Cansier 1993, S. 58). Die Aufgabe der Konkretisierung besteht darin, national und global eine Entwicklung zu erreichen, die einen Ausgleich zwischen Ökonomie und Ökologie, Gegenwart und Zukunft und zwischen Arm und Reich schafft (vgl. Vornholz 1994).

Die Umsetzung dieser Vorgabe ist nur zum Teil ein juristisches Problem. Ohne Einbeziehung der die nachhaltige Entwicklung wesentlich mitprägenden, wirtschaftswissenschaftlichen und sozialwissenschaftlichen Erkenntnisse und entwicklungspolitischen Bedürfnisse wird sie nicht möglich sein. Gefordert ist deshalb interdisziplinäre Zusammenarbeit, und zwar bevor es zu Handlungskonzepten und konkreteren Entscheidungen kommt. Diese würden ansonsten auf einer eher zufälligen, jedenfalls höchst unsicheren Basis entwickelt. Interdisziplinarität liegt auch im juristischen Interesse, wenn man die Befolgung neu entstehender rechtlicher Regelungen national und international sicherstellen will, etwa wenn es um die nähere

Ausgestaltung der Nachhaltigkeit oder die Konkretisierung "essentiell ökologischer Prozesse" geht (Kiss u. Shelton 1991, S. 145 f.). In der Rio-Deklaration hat die Interdisziplinarität als Voraussetzung von Sustainable Development kaum einen Niederschlag gefunden. Die Forderung in Prinzip 9 nach einem internationalen Transfer wissenschaftlicher Kenntnisse, die für Sustainable Development nützlich sind, zielt im Blick auf die Entwicklungsländer primär auf die Solidarität der Staatengemeinschaft. Daß diese Kenntnisse auf interdisziplinärer Basis gewonnen sein sollten, wird bestenfalls vorausgesetzt.

Im Schrifttum wird nachhaltige Entwicklung als Zielvorgabe instrumentalisiert, mit deren Hilfe Individuen, Organisationen und Staaten die Auswirkungen menschlichen Handelns auf die natürliche Umwelt und die Ressourcenbasis einzuschätzen haben (Toman 1992, S. 15). Entspricht das geprüfte Vorhaben dem Ziel von Sustainable Development, so soll ihm von dieser Seite nichts mehr im Wege stehen. Im gegenteiligen Fall wird die Vorgabe zum Vermeidungsimperativ (Jänicke 1994, S. 2), die das ins Auge gefaßte Vorhaben verbietet. Die Rede ist auch von einem grundlegenden Kriterium, an dem sich internationale oder auch bloß grenzüberschreitende Umweltinitiativen sowie in stärker werdendem Maße auch innerstaatliche Vorhaben messen lassen müssen (Lang et al. 1991, S. 79f; allerdings gehen die Autoren wohl von einem politischen und nicht juristischen Maßstab aus), von einem "Kardinalprinzip" internationaler Entscheidungsbildung auf dem Umweltsektor, von einem internationalen Standard für die Beurteilung staatlichen Handelns mit Umweltbezug (Lang et al. 1991, S. 81 ff.).

In der Rio-Deklaration lassen sich Anhaltspunkte finden, die solche Annahmen stützen. So verlangt Prinzip 3 eine Entwicklung, die dem generationenübergreifenden Schutz in gerechter Weise *entspricht*. Nach Prinzip 8 sollen die Staaten nicht nachhaltige Produktions- und Verbrauchsstrukuren *abbauen*. Ihre Gesetzgebung muß *effektiv* sein: Prinzip 11. Bei Vorhaben, die wahrscheinlich wesentliche, nachteilige Auswirkungen auf die Umwelt haben, sollen *Umweltverträglichkeitsprüfungen* in nationaler Zuständigkeit durchgeführt werden: Prinzip 17. Bedenkt man, daß *Haftungs-* und *Entschädigungsregelungen* für Umweltverschmutzungen je nach ihrer Ausgestaltung eine auf Vermeidung zielende Wirkung haben (Wagner 1994, S. 954 ff.), gehört auch Prinzip 13 hierher, das die Entwicklung solcher Regelungen auf nationaler und internationaler Ebene anregt.

Widersprochen werden müßte allerdings einer Instrumentalisierung von Sustainable Development, die auf ein striktes, in jedem Falle zu beachtendes Vermeidungsverbot zum Schutz der Umwelt hinausliefe. Zum einen ist nachhaltige Entwicklung nicht nur Handlungsmaßstab für Belange des Umweltschutzes, sondern gleichermaßen für solche der Entwicklung. Die "Umweltverträglichkeit" kann deshalb nicht der Handlungsmaßstab *schlechthin* sein. Erst recht gilt dies, wenn man die in Prinzip 5 der Rio-Deklaration festgeschriebene Vorrangigkeit der Entwicklungsbedürfnisse beachtet, die vor allem zugunsten der Entwicklungsländer, aber vermutlich nicht nur für diese, wirkt (vgl. Kapitel 2). Zum anderen sollte aus den Erfahrungen mit der projektbezogenen Umweltverträglichkeitsprüfung bekannt sein, daß diese Prüfung zwar umfassende und umweltmedienübergreifende Untersuchungen und Bewertungen verlangt und dabei ganzheitliche und integrierte Ziele setzt, daß sie sich aber andererseits mit guten Gründen lediglich auf eine faktorenabwägende *Berücksichtigung* der eingeholten Angaben beschränkt. Der maximale Prüfungsrahmen läßt sich nicht in ein deduktives Bewertungsschema "Wenn – dann" pressen (Breuer 1992, S. 19). In noch stärkerem Maße trifft dies für die Folgenabschätzung im Rahmen einer nachhaltigen Entwicklung zu: Hier geht es nicht nur um Einzelprojekte und um eine Gesamtbewertung der Umweltauswirkungen, sondern zugleich um ökonomische und soziale Auswirkungen im nationalen und darüberhinaus internationalen Maßstab. Eindimensionale Vermeidungsgebote werden der Komplexität der zu treffenden Entscheidungen daher nicht gerecht.

4. Probleme der Instrumentalisierung

Die vielfältigen Probleme einer Instrumentalisierung von Sustainable Development können hier nicht im Detail vorgeführt werden. Zur weiteren Veranschaulichung werden lediglich drei – allerdings zentrale – Fragenkreise herausgegriffen.

1. Der erste Fragenkreis betrifft das Verhältnis von Sustainable Development und umweltrechtlichem Vorsorgeprinzip. Im Schrifttum wird die Reichweite einer nachhaltigen Entwicklung enger beurteilt als die des Vorsorgeprinzips: Die Zielvorgabe "Nachhaltigkeit" gehe von einem streng utilitaristischen Ansatz zum Schutz der Umwelt aus, da sie Entwicklungsaktivitäten nur insofern einschränke, als diese die natürlichen Grundlagen für eine langfristige Entwicklung irreversibel aushöhlen würden (Lang et al. 1991, S. 80). Sustainable Development sei gerade nicht auf die Erhaltung bestimmter natürlicher Ressourcen um ihrer selbst willen bedacht, sondern ziele auf eine Förderung von Entwicklung, die jedoch von besonderer qualitativer Art sein müsse (Lang et al. 1991, S. 80). Dies stehe im Gegensatz zu dem wachstumsverwehrenden Postulat des Vorsorgeprinzips – dieses verstanden als grundlegendes rechtliches Hindernis für die Realisierung umweltsensitiver Vorhaben (Gündling 1990, S. 23).
Ganz zu überzeugen vermag diese Argumentation nicht. Man kann Sustainable Development durchaus als angestrebtes Ziel, das Vorsorgeprinzip als dessen adäquate Umsetzungsstrategie deuten. Eine solche Deutung trägt der plausiblen Erkenntnis Rechnung, daß die Nutzung natürlicher Ressourcen heute weithin ein der nachhaltigen Entwicklung abträgliches Ausmaß erreicht, mit der Folge, daß die weitere Expansion

des Verbrauchs dem Ziel "Sustainable Development" widerspricht und insoweit vorsorgende Maßnahmen getroffen werden müssen. Aus dieser Perspektive fordert die Bergener Erklärung zur nachhaltigen Entwicklung in der Europäischen Gemeinschaft aus dem Jahre 1990, daß umweltrelevante Maßnahmen umweltzerstörende Ursachen vorhersehen, verhindern und unterdrücken müssen (vgl. Händel 1990). Auch der Rio-Deklaration ist ein prinzipieller Gegensatz zwischen Sustainable Development und Vorsorgeprinzip fremd: Prinzip 15 erwartet von den Staaten, daß sie im Rahmen ihrer Möglichkeiten weitgehend den Vorsorgegrundsatz anwenden. Die Einschränkungen "nach Möglichkeit" und "weitgehend" sind auf dem Hintergrund der schon mehrfach angesprochenen Entwicklungsbedürfnisse zu sehen. In dem Maße, in dem diese Bedürfnisse den Umweltschutz – zumindest auf Zeit – zurücksetzen können, kann es zu einer Abweichung von der strikten Anwendung des Vorsorgeprinzips kommen, und der utilitaristische Ansatz verdrängt die Umweltvorsorge.

Einmal mehr zeigt sich hier, daß nachhaltige Entwicklung sowohl eine stärkere Gewichtung der Nachhaltigkeit wie auch der Entwicklungsaspekte zuläßt. Diese Gewichtung wird wesentlich von dem Bezugsrahmen abhängen, in dem Sustainable Development zur Geltung gebracht werden soll. In hoch entwickelten Staaten und Regionen kann sie leichter zugunsten der Nachhaltigkeit und des Vorsorgeprinzips ausfallen als in weniger oder unterentwickelten Gebieten. Auch bei völkerrechtlichen Vereinbarungen, die auf vorsorgende Maßnahmen zur Erhaltung einer nachhaltigen Ressourcenbewirtschaftung zielen, wird diese unterschiedliche Ausgangslage der Staaten und Regionen Einfluß auf den erreichbaren Standard gewinnen.

2. Noch weitgehend ungeklärte Fragen verbinden sich mit der Umsetzung des Nachweltschutzes, der wie gezeigt, ein wesentliches Element von Sustainable Development ist (vgl Kiss u. Shelton 1991 oder auch Kapitel 2 in diesem Beitrag). Im völkerrechtlichen Schrifttum wird in diesem Zusammenhang seit längerem diskutiert, ob lediglich die Interessen künftiger Generationen (Toman 1992, S. 16) oder deren Rechte (Weiss 1990, S. 198 ff., S. 205) zu schützen sind. Im letzteren Falle wäre der Nachweltschutz wesentlich stärker, weil Rechte typischerweise eingefordert werden können (vgl. Gündling 1990, Weiss 1990, S. 204). Es müßte dann weiter geklärt werden, wer Inhaber dieser Rechte ist und sie durchsetzen kann. Denkbar ist, daß die Angehörigen der gegenwärtigen Generation die Erde als Treuhänder für zukünftige Generationen verwalten und dabei zwar den Bindungen und Verpflichtungen eines Treuhänders unterworfen sind, gleichzeitig jedoch als Begünstigte eines entsprechend nachhaltigen Handelns ihrer Vorgeneration erscheinen (Weiss 1990, S. 199). Jede Generation wäre so in doppelter Weise über die Generationsgrenzen hinweg mit dem Schutzziel "Nachhaltigkeit" verbunden, nämlich als

Gläubiger ihrer Vorgänger oder als Schuldner ihrer Nachfolger. Andererseits könnte man von einer Art Verpflichtung zugunsten Dritter ausgehen, die ihrem Sinn und Zweck nach zwar im Namen künftiger Generationen besteht, wegen deren Abwesenheit und fehlender Individualisierbarkeit in der Gegenwart aber von den Mitgliedern der gegenwärtigen Generation eingefordert werden kann. Dieser an den Gedanken einer "Prozeßstandschaft" angelehnte Ansatz hätte den Vorteil, daß den gegenwärtig Verpflichteten auch heute schon ein fordernder und überwachender Gläubiger gegenüberstünde und niemand, insbesondere kein Staat sich mangels Gegenwärtigkeit der in Frage stehenden "Rechtsinhaber" versucht sehen könnte, den Nachweltschutz zu umgehen oder zu minimieren.

Denkbare Argumentationslinien brauchen hier nicht weiter ausgezogen werden. Die Unsicherheiten in der dogmatischen Begründung und Ausgestaltung sogenannter "Generationenrechte" (Gündling 1990, Weiss 1990, S. 205) sind evident. Deshalb sollte Prinzip 3 der Rio-Deklaration, wonach den Entwicklungs- und Umweltbedürfnissen zukünftiger Generationen in gerechter Weise entsprochen werden soll, vorerst nicht als Postulat für eine Subjektivierung des Nachweltschutzes verstanden werden. Schon nach seinem Wortlaut knüpft Prinzip 3 ohnehin in erster Linie an das in der Staatengemeinschaft belegbare "Konzept einer intergenerationellen *Gerechtigkeit*" (Weiss 1990, S. 200) und nicht an "Generationen*rechte*" an.

3. Besonderes Gewicht gewinnen Disparitäten in der ökonomischen und sozialen Entwicklung der Staaten, wenn Sustainable Development zum Handlungsmaßstab für die Bewältigung globaler Umweltprobleme der sogenannten zweiten Generation werden soll, etwa beim sauren Regen, der Ausdünnung der stratosphärischen Ozonschicht, bei der Erwärmung der Erde, der Zurückdrängung der großen Wälder und Ausweitung von Wüstengebieten sowie beim internationalen Verkehr mit gefährlichen Stoffen, Produkten und Abfällen. Worüber nämlich zwischen den industrialisierten und wohlhabenden Ländern und den Entwicklungsländern nach wie vor erhebliche Meinungsunterschiede bestehen, ist neben den genauen Ursachen der verschiedenen Umweltbeeinträchtigungen die Frage, wer und wie für sie verantwortlich ist, welche Vorsorge- und Rehabilitationsregeln aufgestellt und durchgesetzt werden müßten und ob dabei im Rahmen des Konzepts der nachhaltigen Entwicklung der Akzent auf dem Umwelt- oder Entwicklungsaspekt liegen sollte (Mensah 1994, S. 36). Nach Auffassung der Entwicklungsländer, wie sie im Vorfeld der Rio-Konferenz in der Strategiekommission "South Centre on Environment and Development" niedergelegt ist, muß dem Süden ein angemessener Spielraum zur "legalen" Verschmutzung der Umwelt eingeräumt werden, um sich entwickeln zu können (South Centre 1991). Zur Begründung dient der technologische Rückstand (Mensah 1994, S. 38)

sowie das Argument, daß der Norden mit weniger als 20 % Weltbevölkerung für 80 % der für Klima und Ozonschicht schädlichen Gesamtemissionen verantwortlich sei und dadurch den auch dem Süden zu Entwicklungszwecken zustehenden globalen Umweltspielraum bereits ausschöpfe, ohne daß die Entwicklungsländer ihren Anteil an erlaubter Verschmutzung erhalten hätten.

Die Durchschlagskraft dieser Argumente ist namentlich in den Prinzipien 5 bis 7 der Rio-Deklaration abzulesen: Der Umweltschutz steht unter dem Vorbehalt der Beseitigung ökonomischer und sozialer Disparitäten. Die besondere Lage und die besonderen Bedürfnisse der Entwicklungsländer sind bei internationalen Maßnahmen vorrangig zu berücksichtigen. Die Staaten trifft eine unterschiedliche Verantwortlichkeit für die Verschlechterung der globalen Umweltsituation. Die Auswirkungen für die Konkretisierung von nachhaltiger Entwicklung, insbesondere durch *internationale* Regeln zum Schutz gefährdeter globaler Ressourcen, liegt auf der Hand: Die Industriestaaten werden eher auf Nachhaltigkeit setzen und dementsprechend Maßnahmen treffen wollen, die einen "gerechten" Ausgleich zwischen den Bedürfnissen der gegenwärtigen und denen der künftigen Generationen schaffen. Die Entwicklungsländer werden demgegenüber im Sinne einer intragenerationellen Gerechtigkeit verlangen, daß zunächst ein Ausgleich zwischen ihren aktuellen und künftigen Bedürfnissen und denen der wohlhabenderen Länder gesucht und gefunden werden müsse. Mit "vermittelnden" Interpretationen von Sustainable Development wird dieser für Umweltbelange fundamentalen Differenz kaum beizukommen sein. Vielmehr wird es darauf ankommen, die ökonomischen und sozialen Disparitäten zwischen dem Norden und dem Süden durch technologische und finanzielle Hilfe wesentlich abzubauen. Gelingt dies nicht, ist es um die Nachhaltigkeit der Ressourcenbewirtschaftung, jedenfalls im globalen Rahmen, schlecht bestellt (Mensah 1994, S. 44, Gründling 1990, S. 211).

5.   Zur Frage der rechtlichen Verbindlichkeit von nachhaltiger Entwicklung

Bei dem Versuch, die Zielvorgabe näher zu konkretisieren, die Voraussetzungen und Wirkungen zieladäquater Entscheidungen zu beschreiben und die Probleme der Instrumentalisierung näher zu bringen, blieb die Frage nach der rechtlichen Verbindlichkeit von Sustainable Development ausgeklammert. Dies mit gutem Grund: Sie läßt sich auf der Basis genauerer Vorstellungen über Ziel und mögliche Inhalte des Konzepts einer nachhaltigen Entwicklung plausibler beantworten.

1. Ungesichert scheint der Rechtsstatus von Sustainable Development im allgemeinen Völkerrecht. Als solche nicht verbindliche Deklarationen wie die Rio-Deklaration können bei der Suche nach einer Rechtsüberzeugung der Staatengemeinschaft, die auf Gewohnheitsrecht hindeutet, durchaus ein gewichtiges Indiz darstellen. Dies vor allem, wenn eine Deklaration in der Einschätzung und Erwägung beschlossen wurde, daß ihr Inhalt alsbald zu völkerrechtlichen Regeln erstarken werde. Was die für eine nachhaltige Entwicklung einschlägigen Aussagen der Rio-Deklaration anbelangt, ist dieser Ausgangspunkt durchaus naheliegend (Mensah 1994, S. 40). Zu bedenken ist dabei allerdings, daß, genau genommen, die Rechtsüberzeugung für mindestens drei Elemente, die einer nachhaltigen Entwicklung erst Substanz geben, nachgewiesen werden müßte:

–   für Art und Umfang des Schutzes natürlicher Ressourcen,

–   für das Ob und Wie des Nachweltschutzes und

–   für den intra-generationellen Ausgleich von Nutzungs- und Entwicklungs-
    chancen zwischen den Nord- und Südländern.

Im Schrifttum finden sich, soweit ersichtlich, bislang nur zum Nachweltschutz Stellungnahmen. Behauptet wird, er gehöre bereits dem Gewohnheitsrecht an (Hohmann 1992, S. 232 f.), ja er begründe sogar erga-omnes zu erfüllende Verpflichtungen der Staatengemeinschaft (Weiss 1984, S. 540 ff.). Selbst, wenn dies zuträfe, gäbe das Ergebnis für die Beurteilung des Rechtsstatus von Sustainable Development entschieden zu wenig her, weil die anderen Elemente nicht gewürdigt sind. Davon abgesehen ist die Behauptung aber auch zu optimistisch: Über Existenz, Ableitung und Ausmaß der "Generationenrechte" besteht jenseits vertraglicher Verpflicht-ungen – erstmals in dem Rahmenübereinkommen über den Klimaschutz – kein Konsens (Schröder 1993, S. 191). Aber auch die beiden anderen Elemente (Ressorcenökonomie und intra-generationeller Interessenaus-gleich zwischen Nord und Süd) sind nach ihrem Inhalt und ihrer Zuordnung im Rahmen einer nachhaltigen Entwicklung noch keineswegs zu feststell-baren Regeln erstarkt. Schließlich ist daran zu erinnern, daß Erhaltung und Schutzpflichten zugunsten einzelner Umweltgüter, soweit sie im eigenen Territorium liegen, aber auch soweit sie "res omnium" sind, ein gewandeltes Souveränitätsverständnis voraussetzen, dessen gewohnheitlicher Bestand gleichfalls auf schwachen Füßen steht (vgl. Schröder 1987). Nimmt man die genannten Gesichtspunkte zusammen, ist vorerst nur die Aussage möglich, daß ein gewohnheitsrechtlicher Status für eine nachhaltige Entwicklung noch nicht besteht. Mit der zunehmenden Festigung konkret umsetzbarer Inhalte – die Rio-Deklaration hat dazu Anhaltspunkte geliefert – kann sich diese Beurteilung aber alsbald ändern.

2. Völkervertragliche Bestimmungen, die Sustainable Development als Vertragsziel festschreiben – so Artikel 1 des erwähnten ASEAN-Abkommens oder Artikel 2 des UN-Rahmenabkommens über Klimaveränderungen – können die Überzeugung stärken, daß Nachhaltigkeit zu einem bedeutsamen Schutzziel der Staaten und ihrer Gemeinschaft geworden ist. Zu dessen Konturierung tragen sie aber wenig bei. Entsprechendes gilt für "Grundsatzpflichtungen" auf Teilelemente einer nachhaltigen Entwicklung in fast wörtlicher Übernahme der Rio-Deklaration: so geschehen in Art. 3 der Klimakonvention in bezug auf den inter- und intragenerationellen Schutz sowie die bevorzugte Berücksichtigung der Bedürfnisse der Entwicklungsländer. Aufschluß über die Art und Weise, wie Sustainable Development in ein Handlungskonzept umgesetzt wird, geben erst die bereichsspezifischen Festlegungen vorsorgender Maßnahmen zum Schutz der jeweiligen Ressourcen, die Staffelung der Umweltverantwortlichkeit in sachlich und zeitlich abgestufte Staatenverpflichtungen und nicht zuletzt die Betonung der Nachhaltigkeit oder der ökonomisch-sozialen Entwicklung im jeweiligen Konzept (Schröder 1993, S. 200 ff.). Wirft man dieserhalb einen kurzen Blick auf die Klimakonvention von 1992, so läßt sich festhalten: Konventionsziel ist nicht die Bekämpfung bereits eingetretener oder wahrscheinlicher Klimaschäden, sondern die Risikovorsorge. Die Konvention ist trotz naturwissenschaftlicher Unsicherheiten über den Eintrittszeitpunkt und das Ausmaß der zu erwartenden Klimaschäden abgeschlossen. Lücken im Erkenntisstand dürfen nicht als Grund für die zeitliche Verschiebung geeigneter Vorsorge- und Präventionsmaßnahmen dienen, soweit ernste oder irreversible Schäden zu besorgen sind (Präambel und Art. 3 § 3). Erstmals wird die unterschiedliche Verantwortlichkeit der Industriestaaten und Entwicklungsländer expressis verbis festgeschrieben (Art. 3 und 4, jeweils § 1). Sie äußert sich in der Unterscheidung zwischen Verpflichtungen, die alle Staaten und solche, die die entwickelten Staaten treffen. Zu den Verpflichtungen der zuletzt angesprochenen Industriestaaten gehören neben emissionsmindernden Maßnahmen Finanzhilfen und ein Technologietransfer zugunsten der Entwicklungsländer (Art. 4 § 2a), § 3-5,8). Die Gewährung dieser Hilfen ist Voraussetzung für den Eintritt der Verpflichtungen der Entwicklungsländer. Darüberhinaus sind deren Verpflichtungen dadurch relativiert, daß die wirtschaftliche und soziale Entwicklung und die Beseitigung der Armut höchste Priorität genießen (Art. 4 § 7). Schließlich ist von Bedeutung, daß alle Vertragsstaaten die Gewichtung der prinzipiell oder im Einzelfall widerstreiten ökonomischen und ökologischen Belange eigenverantwortlich vornehmen dürfen (Art. 3 § 1 und 4) und daß die Konvention auf Implementierung und Fortentwicklung angelegt ist. Mehr als ein erster Schritt, das Konzept des Sustainable Development in Anlehnung an die Rio-Deklaration auf den Weg zu bringen, ist die Klimakonvention also nicht. Erst wenn sich ihre Festlegungen in der Praxis bewähren und in weiteren Verträgen Verbreitung gefunden haben, wird deshalb die bereits erhobene Forderung nach einer universellen Umweltschutzkonvention (Gündling 1990, S. 212) diskutabel.

3. Auf dem entwickelten Hintergrund kann die Arbeit der "UN-Commission on Sustainable Development" (CDS) besondere Aufmerksamtkeit beanspruchen. Die Kommission geht auf Kapitel 38 der Agenda 21, das umfangreichste Dokument der Rio-Konferenz, zurück (Ruffert 1993, S. 39 f.). Auch für die Agenda als nicht rechtsverbindliches Aktionsprogramm mit detaillierten umwelt- und entwicklungspolitischen Programmfeldern ist Sustainable Development der Schlüsselbegriff. Kapitel 38 enthält institutionelle Vorkehrungen im System der Vereinten Nationen, die eine wirksame Umsetzung der Agenda durch die UN-Organisationen sicherstellen, zu einer effizienteren Behandlung des Politikbereiches Umwelt und Entwicklung beitragen und die Staaten auf geeignete Weise bei der Umsetzung der Agenda unterstützen sollen. In diesem Kontext steht die in Kapitel 38 ausdrücklich vorgesehene, am 16.2.1993 als Kommission des Wirtschafts- und Sozialrates gemäß Artikel 68 UN-Charta errichtete "Commission for Sustainable Development". Sie besteht aus 53 Mitgliedern auf Zeit, bei deren Wahl auf die Ausgewogenheit zwischen den Kontinenten sowie der entwickelten und der sich entwickelnden Welt nach dem Prinzip der "Equitable Participation" besonders geachtet wurde (vgl. hierzu die Tabelle in Campiglio et. al. 1994, S. 13).

Hauptaufgabe der Kommission ist es, die Fortschritte bei der Umsetzung der Agenda 21 und bei Aktionen im Rahmen der UN zu überwachen, die sich auf die Integration von Umwelt- und Entwicklungsbelangen beziehen. Zu diesem Zweck soll sie Berichte der UN-Mitgliedstaaten, aller mit Umwelt- und Entwicklungsfragen befaßten UN-Gremien sowie einschlägiger Non-Governmental Organisations auswerten (vgl. Bundesminister für Umwelt, Naturschutz und Reaktorsicherheit 1994). Das eröffnet die Chance, daß die Kommission auf breiter Grundlage zumindest einige, der mit der Konkretisierung von nachhaltiger Entwickung verbundenen Probleme einer Lösung näherbringt und dazu beiträgt, dem Handlungsinstrument einen deutlicher eingegrenzten und damit leichter umsetzbaren Inhalt zu geben. Tastende Versuche in diese Richtung wurden auf der zweiten Sitzung 1994 u. a. mit dem Ersuchen an die UNEP unternommen, weitere Studien zum Bereich "Nachhaltige Entwicklung und internationales Recht" in Angriff zu nehmen.

6. Schlußbemerkungen

Als Zielvorgabe und Handlungsinstrument bedarf das Konzept einer nachhaltigen Entwicklung dringend einer genaueren, zügig voranzutreibenden Konkretisierung (vgl. Hurrell u. Kingsbury 1992, Jänicke 1994, Toman 1992). Sein rechtlicher Status ist derzeit von sekundärer Bedeutung. Bei der Konkretisierung kann es hilfreich sein, für bestimmte Teilaspekte, etwa den Ressourcenschutz, auf vorhandene Ansätze im Umweltvölkerrecht zurückzugreifen. Erwähnt sei nur der im Seerecht zum Schutz lebender Ressourcen

vorgegebene, bei grenzüberschreitenden Grundwasservorkommen ange-
strebte Standard des "maximum sustainable yield", mit dem sich u. a.
Bewirtschaftspläne und Regenerationsverfahren verbinden können (vgl.
Art. 61 Abs. III, 119 Abs. I (a) SRÜ und Hohmann 1992, S. 305 f.). Entsprechendes gilt für das Recht der Europäischen Union, zumal seit der EG-
Vertrag in Art. 2 das beständige, nicht inflationäre und umweltverträgliche
Wachstum – im Kern eine Variante von Sustainable Development – als Aufgabe der Gemeinschaft festlegt hat und in Art. 130r Abs. 2 S. 1 der Konflikt
zwischen Umweltschutz und Entwicklungsdisparitäten zum Gegenstand
einer Grundsatzfestlegung gemacht wird. Danach zielt die Umweltpolitik
zwar auf ein hohes Schutzniveau ab, muß dabei aber die unterschiedlichen
Gegebenheiten in einzelnen Regionen der Gemeinschaft berücksichtigen.
Die Norm erregte die besondere Aufmerksamkeit der Enwicklungsländer
bei den Verhandlungen vor und in Rio. Sie sahen in ihr eine Bestätigung
ihrer Grundauffassung, daß hohe Umweltstandards hohe Kosten verursachen
und dadurch ihre begrenzten, für die künftige Entwicklung benötigten, Ressourcen besonders belasten müssten (Mensah 1994, S. 45). Im nationalen
Kontext können Anregungen aus dem staatlichen Umweltrecht, u. a. die
Umweltverträglichkeitsprüfung dem Sustainability-Konzept zu Hilfe
kommen: Je mehr sich auf Vertrautes zurückgreifen läßt, desto leichter kann
die erforderliche inhaltliche Konkretisierung und praktische Operationalisierung fallen. Bei solcher Anlehnung an gewohnte Instrumentarien (vgl. zu
dieser Problematik, allerdings vom ökonomischen Standpunkt aus:
Hammond 1994) darf allerdings nicht verkannt werden, daß die eigentliche
Herausforderung der Zielvorgabe "Sustainable Development" darin besteht,
die ökologische, ökonomische und soziale Entwicklung in ein ausge-
wogenes Verhältnis zu bringen. Für die entwickelten Staaten ist sie nicht
wirklich neu. Denn der Konflikt zwischen den genannten Gesichtspunkten
begleitet die Geschichte des Umweltrechts. Anders ist dies für die in
Entwicklung befindlichen Staaten und im Verhältnis der wohlhabenden
Staaten zu den Entwicklungsländern. Unabhängig von dieser Einschätzung
führt eine nachhaltige Entwicklung notwendig zu einer Abwägung zwischen
verschiedenen im jeweiligen nationalen und internationalen Kontext zu
bewertenden Belangen. Jedem der Belange muß möglichst optimale Wirksamkeit verschafft werden. Keiner kann volle Wirksamkeit beanspruchen.
Eine Utopie ist das Sustainability-Konzept deshalb noch nicht, wie der
Ökologe Wolfgang Haber meint (hierzu Gärtner 1995). Richtig ist aber, daß
es ohne gesellschaftlichen und internationalen Konsens, ohne die Bereitschaft zu tiefer greifenden Veränderungen in der Wirtschaftsweise und im
gesellschaftlichen Verhalten ein leeres Schlagwort bleiben wird.

Literatur

Breuer, R. (1993). Entwicklungen des europäischen Umweltrechts, Ziele, Wege und Irrwege. - Berlin

Bundesminister für Umwelt, Naturschutz und Reaktorsicherheit (Hrsg.) (1994). Umwelt 1994. Politik für eine nachhaltige, umweltgerechte Entwicklung. - Bonn

Cansier, D. (1993). Umweltökonomie.- Stuttgart

Fleischer,G. (1980). The international concern for the environment: The concept of common heritage. In: Bothe, M. (Hrsg.): Trends in Environmental Policy and Law (1980), S. 321-342. - Berlin

Gärtner, E. (1995). Wie lange hält Nachhaltigkeit vor? Das Schlagwort "sustainable development" und die Ökologie. FAZ Nr. 6 vom 7.1.1995 (Ereignisse und Gestalten).

Gündling, L. (1990). The Status in International Law of the Principle of Precautionary Action. Journal of International and Comparative Environmental Law 5, 23 ff..

Hammond, P. J. (1994). Is There Anything New in the Concept of Sustainable Development? In: Campiglio, L., Pineschi, L., Siniscalco, D., und Treves, T. (Hrsg.): The Environment after Rio - International Law and Economics, S. 185-194. - London

Händel, G. (Hrsg.) (1990). Yearbook of International Environmental Law. Bd. I. - London

Hauff, V. (Hrsg.) (1987). Unsere gemeinsame Zukunft - Der Brundtlandbericht der Weltkommission für Umwelt und Entwicklung. - Greven

Hohmann, H. (1992). Präventive Rechtspflichten und -prinzipien des modernen Umweltvölkerrechts. - Berlin

Höhn, H.-J. (1994). Umweltethik und Umweltpolitik. Aus Politik und Zeitgeschichte. Beilage zu das PARLAMENT B 49/94, 13 ff..

Hurrell, H. und Kingsbury, B. (1992). The International Politics of the Environment - Actors, Interests und Institutions. - Oxford

Ipsen, K. (1990). Völkerrecht. (3. Auflage). - München

International Union for conservation of nature and natural resources (IUCN) (1980). World Conservation Strategy. - Gland

Jänicke, M. (1994). Ökologische tragfähige Entwicklung: Kriterien und Steuerungsansätze ökologischer Ressourcenpolitik. Schriftenreihe des Zentrums für europäische Studien der Universität Trier 15. - Trier

Kiss, A. und Shelton, D. (1991). International Environmental Law 1991. New York

Kloepfer, M. (1989). Umweltrecht. - München

Lang, W., Neuhold, H. und Zemanek, K. (1991). Environmental Protection and International Law. - London

Mensah, C. K. (1994). The Role of the Developing Countries. In: Campiglio, L., Pineschi, L., Siniscalco, D., und Treves, T. (Hrsg.): The Environment after Rio - International Law and Economics, S. 33-52. - London

Ruffert, M. (1993). Zu den Ergebnissen der Konferenz der Vereinten Nationen für Umwelt und Entwicklung (UNCED) vom 3.-14.6.1992 in Rio de Janeiro. Jahrbuch für Umwelt- und Technikrecht, S. 397-408. - Trier

Schröder, . (1993). Klimaschutz als Problem des internationalen Rechts. Jahrbuch für Umwelt- und Technikrecht, S. 191-207. - Trier

Schröder, M. (1987). Instrumente des internationalen Umweltrechts unter Berücksichtigung der Noumea-Konvention vom 24./25.11.1986. Jahrbuch für Umwelt- und Technikrecht, S. 273-296. - Trier

South Centre (1991). Report of the South Centre on Environment and Development. Towards a Common Strategy for the South in the UNCED Negotiations and Beyond. South Centre. The Follow-up Office of the South Commission

Thatcher, P. S. (1992). The Role of the United Nations. In: Hurell, A. und Kingsbury, B. (Hrsg.): The International Politics of the Environment - Actors Interests and Institutions, S. 183-211. - Oxford

Toman, M. A. (1992). The Difficulty in Defining Sustainability. In: Darmstädter, J. (Hrsg.):
    Global Development and the Environment - Perspectives on Sustainability, S. 15-23.
    Washington
United Nations (1993). Report of the United Nations Conference on Environment and
    Development. - New York
Vornholz, F. (1994). Die Last der Hedonisten. Die ZEIT 30, 22. Juli 1994, 15
Wagner, G. (1994). Haftung. In: Kimminich, O., v. Lersner, H. und Storm, P. (Hrsg.):
    Handwörterbuch für Umweltrecht. (2. Auflage). Bd. I1, S. 954 ff.. - Berlin
Weiss, E. B. (1984). The Planetary Trust: Conservation and Integration Equity. Ecology Law
    Quarterly 11, 540-544
Weiss, E. B. (1990). Our Rights and Obligations to Future Generations for the Environment,
    American Journal of International Law 84, 198-207
Winkler, W. (1994). Nachhaltigkeit. In: Kimminich, O., v. Lersner, H. und Storm, P. (Hrsg.):
    Handbuch für Umweltrecht. (2. Auflage). Bd. II. - Berlin

Elemente einer globalen Umweltpolitik -
Eine institutionell-ökonomische Perspektive

Udo E. Simonis

1.   Globale Umweltprobleme: Eine Definition

Globale Umweltprobleme sind ein relativ neues Thema der Umweltpolitik. Das gilt zunächst für die Ermittlung der Ursachen und die Auswirkungen der Probleme, es gilt aber auch für deren Behandlung. Daher mag es sinnvoll sein, mit der Frage zu beginnen, was globale Umweltprobleme von lokalen und nationalen Umweltproblemen unterscheidet. Zur Beantwortung dieser Frage kann die Definition dienen, die der im Sommer 1992 von der Bundesregierung berufene Wissenschaftliche Beirat Globale Umweltveränderungen (WBGU) seiner Arbeit zugrunde gelegt hat.

"Globale Umweltprobleme sind Veränderungen in der Atmosphäre, in den Ozeanen und an Land, die dadurch gekennzeichnet sind, daß ihre Ursachen direkt oder indirekt menschlichen Aktivitäten zuzuschreiben sind, daß hierdurch Auswirkungen auf die natürlichen Stoffwechselkreisläufe, die aquatischen und terrestrischen Lebensgemeinschaften und auf Wirtschaft und Gesellschaft entstehen, die zu ihrer Bewältigung der internationalen Vereinbarungen (Kooperation) bedürfen."

Wegen der erreichten und weiter zunehmenden menschlichen Aktivitäten, der physischen Vielfalt von Schadstoffen und des Niveaus der Produktion (Skaleneffekt) sind vielseitige Auswirkungen auf die Umweltmedien Luft, Wasser, Böden eingetreten. Lokale Ursachen können globale Effekte auslösen und die Zahl der Umweltprobleme, die heute als "global" bezeichnet werden, kann sich mit verbesserter Analytik in Zukunft auch weiter erhöhen; ihre Auswirkungen werden sich auf jeden Fall präziser beschreiben lassen.

Was die internationale Kooperation bei der Lösung globaler Umweltprobleme angeht, so ist diese wiederum in vielfältiger Art und Weise möglich. Grundsätzlich denkbar sind Vereinbarungen über *Negativlisten, technische Vorschriften, Nutzungsrechte, Reduzierungsraten, Produktionsstop, Preis-politik, Steuern und Abgaben* sowie *Zertifikate* (Dietz et al. 1992). Es ist eine offene Frage, welche Vereinbarungen bei welchem globalen Umweltproblem am sinnvollsten sind bzw. in welcher Kombination ange-

wendet werden sollten. Offen bleibt auch die Frage, ob bei der Bewältigung
globaler Umweltprobleme Präventivstrategien *oder* Anpassungsstrategien
überwiegen werden. Die anschließend beschriebenen globalen Umweltprobleme lassen im Grunde beides zu, machen letzteres aber eher wahrscheinlich.

2. Globale Umweltpolitik: Bisherige Erfahrungen

Worauf kann die zukünftig zu formulierende und umzusetzende globale
Umweltpolitik aufbauen, was sind die bisherigen Erfahrungen mit Vereinbarungen unter Beteiligung von Industrieländern und Entwicklungsländern?

Die Zahl der wirksamen internationelen Umweltschutzabkommen, die
über eine begrenzte Region, wie beispielsweise Flußeinzugsgebiete oder
über einzelne Projekte und Programme, wie "debt-for-nature-waps" oder
den Tropenwald-Aktionsplan hinausgehen und an denen Industrieländer und
Entwicklungsländer aktiv beteiligt waren – die Mindestbedingung globaler
Umweltpolitik –, ist eher begrenzt. Volkmar Hartje, der diese Frage überprüft hat, nennt nur deren vier (Hartje 1989):

- die Londoner Dumping Konvention (1972),

- die Abkommen zur Verhütung der Meeresverschmutzung durch Schiffe
  (Marpol-Abkommen 1973, 1978),

- die UN-Seerechtskonferenz (1973 bis 1982),

- die Wiener Konvention zum Schutz der Ozonschicht (1985) und das
  Montrealer Protokoll (1987).

Diese rechtsverbindlichen Abkommen beinhalten innovative Vorkehrungen und Instrumente – und zwar sowohl technischer als auch mengen-
mäßiger und preislicher Art –, die sie für die Zukunft interessant machen.

Die Londoner Dumping Konvention (1972) regelt die Voraussetzungen
für das Einleiten von Abfällen von Schiffen in die Weltmeere. Sie enthält
zwar keine explizite Mengenbegrenzung, teilt die Abfälle aber in zwei zu
unterscheidende Gruppen (*Negativliste*) ein: Die *Schwarze Liste* enthält die
Stoffe, die mit einem verbindlichen Einleitungsverbot belegt sind; die
Graue Liste benennt die Stoffe, für die die Vertragsstaaten eine Einleitungs-
erlaubnis erteilen müssen. Die Überwachung der Emissionserlaubnis liegt
bei diesen Staaten selbst, internationale Sanktionen gibt es nicht.

Mit den Marpol-Abkommen von 1973 und 1978 wurden Vereinbarungen
getroffen, wie durch *technische Vorschriften* die Einleitung von Öl aus
Tankern in die Weltmeere verhütet werden soll. Hierbei standen zwei
Maßnahmen mit relativ geringen Kosten für die Schiffahrt, aber mit
begrenzter ökologischer Effektivität sowie eine kostenaufwendigere Maß-

nahme mit erheblich höherer ökologischer Effektivität zur Debatte. Die erste kostengünstigere Maßnahme – "Load on Top" (LOT) – ist eine Öl-Wasser-Trennung, die während der Fahrt vom Schiff betrieben wird, wobei das getrennte Öl im nächsten Hafen entsorgt werden muß. Die zweite Maßnahme – "Crude-Oil-Washing" (COW) – wird im Entladehafen angewendet und verlängert entsprechend die Liegezeit des Schiffes. Die dritte Maßnahme – der Einbau separater Balasttanks (SBT) – versprach wegen der geringeren Manipulationsmöglichkeit die höchste ökologische Effektivität, hätte die Schiffseigner aber in etwa das Zehnfache der anderen Verfahren gekostet. Das Marpol-Abkommen von 1973 war dementsprechend ein Kompromiß: Es machte LOT zur Pflicht und schrieb SBT für Neubauten über einer bestimmten Größe vor. Auf der Konferenz 1978 wurden diese Anforderungen verschärft: Die Mindestgröße für SBT wurde weiter gesenkt, und der vorhandene Tankerbestand mußte ab einer bestimmten Größe "nachgerüstet" werden, wobei die Schiffseigner die Wahl zwischen COW und SBT erhielten.

Die zum Abschluß der UN-Seerechtskonferenz 1982 vorgelegte Konvention regelt nationale und internationale Zuständigkeiten bei der Vergabe von *Nutzungsrechten* in den Meeren und auf dem Meeresboden. Diese Konvention, die mit zwölfjähriger Verspätung im November 1994 in Kraft getreten ist, stellt einen wichtigen Schritt auf dem Wege zu einer globalen Umweltpolitik dar, weil sie von der Komplexität der Fragen, der Teilnehmerzahl, deren Interessenstruktur sowie der ökonomischen Bedeutung her – aber auch wegen der dabei *nicht* gelösten Verteilungskonflikte – höchst aktuell ist.

Im Rahmen von fast zehn Jahre währenden Verhandlungen wurden zwei internationale Verträge – die Wiener Konvention zum Schutz der Ozonschicht (1985) und das betreffende Montrealer Protokoll (1987) abgeschlossen – sowie weitreichende Revisionen dieses Protokolls vorgenommen (Helsinki-Erklärung 1989, London Konferenz 1990, Kopenhagen Konferenz 1992). Dieses globale Umweltregime verbindet *rechtliche* und *ökonomische* Regelungen mit einem Mechanismus, der sie zugleich dynamisiert, und wurde durch einen *Multilateralen Fonds* ergänzt.

Die Teilnahme von Industrie- und Entwicklungsländern an diesen (hier nur kurz beschriebenen) Umweltschutzabkommen zeigt generell die Bereitschaft zur internationalen Kooperation (näheres in WBGU 1995). Diese Kooperationsbereitschaft wurde auf der UN-Konferenz über Umwelt und Entwicklung (UNCED) in Rio de Janeiro 1992 generell bestätigt und durch Verabschiedung der *Rio-Erklärung*, der *Agenda 21*, der *Wald-Erklärung*, sowie durch die völkerrechtlich verbindliche Verabschiedung und spätere Ratifizierung der *"Klima-Konvention"* und der *"Biodiversitäts-Konvention"* konkretisiert. Gute Voraussetzungen also zur Lösung der – im folgenden näher beschriebenen – globalen Umweltprobleme?

3. Beispiel: Klimaänderung

Die begonnene Klimaänderung ist das bisher meist diskutierte globale Umweltproblem. Aufgrund der steigenden Konzentration bestimmter Spurengase in der Atmosphäre wird es in den nächsten Jahrzehnten zu einer signifikanten Erhöhung der durchschnittlichen Erdtemperatur kommen, woraus weitreichende ökologische, ökonomische, soziale und politische Konsequenzen entstehen werden. Die Wirkung der Spurengase im Klimasystem ist wegen langsam ablaufender Akkumulationsprozesse zeitlich verzögert. Wenn die künstliche Erwärmung aber größere Ausmaße angenommen hat, ist es für Reduzierungsmaßnahmen zu spät. Hier zeigt sich das Dilemma globaler Umweltprobleme besonders deutlich: teure aber späte Nachsorge *(Anpassung)*, mögliche aber versäumte Vorsorge *(Prävention)*.

Die klimawirksamen Spurengase – wie insbesondere Kohlendioxid, Methan, Fluorchlorkohlenwasserstoffe, Methylbromid und Stickoxide –, die sich in der Atmosphäre anreichern, stören den Wärmehaushalt der Erde, indem sie die Wärmeabstrahlung in den Weltraum zum Teil blockieren (daher: zusätzlicher *Treibhauseffekt*). Den größten Anteil (ca. 50 Prozent) an diesem Erwärmungsprozeß hat das Kohlendioxid (CO_2), das durch (ineffiziente) Verbrennung fossiler Brennstoffe in Industrie, Verkehr und Haushalten entsteht. Stickoxide, die vor allem bei ungeregelter Verbrennung in Motoren und Kraftwerken frei werden, tragen mit ca. 8 Prozent, Fluorchlorkohlenwasserstoffe (FCKW), die in Sprays und Kühlaggregaten eingesetzt oder bei der Aufschäumung von Kunststoffen und beim Einsatz als Reinigungsmittel frei werden, mit ca. 14 Prozent zur Erwärmung der Atmosphäre bei. Beim Verdauungsprozeß in den Mägen der Rinderherden, beim Reisanbau, bei der Öl- und Gasgewinnung, aus Mülldeponien usw. entstehen große Mengen an Methan, das mit ca. 18 Prozent zur künstlichen Erwärmung der Atmosphäre beiträgt. Die wesentlichen Verursachungsfaktoren des Treibhauseffektes sind damit benannt. Was macht nun ihre Eindämmung schwierig oder gar unwahrscheinlich?

Idealiter müßten alle Treibhausgase von einer internationalen Reduzierungsvereinbarung erfaßt werden. Das aber ist eher unwahrscheinlich. Zu unterschiedlich sind die technischen, ökonomische, sozialen und politischen Aspekte der Emissionsreduzierung bei den einzelnen Gasen. Während bei einigen die Quellen *und* die Senken gut bekannt sind, ist bei anderen nur das eine oder das andere der Fall. Während beim Kohlendioxid und den Stickoxiden die Industrieländer Hauptverursacher sind, sind es beim Methan die Entwicklungsländer (Reisfelder, Rinderherden). Während bei einigen Gasen die Emission gut kontrolliert werden kann, ist es bei anderen nur die Produktion. Während bei einigen ein schneller und kompletter Ausstieg (z. B. FCKW) möglich erscheint, ist bei anderen bestenfalls eine stufenweise Reduzierung (z. B. CO_2) zu erwarten.

Entsprechend wurde in Rio de Janeiro 1992 die *Klima-Rahmenkonvention* verabschiedet, mit der die Probleme beschrieben, Handlungsnotwendigkeiten im Prinzip anerkannt, die erforderlichen Forschungs- und Monitoringprogramme auf den Weg gebracht worden sind. Diese Konvention muß nun durch ein bzw. mehrere *Protokolle* aufgefüllt werden, die konkrete Zielvorgaben und Maßnahmen zur Reduzierung der Emissionen *(Quellen)* bzw. zur Erhöhung der Absorptionskapazität der Natur *(Senken)* enthalten. Die Einigung über diesen nächsten Schritt zu einer effektiven Klimapolitik kam auf der 1. Vertragsstaatenkonferenz in Berlin 1995 noch nicht zustande, sondern wurde um vier Jahre (bis zur 3. Vertragsstaatenkonferenz) verschoben – vier vertane Jahre?

Von seiten der Wissenschaft sind vielfältige Vorschläge entwickelt worden, vor allem zum Kohlendioxid, die von der Einführung einer nationalen und globalen *Ressourcensteuer* (bzw. *Emissionsabgabe*) über internationale *Quotensysteme* bis zu transnational handelbaren *Emissionszertifikaten* reichen. Diese Vorschläge hätten drastische Änderungen im Wachstumspfad der Industrie- und auch der Entwicklungsländer zur Voraussetzung bzw. zur Folge, was sich mit den Stichworten *ökologischer Strukturwandel der Wirtschaft* bzw. *Energieeffizienz-Revolution* umreißen läßt.

Zur praktischen Umsetzung solch dynamisch angelegter Emissionsminderung kommen – neben der im Gespräch befindlichen kombinierten Energiesteuer/CO_2-Abgabe – eine Reihe von technischen Maßnahmen in Betracht, wie vor allem:

- Erhöhung der Effizienz der Energienutzung, insbesondere bei Transportenergie, Elektrizität, Heizenergie;

- Installation neuer Energiegewinnungstechnik, wie Blockheizkraftwerke, Fernwärme, Fernkühlung, Gasturbinen;

- Einsatz erneuerbarer Energien, wie insbesondere Biomasse, Windenergie, Photovoltaik, Wasserstoff;

- technische Nachrüstung bzw. Umrüstung der Kraftwerke (Entschwefelung, Entstickung) und der Motoren (Katalysatoren);

- Vergrößerung der CO_2-Senken, insbesondere durch Stop der Regenwaldvernichtung und Start eines Welt-Aufforstungsprogramms.

Die Durchführung dieser Maßnahmen könnte eine erhebliche Abschwächung des in Gang befindlichen Treibhauseffektes bewirken; sie müßten jedoch möglichst rasch ergriffen werden, um wirksam werden zu können. Einer neueren Studie zufolge müßten innerhalb der nächsten zehn Jahre die CO_2-Emissionen weltweit um 37 Prozent gesenkt werden, wenn die künstliche Erwärmung der Erdatmosphäre im Jahre 2100 (!) nicht über 1 bis 2 Grad Celsius im globalen Mittel steigen soll (Bach u. Jain 1991).

Während die Ursachen der künstlichen Erwärmung der Atmosphäre relativ gut bekannt sind, besteht über deren Auswirkungen noch erhebliche Unsicherheit. Ein Temperaturanstieg von 3 Grad Celsius im globalen Mittel brächte jedoch ohne Zweifel gravierende Folgen mit sich (vgl. IPCC 1990). Die Winter in den gemäßigten Zonen würden kürzer und wärmer, die Sommer länger und heißer. Die Verdunstungsraten würden zunehmen und im Gefolge davon die Regenfälle. Die Tropen und die gemäßigten Zonen könnten feuchter, die Subtropen trockener werden. In Tundragebieten könnte der gefrorene Boden auftauen, was zu organischer Verrottung und einer weiteren Vermehrung von Treibhausgasen führen würde.

Die Klimaänderung wird somit schon bestehende, regional gravierende Probleme wie Trockenheit, Wüstenbildung und Bodenerosion verschärfen und die nachhaltige ökonomische Entwicklung in vielen Ländern der Welt gefährden oder unmöglich machen.

Eine weitere schwerwiegende Konsequenz globaler Erwärmung bestünde im Schmelzen des Eises (Gletscher) und der thermischen Ausdehnung des Ozeanwassers, mit der Folge einer Erhöhung des Wasserspiegels. Nach vorläufigen Computer-Rechnungen könnte ein Temperaturanstieg von 3 Grad Celsius den Wasserspiegel der Ozeane um bis zu 60 Zentimeter anheben – im Falle des Abrutschens großer Stücke polaren Eises ins Meer auch noch höher. Da rund ein Drittel der Weltbevölkerung in nur etwa 60 Kilometer Entfernung von der Küstenlinie lebt, wären deren Wohn- und Arbeitsverhältnisse betroffen, für zahlreiche Inselstaaten, wie die Malediven, Polynesien und für Teile von Bangladesh könnte sich die Existenzfrage stellen.

Angesichts großer weltweiter Forschungsanstrengungen dürften sich die noch vorhandenen Unsicherheiten über die Auswirkungen der anstehenden Klimaänderung rasch verringern. In Abhängigkeit vom Erfolg oder Mißerfolg der möglichen *Präventivmaßnahmen*, die oben benannt wurden, werden mehr oder weniger umfangreiche *Anpassungsmaßnahmen* erforderlich. Diese Maßnahmen, die technischer, ökonomischer, sozialer und politischer Art sind, haben aller Voraussicht nach eine regional unterschiedliche Ausprägung und dürften so zu neuen internationalen Verteilungskonflikten führen.

4. Beispiel: Schädigung der Ozonschicht

Die stratosphäre Ozonschicht fungiert als Filter für die von der Sonne ausgehende ultraviolette Strahlung; sie trägt auch zur Regulierung der Temperatur in der Atmosphäre bei. Dieser "Ozonschutzschild" wird von langsam aufsteigenden ozonschädigenden Gasen angegriffen, insbesondere von Fluorchlorkohlenwasserstoffen (FCKW) und Methylbromid, die von der chemischen Industrie für verschiedenartige Zwecke produziert worden sind und weiter produziert werden.

Von der Schädigung der stratosphärischen Ozonschicht sind vielfältige Auswirkungen zu erwarten, die weltweit auftreten können: Zunahme von Sonnenbrand, Schädigung des Sehvermögens, vorzeitige Alterung der Haut, Schwächung des Immunsystems bei Mensch und Tier, steigende Häufigkeit und Ernsthaftigkeit von Hautkrebs usw. Auf die Pflanzen- und Tierwelt hat die zunehmende ultraviolette Strahlung eine Fülle von Auswirkungen (vgl. IPCC 1990).

Im Rahmen mehrjähriger Verhandlungen wurden zwei internationale Verträge, die "Wiener Konvention zum Schutz der Ozonschicht" (1985) und das "Montrealer Protokoll zum Schutz der Ozonschicht" (1987) abgeschlossen sowie eine weitreichende Revision des Protokolls vorgenommen: "London Konferenz" (1990), "Kopenhagen Konferenz" (1992). Bereits im Jahre 1981 hatte eine Gruppe kleinerer Industrieländer Vorschläge zu einer internationalen Konvention vorgelegt, die den Gedanken eines dynamischen Regimes beinhaltete. Es entstand das Konzept einer Zweiteilung des rechtlichen Instrumentariums in einen stabilen, institutionellen Teil (*Rahmenkonvention*) und einen flexiblen, technischen Teil (*Protokoll*). Das im September 1987 angenommene "Montrealer Protokoll" forderte die Vertragsstaaten auf, den Verbrauch von FCKW bis zum Jahre 1999 um 50 Prozent gegenüber 1986 zu reduzieren, ließ jedoch zugleich die Übertragung von Produktionen auf andere Staaten zu. Die Vertragsstaatenkonferenz 1989 leitete die geplante Revision mit der sog. "Helsinki-Erklärung" ein, die für FCKW einen vollständigen Ausstieg sowie eine schrittweise Regelung für die Reduzierung weiterer ozonschädigender Stoffe vorsah; auf den Nachfolgekonferenzen in London 1990 und in Kopenhagen 1992 wurden entsprechende Verkürzungen der Ausstiegszeit beschlossen. Seit 1. Januar 1995 ist in Deutschland ein Produktionsstop für FCKW in Kraft getreten.

Neben der Verschärfung der Reduzierungsmaßnahmen war jedoch eine Ausweitung der Vereinbarungen geboten, weil sich zunächst nur Industrieländer den Regeln des Protokolls unterworfen hatten, nicht aber die Entwicklungsländer, darunter Brasilien, China und Indien, die über einen großen Binnenmarkt (für Autos, Kühlschränke, Klimaanlagen) verfügen, für die bei herkömmlicher Technik FCKW zum Einsatz kommen. Um diesen Ländern den Beitritt zum "Montrealer Protokoll" zu erleichtern, beschlossen die Vertragsstaaten, einen Mechanismus zur Finanzierung und zum Zugang zu moderner Technologie zu entwickeln. Auf der Konferenz in London 1990, an der bereits 60 Staaten teilnahmen, wurde ein *Multilateraler Fonds* eingerichtet, der durch Beiträge der Industrieländer sowie einiger Entwicklungsländer finanziert wird. Der Fonds hat die Aufgabe, die erhöhten Kosten zu decken, die Entwicklungsländern bei der Umstellung ihrer Produktion entstehen: nach der Konferenz von Kopenhagen, an der 81 Staaten teilnahmen, hat der Fonds diese Umstrukturierung beschleunigt.

Die Schädigung der stratospärischen Ozonschicht bleibt aber für weitere
Jahrzehnte ein globales Umweltthema – nicht nur, weil von den Ersatz-
stoffen ebenfalls Schäden ausgehen, sondern auch wegen der Langlebigkeit
der ozonschädigenden Substanzen und der nur begrenzten Regerationsfähigkeit der Ozonschicht.

5.   Beispiel: Wälder und biologische Vielfalt

Weltweit gehen nach Schätzungen jährlich rund 20 Millionen Hektar an
tropischen Wäldern verloren, ein großer Teil davon in Amazonien (vgl. World
Resources Institute 1990). Das Verhältnis von Abholzung bzw. Brandrodung zu Wiederaufforstung liegt weltweit gesehen bei etwa 5:1.

Die Verluste an tropischen Wäldern haben, wie vielfach belegt, mehrere
Ursachen: Neben der Abholzung zu Exportzwecken, die auf unzureichenden
Konzessionsverträgen oder auf staatlichen Subventionen für Landnutzung
beruhen, sind es vor allem die Brandrodung zur Anlage von Plantagen, für
Weideland und Ackerbau, die Errichtung von Industrie- und Energie-
gewinnungsanlagen (Stauseen) und von Siedlungen – und vielfach auch die
Bodenspekulation sowohl innerhalb als auch außerhalb der Regenwald-
gebiete. Hinter diesen Nutzungsansprüchen stehen ein allgemein großer Bevölkerungsdruck und ein im Gefolge von Verschuldungskrisen auftretender
diffuser Exportdruck: Die Notwendigkeit, Deviseneinnahmen zu erzielen,
treibt viele Entwicklungsländer zu einer Übernutzung ihrer Ressourcenbestände. Wenn Maßnahmen zur Regeneration dieser Ressourcen aus ökonomischen Gründen nicht rechtzeitig ergriffen werden können (mangelnde
Regerationsfähigkeit), führt dies zum Verlust der Nachhaltigkeit der Ressourcennutzung bzw. zu bleibenden Verlusten am "natürlichen Kapitalstock". Da in den tropischen Regenwäldern 40 Prozent oder mehr aller Tier-
und Pflanzenarten der Welt beheimatet sind, verursacht dies auch unge-
ahnte, bisher nicht verläßlich schätzbare Verluste an biologischer Vielfalt.

Der Raubbau an tropischen Wäldern hat oft auch die Vertreibung oder
Vernichtung waldbezogener Lebensgemeinschaften zur Folge – wie insbesondere durch die tragische Geschichte der Indianer Amazoniens belegt ist.

Diese und andere Probleme der Waldnutzung bzw. Waldzerstörung sind
in dem Sinne globaler Art, als ihre Ursachen in der zunehmend internationalen ökonomisch-ökologischen Interdependenz liegen oder aber ihre
Wirkungen global sind und nur durch internationale Kooperation einge-
dämmt werden können. Die in Rio de Janeiro 1992 verabschiedete *"Wald-
Erklärung"* ist hierzu ein erster Schritt, dem rasch weitere folgen müßten:
ein *"Wald-Protokoll "* im Rahmen der 1993 in Kraft getretenen Biodiversitäts-Konvention *oder* eine neu zu verhandelnde, eigenständige
"Wald-Konvention" (vgl. WBGU 1995).

6. Beispiel: Böden und Gewässer

Nach neueren Schätzungen dehnen sich die Wüstengebiete der Welt jährlich um etwa 6 Millionen Hektar aus. Die Zunahme der Bevölkerung, aber auch der Viehbestände beeinträchtigt die Vegetation und beschleunigt damit wiederum die Bodenerosion. Mehr als 850 Millionen Menschen leben in Trockengebieten, 250 Millionen davon gelten als von der Wüstenausdehnung direkt oder indirekt betroffen.

Die damit einhergehende Störung der sensiblen ökologischen Systeme beeinträchtigt die ohnehin schwache Wasseraufnahme der Böden zusätzlich, verstärkt den Wasserabfluß, senkt den Grundwasserspiegel und reduziert den Nährstoffgehalt der Böden. Unter solchen Bedingungen verstärken sich die Effekte längerer Trockenheit und temporärer Nahrungsmangel kann sich so in akute Hungersnot verwandeln.

Die Erforschung dieser komplizierten Prozesse hat gezeigt, daß hierbei politische, ökonomische und soziale Faktoren weit bedeutsamer sind als früher angenommen (vgl. World Resources Institute 1990). Neben Bevölkerungsdichte und Viehbestand ist es vor allem die marktorientierte Landwirtschaft, die die konventionelle Bodennutzung verändert, die Tragfähigkeit marginaler Böden überfordert und damit den Verwüstungsprozeß beschleunigt. Daher sind nicht nur technische sondern auch institutionelle Lösungen erforderlich, wie vor allem geeignete Landnutzungsrechte, wenn die Wüstenausdehnung, von der gerade die ärmsten Gebiete der Welt betroffen sind, gestoppt werden soll. Diesen Fragen ist die *"Konvention gegen Wüstenausdehnung"* gewidmet, die auf Drängen afrikanischer Länder ausgearbeitet und 1994 unterzeichnet wurde; sie ist jedoch noch nicht in Kraft getreten, weil die erforderliche Zahl der staatlichen Ratifizierungen noch nicht erfolgt ist.

Neben dem quantitativen Verlust kommt es laufend zu einer qualitativen Verschlechterung ehemals ertragreicher Böden. In Afrika nördlich des Äquators gelten rund 11 Prozent des gesamten Landes als von Wassererosion und 22 Prozent von Winderosion substantiell geschädigt; im Nahen Osten liegen die entsprechenden Werte sogar bei 17 bzw. 35 Prozent. Dieses Problem ist durch ungeeignete Bodennutzung verstärkt worden, insbesondere durch den Ersatz von Mischkulturen durch Monokulturen sowie durch die Vernachlässigung eines geeigneten Wassermanagements.

Zahlreiche Länder der Welt haben inzwischen ernste, wenn auch sehr verschiedenartige Wasserprobleme (vgl. WBGU 1994). In vielen Fällen wird das quantitative Wasserdargebot zunehmend kritisch, verursacht durch Dürre, Übernutzung von Wasservorräten und Entwaldung, während die Wassernachfrage aufgrund von künstlicher Bewässerung, zunehmender Urbanisierung und Industrialisierung sowie rasch anwachsenden individuellen Wasserverbrauchs weiter steigt. Weltweit werden derzeit etwa 1 300 Milliarden Kubikmeter Wasser pro Jahr für künstliche Bewässerung

verwendet; wegen der damit einhergehenden Verdunstungs- und Transport-
verluste wird den vorhandenen Wasservorräten jedoch mehr als das
Doppelte (nämlich rund 3 000 Milliarden Kubikmeter) entzogen.

Auch die Wasserqualtität verschlechtert sich weltweit und teils auf
dramatische Weise. Oberflächengewässer und Grundwasser sind in vielen
Ländern mit Nitrat und Pestiziden aus der Landwirtschaft, durch Leckagen
aus städtischen und industriellen Wasser- und Abwassersystemen, aus Kläranlagen und Mülldeponien belastet. Die von der Weltgesundheitsorganisation
(WHO) empfohlenen entsprechenden Grenzwerte werden immer häufiger
überschritten, die von der EU-Kommission gesetzten Grenzwerte werden
von Tausenden von Wasserbrunnen in Europa nicht eingehalten – die
folglich geschlossen werden müßten. Auch und gerade bei der Wasser-
problematik zeigt sich, daß Vorsorge besser ist als Nachsorge, zumal die
Reinigung einmal verschmutzter Grundwasservorräte selbst in den reichsten
Ländern der Welt kaum finanzierbar sein dürfte.

Wassermanagement hat auch insofern eine besondere internationale
Dimension, als es auf der Welt mehr als 200 grenzüberschreitende Flußeinzugsgebiete und eine große Zahl von Seen und Gewässern mit regionalem
Einzugsbereich gibt und weil die Ozeane, in die sich alle Schmutzfrachten
ergießen, generell als "*globale Gemeinschaftsgüter*" gelten.

Künstliche Bewässerung hat die landwirtschaftliche Produktivität in
Gebieten mit unsicheren oder unzureichenden Regenfällen erheblich erhöht
und den Anbau hochertragreicher Sorten möglich gemacht; sie wird in
Ländern und Gebieten mit niedrigen Einkommen und Nahrungsmittel-
defiziten auch weiter ausgedehnt werden müssen. Auf das Konto unsachgemäßer Bewässerung gehen aber auch Wasserverschwendung, Grundwasser-
verseuchung und Produktivitätsverluste großen Ausmaßes. In ähnlicher
Weise hat die unkontrollierte Entnahme von Grundwasser viele Wasservorräte in den Entwicklungsländern reduziert, während in zahlreichen
Industrieländern der weiterhin steigende Wasserverbrauch teils nur noch
durch erhebliche Verlängerung der Wassertransportwege befriedigt werden
kann.

Neben den Anforderungen an geeignete technische Maßnahmen zur
quantitativen und qualitativen Sicherung der Wasservorräte für eine weiter
zunehmende Weltbevölkerung – wie Erschließung neuer Quellen, Schaffung
integrierter Wasserkreisläufe bei der industriellen Produktion, Verhinderung
der Wasserverschmutzung durch Schadstoffe vielfältiger Art – wird es in
Zukunft deshalb auch um eine systematische Reduzierung des Wasserverbrauchs in Landwirtschaft, Industrie und Haushalten gehen müssen.
Hierzu sind durchgreifende institutionelle Innovationen erforderlich (eine
"*Wasser-Konvention*"?), insbesondere eine aktive *Wasserpreispolitik*, die in
weiten Teilen der Welt aber entweder unbekannt ist (Wasser als
"öffentliches Gut") oder auf großen Widerstand stößt. Die Alternative zu
solchen Innovationen heißt Wasserrationierung und Wasserverseuchung
– mit allen daraus wiederum entstehenden Konsequenzen.

7. Beispiel: Gefährliche Abfälle

Viele Industrieprodukte und chemische Abfallstoffe sind nicht oder nur schwer abbaubar oder aber nicht dauerhaft lagerungsfähig. Nicht alle Einrichtungen zur Behandlung solcher Stoffe sind technisch sicher und risikofrei. Aus alten Lagerstätten entweichen toxische Substanzen aufgrund von Leckagen und belasten so die Böden, das Grund- und Oberflächenwasser. Das Mischen von toxischen Abfällen und Hausmüll hat zu zahllosen Unfällen und zu Krankheiten geführt, eine getrennte Sammlung und Behandlung ist dennoch erst in wenigen Ländern eingeführt geworden. Zahlreiche gefährliche Stoffe, deren Verwendung in Industrieländern selbst verboten ist, werden weiterhin in Entwicklungsländer exportiert. Die weltweit zunehmend zum Einsatz kommende Verbrennungstechnik (Müllverbrennungsanlagen) kann das Abfallvolumen zwar quantitativ reduzieren, erzeugt ihrerseits aber konzentrierte toxische Abfälle und bei unsachgemäßer Handhabung auch gefährliche Luftschadstoffe; Quantität schlägt in eine neue Qualität um.

Die Entwicklungsländer produzieren, importieren und deponieren toxische Abfälle in immer größerem Umfang. In den meisten dieser Länder fehlt es aber nicht nur an Bewußtsein und Information über die Toxizität solcher Stoffe, sondern auch und vor allem an Wissen und Technik zu deren sicherer Handhabung.

Nach Jahrzehnten der mehr oder weniger unkontrollierten (wilden) Deponierung von Abfällen haben die meisten Industrieländer, aber erst wenige Entwicklungsländer die Kosten und Risiken solcher Ignoranz erkannt. Die Reduzierung der Abfälle an der Quelle ihrer Entstehung, das heißt Abfallvermeidung, ist der einzig verläßliche Weg zur Verbesserung der Situation. Abfallvermeidung ist aber weder in den Industrie- noch in den Entwicklungsländern zu einem systematischen gesellschaftlichen Projekt avanciert. Das in vielen Entwicklungsländern übliche Abfallrecycling ist angesichts des sich rasch ändernden Stoffgehalts der Abfälle zu einer insbesondere für ärmere Bevölkerungsgruppen (sogenannte "Müllmenschen") risikoreichen und gelegentlich gar lebensgefährlichen Tätigkeit geworden.

Der grenzüberschreitende Transport gefährlicher Abfälle hat im letzten Jahrzehnt erheblich zugenommen. Mit der Ausweitung des Warenhandels geht offensichtlich eine "Liberalisierung des Schadstofftransports" einher: gefährliche Abfälle gegen harte Devisen. Eine wirksame Kontrolle des Transports gefährlicher Abfälle gilt generell als schwierig; nach erfolgtem Grenzübertritt unterliegen sie oft ganz unterschiedlichen und gelegentlich sich widersprechenden Regulierungen. Die bestehende Exportmöglichkeit reduziert zugleich die (zu schwachen) ökonomischen Anreize zur Abfallvermeidung; sie transferiert das Risiko, ohne auch das Wissen und die Technik zur Behandlung des Risikos zu transferieren.

Angesichts dieser Problematik und der weltweit expandierenden Chemie-produktion ist die Verabschiedung der "Baseler Konvention über die Kontrolle des grenzüberschreitenden Verkehrs mit Sonderabfällen und ihrer Beseitigung" von 1989 sicherlich ein Fortschritt; die Schwierigkeit liegt aber in der Durchsetzung des Abkommens auf lokaler und nationaler Ebene. Hierzu müßten effektive technische und institutionelle Vorkehrungen getroffen werden, nicht nur, aber vor allem in den Entwicklungsländern, um die latent vorhandene Bereitschaft zur Umgehung von Transportkontrollen zu verringern, das Entstehen gefährlicher Abfälle zu verringern bzw. eine für Mensch und Umwelt möglichst risikofreie Behandlung weiterhin anfallender Abfälle zu gewährleisten. Der grenzüberschreitende Transport gefährlicher Abfälle bleibt, so scheint es, auch für die nähere Zukunft ein ungelöstes und insofern ein globales Umweltproblem.

8.   Ökonomische Lösungssstrategien: Theoretische Verknüpfung

Implizit war in den vorangehenden Abschnitten bereits von Lösungsstrategien die Rede, von sektoralen oder integrierten, von individuellen oder gesellschaftlichen, von technischen oder sozialen Lösungen. Dies steht jeweils für sich. Im folgenden soll daher nur noch eine theoretische Verknüpfung der verschiedenen Vorschläge vorgenommen werden, wobei hier eine ökonomische Perspektive gewählt wird.

Der Diskussionsstand über die Lösung globaler Umweltprobleme reflektiert in gewisser Weise den jeweiligen Kenntnisstand über die Zusammenhänge von Ursachen und Wirkungen, die Möglichkeiten zum Ersatz von oder zum Verzicht auf bestimmte Produkte und Techniken, die zu Umweltschädigungen führen, sowie die Einschätzung bzw. Bewertung der Folgen dieser Schädigungen. Entsprechend groß ist die Bandbreite der Vorstellungen über die notwendigen Maßnahmen und Strategien. Dennoch ist eine theoretische Eingrenzung möglich und wohl auch sinnvoll.

Auch für eine globale Umweltpolitik sind, was die denkbaren ökonomischen Anreiz- und Sanktionsmechanismen angeht, grundsätzlich Preis- *oder* Mengenlösungen die beiden "idealen" Ausprägungen (Bonus 1991). Am Beginn jeder Umweltpolitik steht ein Markteingriff: Entweder werden die Preise bestimmter Umweltnutzungen fixiert, und es wird dem Markt überlassen, wieviele Emissionen sich bei solchen Festpreisen noch rechnen (=*Preislösung*); oder es werden die insgesamt zulässigen Emissionsmengen von Umweltnutzungen fixiert, und es wird dem Markt überlassen, welche Preise sich unter diesen Umständen herausbilden (=*Mengenlösung*).

Beide Lösungen sind symmetrisch zueinander, jedoch nicht äquivalent. Ein Parameter, Preis oder Menge, wird jeweils fixiert, der andere ergibt sich aus den Marktbedingungen. Die Frage ist, welcher dieser beiden Parameter bei welchem Umweltproblem in welchem Land (in welcher Region) zweckmäßigerweise zu fixieren ist. Der Knackpunkt bei einer Preislösung ist die richtige Höhe des zu fixierenden Preises (=*Umweltabgaben*). Der Knackpunkt bei einer Mengenlösung besteht darin, daß mit der Festlegung von Höchstmengen (=*Kontingentierung*) konzediert wird, daß Emissionen in bestimmter Höhe erlaubt sind; diese können aber höher liegen als die Absorptionskapazität bzw. Regenerationsfähigkeit des ökologischen Systems (beispielsweise des Klimasystems). Sowohl Preis- als auch Mengenlösungen können also ihr eigentliches Ziel, d. h. Erhalt, Stabilisierung oder Wiederherstellung der Funktionsweise des betreffenden ökologischen Systems, verfehlen.

Weil das so sein kann, werden im Laufe der anstehenden (langjährigen) Verhandlungen über die oben beschriebenen globalen Umweltprobleme aller Voraussicht nach sowohl Preis- als auch Mengenlösungen eingebracht werden. Was beispielsweise die Klimaänderung angeht, stehen bisher Mengenlösungen (*Emissionsreduzierung*) im Vordergrund, während die Diskussion um konkrete Preislösungen (wie *globale Ressourcensteuer*, *nationale CO$_2$-Abgabe*) erst begonnen hat.

Zudem ist festzustellen, daß bei den Mengenlösungen ordnungsrechtliche Vorstellungen (d. h. *Reduzierungspflichten*) überwiegen; markwirtschaftliche Vorstellungen (= *Zertifikate*) sind aber zunehmend ins Gespräch gekommen, wonach ökologische Rahmendaten (Beispiel: bestimmter Temperaturanstieg) in regional oder national differenzierte Emissionskontingente umgesetzt werden. Diese Kontingente können dann in Zertifikate gestückelt werden, die den Inhaber (hier: ein Land, eine Ländergruppe) jeweils zur (jährlichen) Emission einer bestimmten Menge eines bestimmten Schadstoffes (z. B. CO$_2$) berechtigen. Diese Zertifikate können regional oder global übertragbar gemacht werden (= Börse); sie würden dann ausgetauscht und erreichten am Markt entsprechende Knappheitspreise (d. h. Einnahmen, die z. B. für die Substitution von emissionsreichen gegen emissionsarme Produkte und Techniken verwendet werden könnten). Die zertifizierten Mengen addieren sich gerade zu den ökologischen Rahmendaten (= *globales Emissionslimit*), so daß diese eingehalten werden könnten. Die gehandelten Zertifikate entsprächen im konkreten Fall also einer Kompensation für (partiellen oder vollständigen) Produktions- bzw. Nutzungsverzicht. Sie würden einen Markt etablieren (= *Umweltqualität*), wo bisher kein Markt besteht.

Hier gilt es festzuhalten, daß bei den beschriebenen globalen Umweltproblemen neben den vornehmlich vorgeschlagenen Reduzierungspflichten sehr wohl auch andere Lösungen, Mengen- wie Preislösungen, sinnvoll sein können. Es bleibt aber eine offene Frage, welche der grundsätzlich möglichen Lösungen bei welchem Problem in welcher Form und von welchen Partnern in Zukunft tatsächlich vereinbart werden.

Literatur

Bach, W. und Jain, A. K. (1991). Von der Klimakrise zum Klimaschutz. Institut für
Geographie. Manuskript. - Münster
Baseler Konvention über die Kontrolle des grenzüberschreitenden Verkehrs mit
Sonderabfällen und ihrer Beseitigung (1989). In: Stiftung Entwicklung und Frieden
(Hrsg.): Die Umwelt bewahren, S. 143-172. - Bonn
Bonus, H. (1991). Umweltpolitik in der Sozialen Marktwirtschaft. Aus Politik und
Zeitgeschichte B 10/91, 37-46
Dietz, F.J., Simonis, U. E., van der Straaten, J. (Hrsg.) (1992). Sustainability and
Environmental Policy. Restraints and Advances. - Berlin
Hartje, V. (1989). Studienbericht E9a. Verteilung der Reduktionspflichten. Problematik der
Dritte-Welt-Staaten. Enquête-Kommission "Vorsorge zum Schutz der Erdatmosphäre".
Manuskript. - Berlin
Intergovernmental Panel on Climate Change (IPCC) (1990). Climate Change. The IPCC
Scientific Assessment. - Cambridge
Montrealer Protokoll der Stoffe, die zum Abbau der Ozonschicht führen (1989). In: Stiftung
Entwicklung und Frieden (Hrsg.): Die Umwelt bewahren, S. 111-129. - Bonn
Wissenschaftlicher Beirat Globale Umweltveränderungen (WBGU) (1994). Welt im Wandel.
Die Gefährdung der Böden. - Bonn
Wissenschaftlicher Beirat Globale Umweltveränderungen (WBGU) (1995). Welt im Wandel.
Wege zur Lösung globaler Umweltprobleme. - Berlin
World Resources Institute (1990). World Resources 1990-91. - Oxford, New York

Der Beitrag der Biosphärenreservate zu Schutz, Pflege und Entwicklung von Natur- und Kulturlandschaften in Deutschland

Karl-Heinz Erdmann

1. Einleitung

Angesichts einer Vielzahl globaler, anthropogen ausgelöster Umweltprobleme und aus Sorge um die Auswirkungen menschlicher Eingriffe in den Naturhaushalt wurden weltweit zahllose verschiedenartige Maßnahmen zum Schutz der Umwelt, zur Stabilisierung der Lebensbedingungen auf dem Planeten Erde eingeleitet. Als sichtbares Zeichen für diesen in Gang gekommenen Prozeß gilt die "United Nations Conference on Environment and Development" (UNCED) 1992 in Rio de Janeiro (vgl. BMU 1993). Dabei bestimmt das Leitbild einer nachhaltigen, zukunftsfähigen Entwicklung (Sustainable Development), das im Jahre 1987 durch den Bericht der "World Commission on Environment and Development" (vgl. Hauff 1987) in die öffentliche Diskussion gebracht wurde, zunehmend die politische Diskussion. Unter einer nachhaltigen Entwicklung wird in diesem Bericht eine Entwicklung verstanden, die die Bedürfnisse der Bevölkerung der Gegenwart befriedigt, ohne die Lebensbedingungen zukünftiger Generationen zu gefährden, und damit tragfähig für die Zukunft ist. Die praktische Umsetzung dieses Konzepts in den verschiedenen Politikbereichen (Umwelt-, Wirtschafts-, Entwicklungs-, Forschungs- und Technologiepolitik) wird zwar lautstark und vehement gefordert, steht allerdings auf den wichtigsten Feldern bislang noch aus.

Während der überwiegende Teil der Aufsätze des vorliegenden Buches wichtigen theoretischen Konzepten und Ansätzen einer nachhaltigen Entwicklung gewidmet ist, sollen im vorliegenden Beitrag am Beispiel konkreter Landschaftsräume Möglichkeiten zur Etablierung von Modellen einer nachhaltigen Entwicklung aufgezeigt werden. Derzeit einziger Entwurf, der mit weltweitem Anspruch eine derartige Zielrichtung verfolgt, ist das Konzept der Biosphärenreservate. Biosphärenreservate werden von der UNESCO im Rahmen des Programms "Der Mensch und die Biosphäre" (MAB) anerkannt und dienen als Modellandschaften zur Etablierung dauerhaft umweltgerechter Lebens- und Wirtschaftsweisen.

Im folgenden werden – aufbauend auf internationalen Vorgaben der UNESCO, vor allem dem "Action Plan for Biosphere Reserves", sowie deren nationale Konkretisierung ("Leitlinien für Schutz, Pflege und Entwicklung der Biosphärenreservate in Deutschland") – Aufgaben und Perspektiven der Biosphärenreservate in Deutschland im Hinblick auf die Entwicklung dauerhaft tragfähiger ökologischer, ökonomischer und sozialer Modelle diskutiert. Zum besseren Verständnis der vielfältigen Aspekte, die mit Biosphärenreservaten zusammenhängen, soll einleitend das MAB-Programm, dessen Aufgaben, Ziele und Organisation, vorgestellt werden.

2.   Gründung, Aufgaben und Ziele von MAB

Als eine der ersten internationalen Organisationen erkannte die UNESCO (Organisation der Vereinten Nationen für Erziehung, Wissenschaft und Kultur) die globalen Herausforderungen im Umweltbereich. Anläßlich der 16. Generalkonferenz der UNESCO in Paris wurde am 23. Oktober 1970 das ökosystemare Programm "Der Mensch und die Biosphäre" (Man and the Biosphere; MAB) ins Leben gerufen (UNESCO 1982, S. 3f.).

Zentrale Aufgabe des MAB-Programms ist es, auf nationaler und internationaler Ebene wissenschaftliche Grundlagen für eine wirksame Erhaltung der Funktionsfähigkeit des Naturhaushaltes sowie für eine ökologisch rationale Nutzung der Biosphäre zu erarbeiten bzw. zu verbessern. Als maßgeblicher Einflußfaktor fast aller Ökosysteme ist der handelnde Mensch integraler Bestandteil des MAB-Programms (vgl. Erdmann u. Nauber 1990, 1991).

Die Umsetzung dieses sehr weitgefaßten Auftrages machte eine Abkehr von ausschließlich medienspezifischen Fragestellungen, d.h. von Untersuchungen zur Gefährdung von Boden, Wasser oder Luft, notwendig. MAB wurde deshalb als fachübergreifendes, problemorientiertes Forschungsprogramm angelegt, das wissenschaftliche Erkenntnisse über Struktur, Funktion, Stoffumsatz und Wirkungsgefüge einzelner Ökosysteme fördern soll. Gleichfalls sind aber auch Wechselwirkungen verschiedener Ökosysteme untereinander und vom Menschen verursachte Veränderungen im Naturhaushalt Gegenstand der Arbeiten. Ausgangspunkt der MAB-Forschung ist ein ökosystemarer Ansatz, der neben ökologischen – im naturwissenschaftlichen Sinne – ausdrücklich auch ökonomische, soziale, kulturelle, planerische und ethische Aspekte mit einbezieht. MAB basiert auf der Erkenntnis, daß im ökosystemaren Gefüge naturgesetzliche Abhängigkeiten existieren, die einer – in Modellen darzustellenden – Systematik folgen. Zur Beschreibung ökosystemarer Zusammenhänge werden kybernetische Strukturmodelle herangezogen.

Der disziplinübergreifende MAB-Ansatz fördert wissenschaftliche Erkenntnisse von naturnahen bis hin zu stark anthropogen überformten Ökosystemen, wie z.B. intensiv genutzte Agrarräume und urbane Räume. Es ist das besondere Anliegen von MAB, Modelle für eine am Prinzip der Nachhaltigkeit orientierte sorgsame Bewirtschaftung der Biosphäre zu konzipieren und diese in repräsentativen Landschaften, sogenannten "Biosphärenreservaten", beispielgebend zu entwickeln, zu erproben und umzusetzen. Ziel der UNESCO ist der Aufbau eines weltumspannenden Verbundes von Biosphärenreservaten, mit dem sämtliche Ökosystemtypen bzw. biogeographische Einheiten der Welt exemplarisch abgebildet und erfaßt werden können (vgl. Deutsches MAB-Nationalkomitee 1977, S. 17f.).

In der Gründungsphase des Programms legte die UNESCO vierzehn Projektbereiche als Orientierungsrahmen für die Koordination der MAB-Forschung fest (vgl. Tab.1).

Tab.1: Die 14 Projektbereiche des UNESCO-Programms "Der Mensch und die Biosphäre" (MAB)

Die MAB-Projektbereiche

1. Ökologische Folgen der zunehmenden Einwirkung des Menschen auf tropische und subtropische Wälder	8. Erhaltung von Naturgebieten und des darin enthaltenen genetischen Materials
2. Ökologische Auswirkungen verschiedener Nutzungs- und Bewirtschaftungsarten auf Waldlandschaften der gemäßigten und der mediterranen Zonen	9. Ökologische Bewertung von Schädlingsbekämpfung und Düngung in terrestrischen und aquatischen Ökosystemen
3. Einfluß menschlicher Aktivitäten und Nutzungspraktiken auf Weideland, Savanne und Grasland (gemäßigte bis aride Gebiete)	10. Auswirkungen großtechnischer Anlagen auf den Menschen und seine Umwelt
4. Einfluß menschlicher Aktivitäten auf die Dynamik von Ökosystemen arider und semiarider Zonen, unter besonderer Berücksichtigung der künstlichen Bewässerung	11. Ökologische Aspekte von Ballungsgebieten unter besonderer Berücksichtigung der Energiewirtschaft
5. Ökologische Auswirkungen menschlicher Aktivitäten auf den Wert und die Nutzbarkeit von Seen, Sumpfgebieten, Flüssen, Deltas und Flußmündungen sowie von Küstengebieten	12. Wechselwirkungen zwischen Umweltveränderungen und der adaptiven, demographischen und genetischen Struktur der menschlichen Bevölkerung
6. Einfluß menschlicher Aktivitäten auf Gebirgs- und Tundraökosysteme	13. Wahrnehmung der Umweltqualität
7. Ökologie und rationelle Nutzung der Ökosysteme von Inseln	14. Forschung über Umweltverschmutzung und ihre Auswirkung auf die Biosphäre

3. Organisation von MAB

Die breite Resonanz von MAB spiegelt sich u.a. in der Teilnahme von bisher über 120 UNESCO-Mitgliedsstaaten am Programm wider.

Für die internationale Organisation, Planung und Koordination des Programms ist ein "Internationaler Koordinationsrat" (ICC) verantwortlich, der sich aus Vertretern von 30 Mitgliedsstaaten des MAB-Programms zusammensetzt. Er wird im 4-Jahres-Turnus auf UNESCO-Generalkonferenzen gewählt und tagt alle zwei Jahre.

Von den Regierungen der jeweiligen Staaten berufene Nationalkomitees bilden das Rückgrat des Programms. Sie haben die Aufgabe,

- bei der Fortentwicklung des internationalen MAB-Programms mitzuwirken sowie

- aus dem internationalen Programm nationale Schwerpunkte zu konkretisieren und diese in nationalen Arbeitsprogrammen niederzulegen.

Das MAB-Nationalkomitee der Bundesrepublik Deutschland konstituierte sich am 07. September 1972, der Vorsitz wurde vom Bundesministerium des Innern wahrgenommen (Franz 1984, S. 109 ff.). Mit der Gründung des Bundesministeriums für Umwelt, Naturschutz und Reaktorsicherheit in 1986 ging der Vorsitz auf dieses Ressort über.

4. Entwicklung des MAB-Programms in Deutschland

In der Anfangsphase des MAB-Programms stand in Deutschland vor allem die Erarbeitung erster Ansätze zur Behandlung und Erfassung komplexer ökosystemarer Fragestellungen im Mittelpunkt des Interesses. Als wichtiger Beitrag ist die Entwicklung des "Sensitivitätsmodells" (Vester u. von Hesler 1980) zu nennen. Darin wird erstmals der Versuch unternommen, ein theoretisches Konzept zu entwickeln, das die vielfältigen Strukturen und funktionalen Bezüge urbaner Systeme aufzeigt.

In dem folgenden Zeitraum (1976 bis 1986) stand die Umsetzung der entwickelten Modelle in reale Landschaften im Vordergrund. Einen wichtigen Beitrag bildeten u.a. die Arbeiten im Rahmen des Berchtesgadener MAB-Projektes (vgl. Kerner et al. 1991). Hier wurde erstmals der Versuch unternommen, das "Sensitivitätsmodell" in einem konkreten Landschaftsraum zu überprüfen. In diesen Zeitraum fiel auch die Anerkennung der Gebiete "Vessertal" (heute "Biosphärenreservat Vessertal-Thüringer Wald"; 1979), "Steckby-Lödderitzer Forst" (heute "Biosphärenreservat Mittlere Elbe"; 1979) sowie "Bayerischer Wald (1981) als Biosphärenreservate der UNESCO.

Die 3. Phase (1986 bis 1991) ist vor allem von der Übertragung der im Berchtesgadener Projekt gewonnenen Erkenntnisse auf neue Untersuchungsräume bestimmt. Die MAB-Projekte in Kiel (u.a. Blume et al. 1992), Osnabrück (u.a. Lieth 1990) und Göttingen (u.a. Forschungszentrum Waldökosysteme der Universität Göttingen o.J.) sind hier u.a. zu nennen. Nachdem nun vielfältige ökosystemare Erkenntnisse aus verschiedenen Landschaftsräumen in Deutschland vorlagen, sollten nun – ausgehend von zeitlich terminierten Projekten – die Ergebnisse auf typische Landschaftsräume übertragen werden. Hier boten sich die Biosphärenreservate in Deutschland an; nachdem zwischen 1979 und 1981 in Deutschland bereits drei eingerichtet werden konnten, erkannte die UNESCO zwischen 1990 und 1992 neun weitere Gebiete an.

Seit 1991 ist es vorrangiges Ziel, die ausgewiesenen Biosphärenreservate in Deutschland als funktionsfähige Modellandschaften für Schutz, Pflege und Entwicklung von Natur- und Kulturlandschaften auszubauen. Dieser kurze geschichtliche Abriß verdeutlicht, daß das MAB-Programm seit seiner Gründung vielfältige inhaltliche und organisatorische Modifikationen erfahren hat.

Von besonderer Bedeutung für die künftige Entwicklung sind die anläßlich der 12. Sitzung des Internationalen Koordinationsrates für das MAB-Programm (1993) gefaßten Beschlüsse. U.a. wurde zur Umsetzung der Ergebnisse der UN-Konferenz in Rio de Janeiro 1992 beschlossen, zur Weiterentwicklung der 14 Projektbereiche des MAB-Programms fünf prioritär zu behandelnde Themenfelder einzurichten:

– Schutz der Biodiversität und ökologischer Prozesse,

– Erarbeitung von Strategien einer nachhaltigen Nutzung,

– Förderung der Informationsvermittlung und Umweltbildung,

– Etablierung einer Ausbildungsstruktur und

– Beitrag zu Errichtung und Betrieb eines globalen Umweltbeobachtungssystems.

Diese Schwerpunkte sollen vorrangig in Biosphärenreservaten umgesetzt werden; nicht zuletzt in diesen Beschlüssen kommt sehr deutlich zum Ausdruck, daß sich die Biosphärenreservate zum zentralen Schwerpunkt des MAB-Programms entwickelt haben.

5. Entwicklung des Konzeptes der Biosphärenreservate

Im Verlauf der Ausgestaltung des MAB-Programms hat sich auch die Konzeption der Biosphärenreservate in vielfältiger Weise weiterentwickelt. Zur Zeit der Anerkennung der ersten Biosphärenreservate in den 70er Jahren stand allein der Schutz bedeutender Naturlandschaften im Mittelpunkt der Bemühungen. Dies spiegelt sich u.a. auch im Titel des 8. Projektbereichs "Erhaltung von Naturgebieten und des darin enthaltenen genetischen Materials" wider, unter dem Biosphärenreservate innerhalb des MAB-Programms organisatorisch angesiedelt sind. Landschaften, die in dieser Phase von der UNESCO als Biosphärenreservat ausgewiesen wurden, sind beispielsweise der Serengeti-Ngorongoro-Park in Tansania (1981) sowie der Everglades National Park (1976) und der Yellowstone National Park (1976) in den USA.

Das gewandelte Verständnis der Biosphärenreservate kommt vor allem in dem 1984 von der UNESCO verabschiedeten "Action Plan for Biosphere Reserves" zum Ausdruck, in der Hinwendung zu Schutz, Pflege und Entwicklung typischer Kulturlandschaften mit eingelagerten Naturlandschaften: Zweck des internationalen Biosphärenreservatnetzes ist die systematische Erfassung aller biogeographischen Räume der Erde. Einbezogen werden sollen repräsentative Gebiete aller biogeographischen Regionen der Erde – einschließlich Tide- und Meeresbiotopen in Küstenregionen –, einmal in ihrem ursprünglichen Zustand und zum anderen mit den vom Menschen ausgelösten Modifikationen unterschiedlichen Ausmaßes (UNESCO 1984, S. 12f.).

Dementsprechend ist ein Biosphärenreservat als *repräsentativer Ausschnitt* einer bestimmten Landschaft auszuwählen und keinesfalls aufgrund seiner besonderen Schutzwürdigkeit oder Einmaligkeit mit dem Ziel, neben strengen Naturschutzaufgaben gleichermaßen Entwicklungsaufgaben wahrzunehmen. Alle Biosphärenreservate bilden ein weltumspannendes Gebietssystem, das sämtliche Ökosystemtypen bzw. biogeographische Einheiten der Welt exemplarisch abbildet. In Biosphärenreservaten sollen die Ziele des MAB-Programms insgesamt konkretisiert und beispielhaft umgesetzt werden.

Mit der Beantragung auf Anerkennung eines Biosphärenreservates der UNESCO unterwirft sich das beantragende Land dem MAB-Programm, garantiert seine sachgerechte Ausgestaltung und stellt die erforderlichen Ressourcen zur Verfügung.

Seit der Errichtung der ersten Biosphärenreservate im Jahre 1976 sind bis heute von der UNESCO weltweit 324 Biosphärenreservate in 82 Staaten anerkannt worden (vgl. Abb.1). Aus den genannten Gründen weisen von diesen Biosphärenreservaten – gemessen an den neuen Anforderungen – einige gewisse Defizite auf. Diese in einem angemessenen Zeitraum abzubauen, wird eine wichtige Aufgabe in den kommenden Jahren sein. Als Lösungen kommen in Frage: Abbau der Defizite durch Fortentwicklung entsprechend den neuen Anforderungen in einem angemessenen Zeitrahmen oder Rückgabe des UNESCO-Zertifikats Biosphärenreservat!

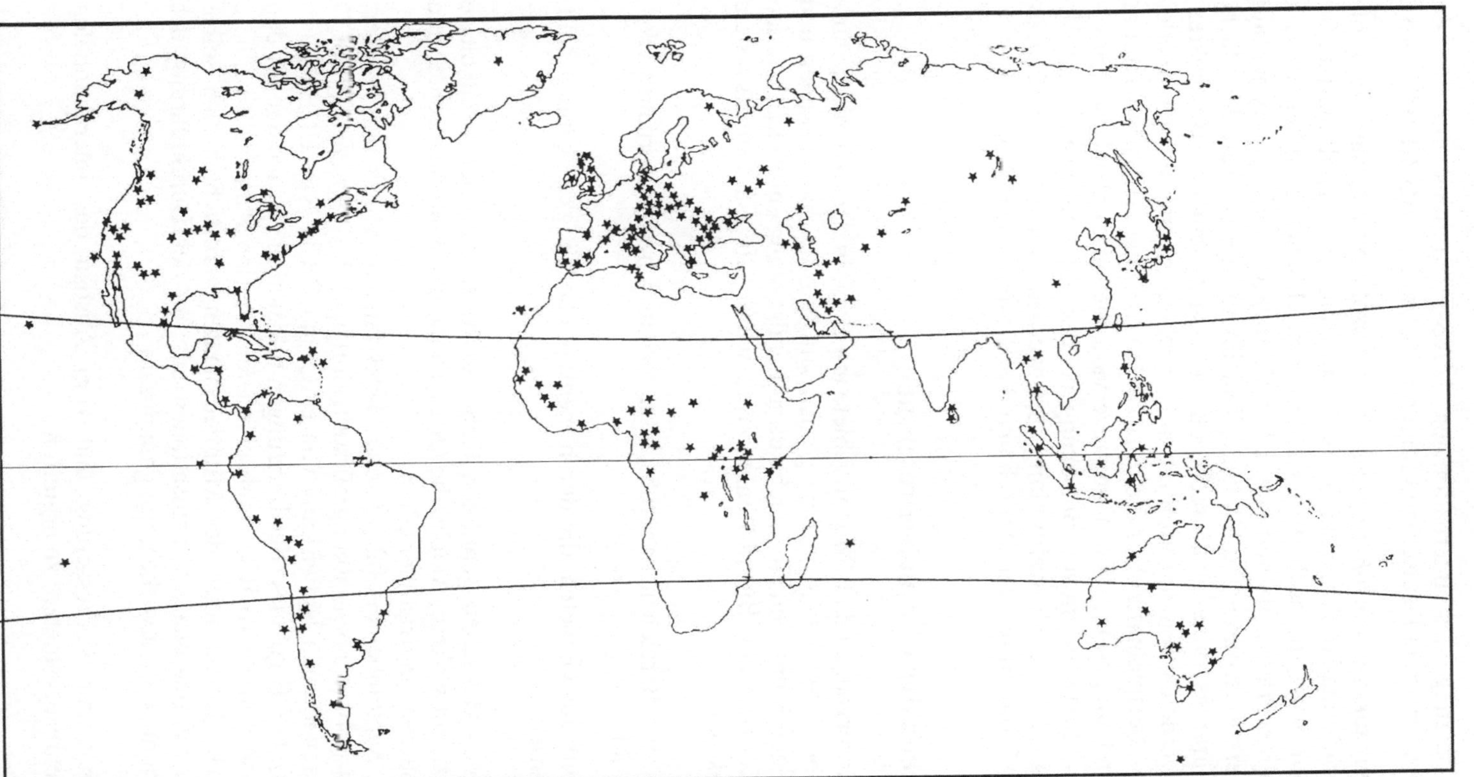

Abb.1: Schematische Karte der Bicsphärenreservate. In einigen Regionen der Erde kann ein Stern mehrere Biosphärenreservate repräsentieren.

Zur Umsetzung des internationalen MAB-Programms gilt für die Biosphärenreservate in Deutschland folgende Definition (AGBR 1995, S.5):

Biosphärenreservate (biosphere reserves): "Biosphärenreservate sind großflächige, repräsentative Ausschnitte von Natur- und Kulturlandschaften. Sie gliedern sich abgestuft nach dem Einfluß menschlicher Tätigkeit in eine Kernzone, eine Pflegezone und eine Entwicklungszone, die gegebenenfalls eine Regenerationszone enthalten kann. Der überwiegende Teil der Fläche des Biosphärenreservates soll rechtlich geschützt sein. In Biosphärenreservaten werden – gemeinsam mit den hier lebenden und wirtschaftenden Menschen – beispielhafte Konzepte zu Schutz, Pflege und Entwicklung erarbeitet und umgesetzt. Biosphärenreservate dienen zugleich der Erforschung von Mensch-Umwelt-Beziehungen, der Ökologischen Umweltbeobachtung und der Umweltbildung. Sie werden von der UNESCO im Rahmen des Programms 'Der Mensch und die Biosphäre' anerkannt."

6. Aufgaben der Biosphärenreservate

Biosphärenreservate sind als Modellgebiete angelegt, in denen neben Schutz und Pflege bestimmter Ökosysteme gemeinsam mit den hier lebenden und wirtschaftenden Menschen eine nachhaltige Landnutzung entwickelt werden soll. Das Konzept der Biosphärenreservate wurde als ein Gebietssystem angelegt, das sich

– einerseits aus Bereichen unberührter, natürlicher bzw. naturnaher Ökosysteme und

– andererseits aus Gebieten, die durch menschliche Tätigkeit geprägt sind, zusammensetzt.

In den vom Menschen geprägten Gebieten ist es das Ziel, nachhaltige Nutzungen zu entwickeln, welche die Ökosysteme der Kulturlandschaft und deren Ressourcen langfristig erhalten.

Vom 26. September bis 02. Oktober 1983 fand in Minsk der 1. Internationale Biosphärenreservatkongreß statt, durchgeführt von der UNESCO und UNEP sowie unter Mitwirkung von FAO und IUCN (vgl. UNESCO u. UNEP 1984). Die Ergebnisse der Beratungen bildeten die Grundlage für den im Jahre 1984 vom MAB-ICC verabschiedeten "Action Plan for Biosphere Reserves". Die Regierungen der Mitgliedsstaaten verpflichten sich selbst und fordern internationale Organisationen auf, an der Durchführung des MAB-Programms mitzuwirken, um gemeinsam

– Maßnahmen zur Verbesserung und zum Ausbau des internationalen Biosphärenreservatnetzes zu ergreifen,

– in Biosphärenreservaten Grundlagen für den Erhalt der Funktionsfähigkeit der Ökosysteme und den Schutz der biologischen Vielfalt zu erarbeiten und

– Biosphärenreservate als Instrument für Schutz, Pflege und Entwicklung von Landschaften herauszustellen.

Mit diesen drei Kernforderungen wird der Wandel der Biosphärenreservate von einem ausschließlich auf den Schutz ausgerichteten Ansatz zu einem multifunktionalen Konzept sehr deutlich: Aus der Sicht der UNESCO sind Biosphärenreservate *keine Schutzkategorie*. Vielmehr werden sie als raumplanerisches Instrument verstanden (UNESCO 1984, S. 15 ff.), mit dem funktional sehr unterschiedliche Landschaftsteile in einem Gesamtkonzept geordnet werden sollen. Neben Schutz- und Pflegeaspekten – im engeren Naturschutzverständnis – ist es das vorrangige Ziel, auf der überwiegenden Fläche eines Biosphärenreservates nachhaltiger Landnutzungsmodelle zu etablieren, die sowohl dauerhaft umweltgerecht als auch von wirtschaftlichem und sozialem Nutzen sind (UNESCO 1984, S. 20).

Um dieser Modellfunktion gerecht werden zu können, ist darauf zu achten, daß insbesondere in der Entwicklungszone eines Biosphärenreservates ähnliche Rahmenbedingungen herrschen wie in den übrigen vom Biosphärenreservat repräsentierten Gebieten. Nur so kann gewährleistet werden, daß die erarbeiteten und erprobten Konzepte auch außerhalb des Biosphärenreservates Akzeptanz finden und angewendet werden. Eine Unterschutzstellung von Landschaftsteilen sollte dort erfolgen, wo sie aus fachlicher Sicht geboten erscheint.

Ein Biosphärenreservat sollte so angelegt sein, daß die Kreativität und das Engagement der dort lebenden und wirtschaftenden Menschen so gut wie irgend möglich zur Geltung kommen kann. Vor allem der Erfindungsreichtum und das Engagement der in einem Biosphärenreservat lebenden Menschen sollte unterstützt und gefördert werden. Die staatliche Planung soll lediglich den erforderlichen Freiraum schaffen und nur dort begrenzend und schützend eingreifen, wo dies als notwendig erachtet wird.

Als Hauptaufgaben der Biosphärenreservate stellt der "Action Plan for Biosphere Reserves" der UNESCO die folgenden 4 Arbeitsschwerpunkte heraus.

6.1 Entwicklung nachhaltiger Landnutzungen

Die zentrale Aufgabe der Biosphärenreservate "Entwicklung nachhaltiger Formen der Landnutzung (einschließlich der Gewässer des Binnenlandes und der Küstenbereiche)" ergibt sich unmittelbar aus dem Leitziel des MAB-Programms, die natürlichen Ressourcen zu erhalten und Perspektiven für eine nachhaltige Nutzung aufzuzeigen (UNESCO 1972). In Biosphärenreservaten sollen neue Ansätze entwickelt, erprobt und eingeführt werden, wie der Schutz des Naturhaushaltes und die Entwicklung der Landschaft als

Lebens-, Wirtschafts- und Erholungsraum miteinander verbunden werden kann. Biosphärenreservate bieten sich als Versuchsfeld für die Ausarbeitung, Bewertung und praktische Demonstration der auf eine nachhaltige Entwicklung ausgerichteten Maßnahmen an (UNESCO 1984, S. 12f.).

Konkrete Entwicklungsziele hängen dabei von den ökologischen und sozioökonomischen Rahmenbedingungen des jeweiligen Biosphärenreservates ab. Administrative, planerische und finanzielle Maßnahmen sind an den lokalen und regionalen Voraussetzungen zu orientieren; regionalspezifische Potentiale einer nachhaltigen Entwicklung sind in den verschiedenen Wirtschaftssektoren gezielt zu fördern.

Im *primären Wirtschaftssektor* heißt dies z.B. die Förderung des ökologischen Landbaus und der naturnahen Waldbewirtschaftung.

Im *sekundären Wirtschaftssektor* soll die Entwicklung nachhaltiger Nutzungen mit zukunftsweisenden und innovativen Produktionsansätzen unterstützt werden. Dies gilt insbesondere für Pilotprojekte und Modellvorhaben "sauberer" bzw. "sanfter" Technologien (z.B. regenerative Energien). Energieverbrauch und Rohstoffeinsatz sollen – wo möglich – verringert, Betriebe mit weitgehend geschlossenen Stoffkreisläufen und ressourcenbezogenen Arbeitsplätzen gefördert werden.

Im *tertiären Wirtschaftssektor* sind umweltschonend erzeugte Produkte und Sortimente zu vermarkten sowie marktgerechte Vertriebsstrukturen zu entwickeln. Das Selbstverständnis der Biosphärenreservate erfordert es, daß branchenübergreifende Konzepte für regionale Wirtschaftskreisläufe mit möglichst kurzen Transportwegen und Konzepte für einen umwelt- und ressourcenschonenden Verkehr aufgestellt und umgesetzt werden. Modelle für die Entwicklung eines umwelt- und sozialverträglichen Tourismus sollen entwickelt, erprobt und eingeführt werden.

5.2 Schutz des Naturhaushalts und der genetischen Ressourcen

Ziel eines umfassenden Schutzes des Naturhaushaltes ist es, dessen Leistungsfähigkeit und Funktionsfähigkeit nachhaltig zu sichern, was – orientiert an dem jeweiligen Standort – durch *Schutz*, *Pflege* oder eine *nachhaltige, standortgerechte Nutzung* verwirklicht werden kann (UNESCO 1984, S. 12).

Unter *Schutz* versteht die UNESCO:

> Erhaltung natürlicher und natur naher,vom Menschen weitgehend unbeeinflußter Ökosysteme in ihrer Dynamik.

Unter *Pflege* versteht die UNESCO:

> Erhaltung halbnatürlicher Ökosysteme und vielfältiger Kulturlandschaften einschließlich der Landnutzungen, die diese hervorbrachten.

Unter *nachhaltige, standortgerechte Nutzung* versteht die UNESCO:

> Sicherstellung und Stärkung der Leistungsfähigkeit des Naturhaushaltes, insbesondere Bodenschutz, Grund-, Oberflächen- und Trinkwasserschutz, Klimaschutz, Arten- und Biotopschutz.

Jedes Biosphärenreservat beherbergt einen repräsentativen Ausschnitt der jeweils naturräumlichen Fauna und Flora; sie stellen ein wichtiges Reservoir genetischer Ressourcen dar (UNESCO 1984, S. 12f.). Ebenso dienen sie als Genpool für die Wiederansiedlung heimischer Arten für Gegenden, in denen diese dort ausgestorben sind. Da zahlreiche Tier- und Pflanzenarten der Kulturlandschaft auf eine fortgesetzte, standortangepaßte Nutzung angewiesen sind, können natürliche Lebensgrundlagen und genetische Vielfalt nicht ausschließlich in natürlichen und naturnahen Ökosystemen erhalten werden. Vielmehr müssen für genutzte Ökosysteme nachhaltige und standortangepaßte Nutzungsweisen entwickelt werden.

Biosphärenreservate tragen damit zur Vielfalt regionaler Ökosysteme und des Naturhaushaltes bei. Insbesondere sind – so die UNESCO (1984, S. 18) – Voraussetzungen zu schaffen für

– den Schutz autochthoner und endemischer Tier- und Pflanzenarten,

– den Schutz wilder Vorfahren von Kulturpflanzen und

– den Schutz alter Kulturformen und Haustierrassen.

Sie leisten einen Beitrag zur Umsetzung der 1992 anläßlich der UN-Konferenz von Rio de Janeiro verabschiedeten "Konvention über Biologische Vielfalt".

6.3 Umweltforschung und -monitoring

Biosphärenreservate stellen ideale Standorte für die Untersuchung belebter und unbelebter Komponenten der Biosphäre dar. Besonders für die langfristige Ökosystemforschung (ÖSF) und die Ökologische Umweltbeobachtung (ÖUB) sind Biosphärenreservate besonders geeignet, weil Teile von ihnen unbefristet geschützt sind. Wegen der Komplexität der Wirkungsgeflechte in der Landschaft, können erst durch langfristig angelegte Arbeitsprogramme Lösungen gefunden werden, die den Ansprüchen der Natur und der Bevölkerung gleichermaßen gerecht werden.

Aufgabe der Forschung in Biosphärenreservaten ist es, neue Wege für ein partnerschaftliches Zusammenleben vom Menschen und seiner ihn umgebenden Umwelt zu entwickeln, zu erproben und beispielhaft umzusetzen. In Biosphärenreservaten sollen daher insbesondere interdisziplinäre Forschungsprogramme – unter Beteiligung von Natur- und Sozialwissenschaftlern – durchgeführt werden, deren Ziel es ist, Modelle für eine nachhaltige Landnutzung zu entwickeln. Die UNESCO empfiehlt, fünfjährige Forschungsprogramme aufzustellen, in denen die geplanten Forschungsaktivitäten des Biosphärenreservates erläutert sind (UNESCO 1984, S. 13 ff.). Weil diese Programme nicht von den Verwaltungen der Biosphärenreservate selbst durchgeführt werden können, sind Zusammenarbeiten mit Universitäten, Fachhochschulen u.a. anzustreben.

Aufgrund ihrer wissenschaftlichen Ausrichtung und ihres Schutzstatus eignen sich Biosphärenreservate besonders gut für das Langzeitmonitoring ökologischer Prozesse (UNESCO 1984, S. 13). Die im Rahmen solch langfristiger Umweltbeobachtungsprogramme in Biosphärenreservaten erhobenen Daten eignen sich besonders gut für die Erstellung von Modellen, um mit deren Hilfe Umweltveränderungen und Trends sowie deren potentielle Auswirkungen auf die menschliche Gesellschaft zu prognostizieren (UNESCO 1984, S. 18).

Die Arbeiten zum Aufbau einer nationalen ÖUB werden auf europäischer MAB-Ebene (EUROMAB) im Rahmen des "Biosphere Reserve Integrated Monitoring" (BRIM) koordinierend abgestimmt, um als Baustein des von der UNESCO geplanten globalen Umweltmonitoringsystems dienen zu können (Erdmann u. Nauber 1995, S. 229). Zur Förderung der internationalen Zusammenarbeit und als Beitrag zum Aufbau des regionalen bzw. globalen Monitoringnetzes beschloß das Deutsche MAB-Nationalkomitee, den Aufbau und die Entwicklung von Biosphärenreservaten in anderen Staaten zu unterstützen. Nachdem diesbezüglich bereits 1989/1990 ein Kooperationsabkommen mit der damaligen Sowjetunion geschlossen wurde, folgte 1991 die Unterzeichnung eines deutsch-israelischen Abkommens mit dem Ziel, in der Nähe der Stadt Haifa das Biosphärenreservat Mount Carmel einzurichten (vgl. Erdmann u. Frommberger 1993).

6.4 Umweltbildung, Öffentlichkeitsarbeit und Kommunikation

Zu den Leitzielen des MAB-Programmes gehört es, die Beziehungen des Menschen zu seiner Umwelt zu verbessern. Dabei soll das Bewußtsein einer breiten Öffentlichkeit für Möglichkeiten und Grenzen der Nutzung natürlicher Ressourcen gefördert und in umweltverantwortliches Handeln umgesetzt werden (AGBR 1995, S. 34 ff.).

Biosphärenreservate sind prädestiniert für eine praxisnahe Aus- und Weiterbildung von Wissenschaftlern, Verwaltungspersonal, Schutzgebietsmitarbeitern, Besuchern wie auch der ortsansässigen Bevölkerung. Arbeitsschwerpunkte bilden u.a.: wissenschaftliche und fachliche Ausbildung, Umwelterziehung, praktische Demonstration sowie Beratung und Bildung (UNESCO 1984, S. 13).

Der Erfolg eines Biosphärenreservates hängt vor allem davon ab, inwieweit sich die Bevölkerung mit den Leitgedanken identifiziert und zu einer Mitwirkung bei der Gestaltung des Biosphärenreservates motiviert werden kann. Die UNESCO schreibt zum Aspekt Kommunikation: Mitentscheidend für den Erfolg eines Biosphärenreservates ist seine Akzeptanz bei der ortsansässigen Bevölkerung. Konflikte können aus gegensätzlichen Anforderungen kurzfristiger ökonomischer Ziele und der Erhaltung des geoökologischen Potentials entstehen; ebenso aus unterschiedlichen lokalen Bewertungen verschiedener Formen der Landnutzung; lokale, nationale und internationale Interessen können sich unterscheiden. Es bedarf sorgfältiger Beratung und Planung sowie eines kontinuierlichen Dialogs, der mit viel Feingefühl, Verständnis und Phantasie geführt werden muß (UNESCO 1984, S. 20).

Einen wichtigen Schwerpunkt der künftigen Arbeit wird die Untersuchung der sozialpsychologischen Bedingungen sein, wie bewährte Traditionen – im Hinblick auf ein umwelt- und sozialverantwortliches Verhalten – sowie die Identität der ortsansässigen Bevölkerung erhalten und gefördert werden können. Dadurch, daß Biosphärenreservate in Regionen eingerichtet wurden und werden, in denen traditionsgebundene und -bewußte Gemeinschaften z.T. noch existieren, sind sie vorrangig für die vergleichende Untersuchung des Einflusses handlungsleitender Werthaltungen und deren Raumwirksamkeit geeignet. Das Einbeziehen von Anthropologen, Verhaltenswissenschaftlern, Pädagogen und Psychologen in die Arbeitsprogramme wird erforderlich sein.

7. Zonierung von Biosphärenreservaten

Um den zuvor dargestellten Zielen und Aufgaben gerecht werden zu können, sieht die UNESCO für Biosphärenreservate eine räumliche Gliederung vor. Abgestuft nach der Intensität menschlicher Tätigkeit werden Zonen mit unterschiedlichen Aufgabenbereichen festgelegt (vgl. Abb.2):

– die *Kernzone* dient dem Schutz der Naturlandschaft,

– die *Pflegezone* dient der Erhaltung historisch gewachsener Landschafts-strukturen und Landschaftsbilder, und

– die *Entwicklungszone* dient der Erarbeitung von Perspektiven für eine naturverträgliche Wirtschaftsentwicklung in heutiger Zeit.

Keinesfalls ist mit dieser Zonierung eine Rangfolge oder Wertigkeit verbunden; jede Zone hat verschiedene ihr zugedachte Aufgaben zu erfüllen. Folgende Definitionen werden den Biosphärenreservaten in Deutschland zugrunde gelegt (AGBR 1995, S. 12):

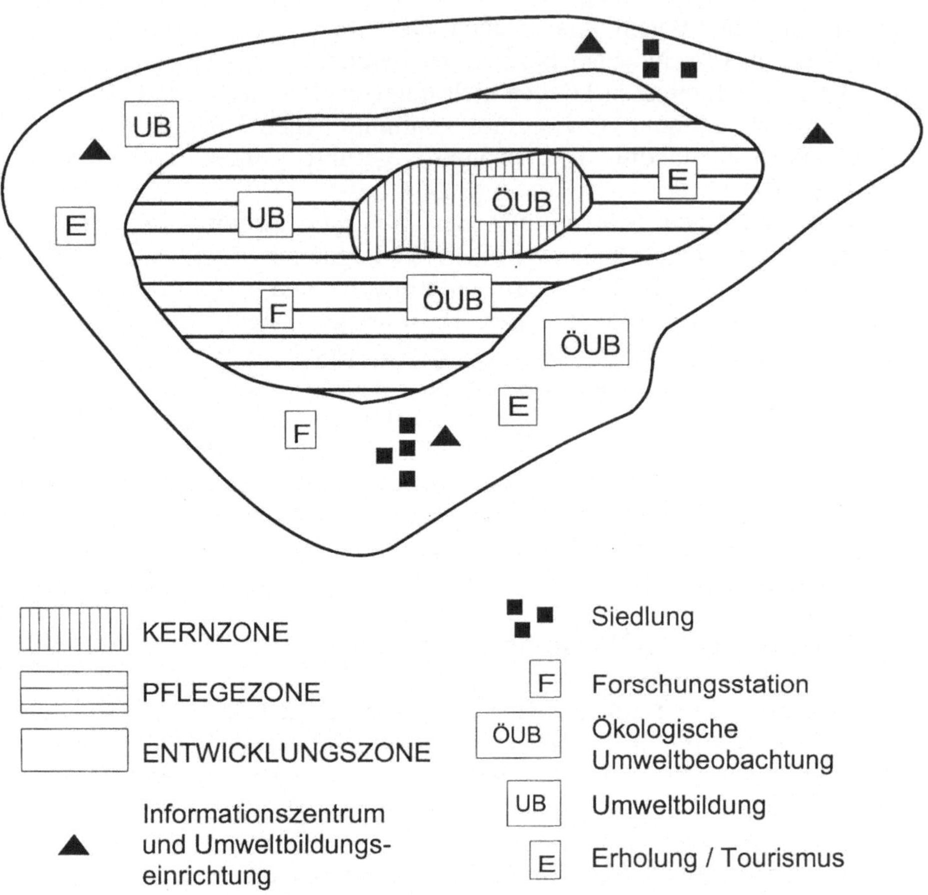

Abb.2:   Schematische Zonierung eines Biosphärenreservates

Kernzone (core area): "Jedes Biosphärenreservat besitzt eine Kernzone, in der sich die Natur vom Menschen möglichst unbeeinflußt entwickeln kann. Ziel ist, menschliche Nutzung aus der Kernzone auszuschließen. Die Kernzone soll groß genug sein, um die Dynamik ökosystemarer Prozesse zu ermöglichen. Sie kann aus mehreren Teilflächen bestehen. Der Schutz natürlicher bzw. naturnaher Ökosysteme genießt höchste Priorität. Forschungsaktivitäten und Erhebungen zur Ökologischen Umweltbeobachtung müssen Störungen der Ökosysteme vermeiden. Die Kernzone muß als Nationalpark oder Naturschutzgebiet rechtlich geschützt sein."

Pflegezone (buffer zone): "Die Pflegezone dient der Erhaltung und Pflege von Ökosystemen, die durch menschliche Nutzung entstanden oder beeinflußt sind. Die Pflegezone soll die Kernzone vor Beeinträchtigungen abschirmen. Ziel ist vor allem, Kulturlandschaften zu erhalten, die ein breites Spektrum verschiedener Lebensräume für eine Vielzahl naturraumtypischer – auch bedrohter Tier- und Pflanzenarten umfassen. Dies soll vor allem durch Landschaftspflege erreicht werden. Erholung und Maßnahmen zur Umweltbildung sind am Schutzzweck auszurichten. In der Pflegezone werden Struktur und Funktion von Ökosystemen und des Naturhaushaltes untersucht sowie Ökologische Umweltbeobachtung durchgeführt. Die Pflegezone soll als Nationalpark oder Naturschutzgebiet rechtlich geschützt sein. Soweit dies noch nicht erreicht ist, ist eine entsprechende Unterschutzstellung anzustreben. Bereits ausgewiesene Schutzgebiete dürfen in ihrem Schutzstatus nicht verschlechtert werden."

Entwicklungszone (transition zone): "Die Entwicklungszone ist Lebens-, Wirtschafts- und Erholungsraum der Bevölkerung. Ziel ist die Entwicklung einer Wirtschaftsweise, die den Ansprüchen von Mensch und Natur gleichermaßen gerecht wird. Eine sozialverträgliche Erzeugung und eine Vermarktung umweltfreundlicher Produkte tragen zu einer nachhaltigen Entwicklung bei ("sustainable development"). In der Entwicklungszone prägen insbesondere nachhaltige Nutzungen das naturraumtypische Landschaftsbild. Hier liegen die Möglichkeiten für die Entwicklung eines umwelt- und sozialverträglichen Tourismus. In der Entwicklungszone werden vorrangig Mensch-Umwelt-Beziehungen erforscht. Zugleich werden Struktur und Funktion von Ökosystemen und des Naturhaushaltes untersucht sowie die Ökologische Umweltbeobachtung und Maßnahmen zur Umweltbildung durchgeführt. Schwerwiegend beeinträchtigte Gebiete können innerhalb der Entwicklungszone als Regenerationszone aufgenommen werden. In diesen Bereichen liegt der Schwerpunkt der Maßnahmen auf der Behebung von Landschaftsschäden. Schutzwürdige Bereiche in der Entwicklungszone sind durch Schutzgebietsausweisungen und ergänzend durch die Instrumente der Bauleit- und Landschaftsplanung rechtlich zu sichern."

8. Biosphärenreservate in Deutschland

Deutschland ist seit dem 24. November 1979 am Aufbau des internationalen Verbundes der Biosphärenreservate beteiligt. Bereits drei Jahre nach der Definition von MAB-8 wurden die Gebiete Steckby-Lödderitzer Forst (heute Sachsen-Anhalt; am 29. Januar 1988 erfolgte die Erweiterung des Gebietes um die Dessau-Wörlitzer Kulturlandschaft und die Umbenennung in Biosphärenreservat Mittlere Elbe) und Vessertal (heute Thüringen) von der UNESCO als Biosphärenreservate anerkannt. 1981 folgte der Bayerische Wald.

Besondere Aufmerksamkeit erfuhr das Konzept der "Biosphären-reservate" in Deutschland durch den Beschluß des DDR-Ministerrates vom 22. März 1990, ein Nationalparkprogramm einzurichten. Bestandteil dieses Programms waren neben fünf National- und drei Naturparken auch vier neue Biosphärenreservate (Rhön, Schorfheide-Chorin, Spreewald und Südost-Rügen) sowie die Erweiterung der zwei bereits anerkannten Bio-sphärenreservate Mittlere Elbe und Vessertal (vgl. Knapp 1990).

Am 12. September 1990 – kurz vor der Einigung Deutschlands – erfolgte auf der Grundlage des Bundesnaturschutzgesetzes (BNatSchG) die Unter-schutzstellung der im Nationalparkprogramm ausgewiesenen Landschaften. Die Verordnungen traten am 01. Oktober 1990 in Kraft. Mit der Übernahme in den Einigungsvertrag konnten die verabschiedeten Schutzbestimmungen auch für die Zeit nach dem Beitritt der neuen Länder gesichert werden.

Am 20. November 1990 erkannte die UNESCO das Gebiet Schorfheide-Chorin (Brandenburg) gemeinsam mit Berchtesgaden (Bayern) und dem Schleswig-Holsteinischen Wattenmeer (Schleswig-Holstein) als Biosphären-reservat an. Die Ausweisung der Rhön (Bayern, Hessen, Thüringen), des Spreewaldes (Brandenburg) und Südost-Rügens (Mecklenburg-Vorpommern) sowie die Bestätigung der Erweiterung des Biosphärenreservates Mittlere Elbe (Sachsen-Anhalt) und des Biosphärenreservates Vessertal-Thüringer Wald (Thüringen) erfolgte am 06. März 1991. Am 10. November 1992 erkannte die UNESCO die Gebiete Hamburgisches Wattenmeer (Freie und Hansestadt Hamburg), Niedersächsisches Wattenmeer (Niedersachsen) sowie den Pfälzerwald (Rheinland-Pfalz) als Biosphärenreservate an.

Die UNESCO hat damit bisher in Deutschland zwölf Biosphärenreservate mit einer Gesamtfläche von über 12.000 km^2 (Stand 01.01.1992) anerkannt (vgl. Abb.3), was etwa 3,3% des Hoheitsgebietes Deutschlands entspricht.

Die derzeit von der UNESCO in Deutschland anerkannten Biosphären-reservate zeichnen sich aus durch:

1. eine hochwertige Naturausstattung, insbesondere naturnaher bis natürlicher Lebensgemeinschaften (einige Biosphärenreservate, in denen der naturnahe Anteil besonders hoch ist, sind deshalb zugleich auch Nationalparke),

2. ausgedehnte Areale mit halbnatürlichen Lebensgemeinschaften, die durch extensive Nutzung entstanden sind (z.B. Magerrasen, Feuchtwiesen, Streu-wiesen etc.),

3. das Vorkommen seltener und bedrohter Pflanzen- und Tierarten (Be-deutung als Refugialräume),

4. intakte und attraktive Landschaftsbilder der Natur- und Kulturlandschaft, die von besonderem Wert für Erholung und Tourismus sind.

5. Darüber hinaus haben sie als Lebens- und Wirtschaftsraum des Menschen eine große Bedeutung.

Abb. 3: Die Biosphärenreservate in der Bundesrepublik Deutschland (Stand: 1. Januar 1996)

Die Biosphärenresevate in Deutschland haben sich bislang sehr unterschiedlich entwickelt. Um in Zukunft eine gleichgerichtete Entwicklung zu ermöglichen, haben sich die Verwaltungen der Biosphärenreservate in Deutschland zu der "Ständigen Arbeitsgruppe der Biosphärenreservate in Deutschland" (AGBR) zusammengeschlossen. Aufbauend auf Beschlüssen der UNESCO hat die AGBR "Leitlinien für Schutz, Pflege und Entwicklung der Biosphärenreservate in Deutschland" (AGBR 1995) erarbeitet, die anläßlich der 64. Sitzung der Länderarbeitsgemeinschaft Naturschutz, Landschaftspflege und Erholung (LANA) am 08./09. September 1994 in Schwerin zustimmend zur Kenntnis genommen wurden. Mit den Leitlinien werden zum einen die für Deutschland konkretisierten Ziele des internationalen MAB-Programms detailliert, zum anderen die jeweilig spezifische Ausformung in den einzelnen Biosphärenreservaten aufgezeigt.

Die große gesellschaftliche Akzeptanz der Biosphärenreservate hat dazu geführt, daß vielerorts Überlegungen reifen, weitere Landschaften in Deutschland von der UNESCO als Biosphärenreservat anerkennen zu lassen; insgesamt wird für etwa 40 Gebiete eine Antragstellung erwogen. Da es sich um ein weltumspannendes Programm handelt, ist das Deutsche MAB-Nationalkomitee der Überzeugung, daß Deutschland in diesem internationalen Verbund mit ca. 20 bis 25 Gebieten angemessen vertreten wäre. Ziel ist die Entwicklung und Etablierung eines Systems gesamtstaatlich repräsentativer Gebiete, in dem einerseits die Ökosystemtypen Deutschlands repräsentativ vertreten sind und andererseits die sozioökonomischen Verhältnisse beispielhaft erfaßt werden. Bei der Betrachtung der bisher von der UNESCO in Deutschland anerkannten Biosphärenreservate fällt auf, daß u.a. einige Ökosystemtypen bislang nicht vertreten sind. So fehlen z.B. Stadt- und Industrielandschaften genauso wie intensiv genutzte Agrarlandschaften. Für diese Ökosystemtypen werden künftig vorrangig Biosphärenreservate einzurichten sein.

Um den gesamten Prozeß der Antragstellung zu objektivieren, hat das Deutsche MAB-Nationalkomitee, das für die Bewertung, Auswahl und Weiterleitung von Biosphärenreservatsanträgen an die UNESCO verantwortlich ist, beschlossen, "Kriterien für Anerkennung und Überprüfung von Biosphärenreservaten der UNESCO in Deutschland" zu erarbeiten. Diese bauen auf dem "Action Plan for Biosphere Reserves" sowie Beschlüssen zu Biosphärenreservaten der UNESCO auf. Mit diesen Kriterien wird ein Grundraster geschaffen, das Antragstellern bereits vor der Konzipierung neuer Biosphärenreservate den gesamten Anforderungskatalog offen legt.

Damit alle biosphärenreservatsrelevanten Aspekte gleichwertige Berücksichtigung finden können, muß der Antrag von allen betroffenen Landesressorts mitgetragen werden (Kabinettsbeschluß!). Auch für die Bewertung und Überprüfung bereits bestehender Biosphärenreservate in Deutschland sollen die "Kriterien für Anerkennung und Überprüfung von Biosphärenreservaten der UNESCO in Deutschland" herangezogen werden.

## 9.	Ausblick

Biosphärenreservate stellen ein globales Netz repräsentativer Gebiete dar, das die Entwicklung der weltweiten Natur- und Umweltschutzpolitik nachhaltig unterstützen und für eine vorausschauende Entwicklung der Naturressourcen eine große Bedeutung hat. Biosphärenreservate genießen aufgrund ihrer international anerkannten Schutzkonzeption weltweit ein sehr hohes Ansehen.

In den zurückliegenden Jahren haben Biosphärenreservate einen großen Bedeutungszuwachs erfahren. Mit ihnen erhofft sich die UNESCO, praktikable Modelle des Umgangs des Menschen – als Individuum und in Gemeinschaft – mit seiner von ihm bewohnten und genutzten Landschaft aufzuzeigen, also Konzepte für nachhaltige Lebens- und Wirtschaftsweisen. Dies sollte auf einem möglichst hohen Niveau geschehen. Die von vielen Seiten zum Ausdruck gebrachte Anerkennung der Biosphärenreservate sollte genutzt werden, um das Ziel "Etablierung funktionsfähiger" Modelle einer Entwicklung' weiter zu fördern. Dazu ist ein gemeinsames, abgewogenes Handeln erforderlich – zum Wohle von Mensch und Umwelt, von "Man and Biosphere".

Literatur

AGBR (Ständige Arbeitsgruppe der Biosphärenreservate in Deutschland) (1995). Biosphärenreservate in Deutschland. Leitlinien für Schutz, Pflege und Entwicklung. - Berlin, Heidelberg u.a.

Blume, H.-P., Fränzle, O., Kappen, L., Kausch, H. und Wildmoser, P. (1992). Das MAB-Pilotprojekt "Ökosystemforschung im Bereich der Bornhöveder Seenkette in Schleswig-Holstein". MAB-Mitteilungen 36, 25-56

BMU (Bundesministerium für Umwelt, Naturschutz und Reaktorsicherheit) (1993). Konferenz der Vereinten Nationen für Umwelt und Entwicklung im Juni 1992 in Rio de Janeiro: Agenda 21. - Bonn

Deutsches MAB-Nationalkomitee (Hrsg.) (1977). Das UNESCO-Programm "Der Mensch und die Biosphäre"; eine Übersicht über seine Projekte und den Stand der Beiträge. MAB-Mitteilungen 1

Erdmann, K.-H. und Frommberger, J. (1993). Das Biosphärenreservat Mount Carmel. Deutsch-israelische Zusammenarbeit im Rahmen des MAB-Programms. MAB-Mitteilungen 37, 19-31

Erdmann, K.-H. und Nauber, J. (1990). Biosphären-Reservate. Ein zentrales Element des UNESCO-Programms "Der Mensch und die Biosphäre" (MAB). Natur und Landschaft 65, 479-483

Erdmann, K.-H. und Nauber, J. (1991). UNESCO-Biosphärenreservate. Ein internationales Programm zum Schutz, zur Pflege und zur Entwicklung von Natur- und Kulturlandschaften. Umwelt. Informationen des Bundesministers für Umwelt, Naturschutz und Reaktorsicherheit 10/91, 440-450

Erdmann, K.-H. und Nauber, J. (1995). Der deutsche Beitrag zum UNESCO-Programm "Der Mensch und die Biosphäre" (MAB) im Zeitraum Juli 1992 bis Juni 1994; mit einer englischen Zusammenfassung. - Bonn

Forschungszentrum Waldökosysteme der Universität Göttingen (Hrsg.) (o.J.). Stabilitätsbedingungen von Waldökosystemen (unveröff. Forschungsantrag). - Göttingen

Franz, H. P. (1984). Der deutsche Beitrag zum UNESCO-Programm "Der Mensch und die Biosphäre" (MAB). Stand, Entwicklung, Ergebnisse und Ausblick. Analyse eines umfassenden Forschungsprogramms. MAB-Mitteilungen 18

Hauff, V. (Hrsg.) (1987). Unsere gemeinsame Zukunft. - Greven

Kerner, H.F., Spandau, L. und Köppel, J.G. (1991). Methoden zur angewandten Ökosystemforschung entwickelt im MAB-Projekt 6 "Ökosystemforschung Berchtesgaden" 1981 - 1991. MAB-Mitteilungen 35.1 und 35.2

Knapp, H.D. (1990). Nationalparkprogramm der DDR als Baustein für ein europäisches Haus. MAB-Mitteilungen 33, 41-45

Lieth, H. (1990). Intensivlandwirtschaft und Nitratbelastung des Grundwassers im Kreis Vechta. MAB-Mitteilungen 33, 50-51

UNESCO (Hrsg.) (1982). UNESCO-Programm "Mensch und Biosphäre" (MAB). - Paris

UNESCO (Hrsg.) (1984). Action plan for biosphere reserves. Nature and Resources 20/4, 11-22

UNESCO und UNEP (Hrsg.) (1984). Conservation, science und society. Contributions o the First International Biosphere Reserve Congress, Minsk, Byelorussia/USSR, 26. September - 2. October 1983. Natural Resources Research 21.1 und 21.2

Nachhaltiges Wirtschaften - Wichtigstes Ziel moderner Umweltpolitik

Harald B. Schäfer

1. Einleitung

Die Natur und Umwelt vor Zerstörung zu bewahren, ist Voraussetzung für wirtschaftliche Entwicklung, soziale Sicherheit und politische Stabilität.

Daß diese Einsicht nicht selbstverständlich ist und von vielen noch nicht geteilt wird, ist offenkundig. Dies zeigt auch der Stellenwert, den die Umweltpolitik in der neuen bzw. alten Bonner Regierungskoalition einnimmt, aber auch die Tatsache, daß das Umweltressort bei der Bildung neuer Landesregierungen in den ostdeutschen Ländern zur Disposition gestellt wurde.

Was heißt nachhaltiges Wirtschaften und was heißt moderne Umweltpolitik?

An dieser Stelle sollen nicht mögliche Definitionen für "nachhaltiges Wirtschaften" diskutiert werden. Diese Diskussion ist sicher notwendig, und die von mir mitinitiierte Enquete-Kommission des Deutschen Bundestages "Schutz des Menschen und der Umwelt" hat sich u. a. schwerpunktmäßig mit der Konkretisierung dieses Begriffes beschäftigt.

Genauso notwendig aber wie diese eher theoretische Diskussion um nachhaltiges Wirtschaften ist zweierlei:

1. Die Konzipierung politischer Maßnahmen, die uns diesem Ziel näher bringen.

2. Initiativen und Modellprojekte, die nachhaltiges Wirtschaften ganz konkret zumindest partiell zu verwirklichen suchen.

Der andere Begriff im Titel ist "moderne Umweltpolitik". Was heißt das? Die Umweltpolitik der 90er Jahre ist vor allem durch zwei neue strukturelle Herausforderungen gekennzeichnet.

Erste Herausforderung: Eine der entscheidenden Einsichten, die wir aus den letzten 20 Jahren Umweltpolitik gelernt haben, ist die, daß Umweltpolitik keine Spezialpolitik sein darf. Umweltschutz ist eine Querschnittsaufgabe. Es kann nicht sein, daß wir Verkehrspolitik betreiben und dann am Ende fragen, wie wir auch noch umweltpolitische Forderungen berücksichtigen können.

Es führt in die Sackgasse, wenn wir Wirtschaftspolitik betreiben und am Ende schauen, ob wir noch zusätzlich Geld für Umweltschutzauflagen haben.

Nein, Umweltschutz muß ab initio, und zwar an zentraler Stelle, mitberücksichtigt werden bei der Entwicklung politischer Vorstellungen – ob in der Verkehrspolitik, in der Landwirtschaftspolitik, in der Wirtschaftspolitik oder in der Energiepolitik.

Anders ist eine wirkliche ökologische Neuorientierung von Wirtschaft und Gesellschaft nicht zu machen.

Überhaupt ist die Zeit vorbei, in der man in Ressortgrenzen denken konnte. Wir brauchen Gesamtkonzepte, wir brauchen vernetztes Denken, Denken in Systemen, um die Probleme in den Griff zu bekommen – und um politische Gestaltungskraft zurückzugewinnen, die im Moment in vielen Bereichen verlorenzugehen droht.

Wenn man dies ernst nimmt, dann stellt das freilich neue Anforderungen, vor allem auch an die Umweltpolitik. Mit anderen Worten: Ein guter Umweltpolitiker stellt nicht eigentlich "umweltpolitische Forderungen" auf.

Er muß vielmehr – unter der obersten Prämisse Nachhaltigkeit der Entwicklung – Gesamtkonzepte für die einzelnen Politik- und Problemfelder in die Diskussion einbringen: Verkehrskonzepte, Energiekonzepte, Wirtschaftskonzepte, Raumordnungskonzepte usw.

Die zweite zentrale Herausforderung für die Umweltpolitik der kommenden Jahre sind die Schwierigkeiten und Strukturprobleme in der Wirtschaft unseres Landes, d.h. eigentlich: der gegenwärtigen Wirtschaftsweise der westlichen Industrienationen.

Überzeugende politische Arbeit und grundsätzliche Reformen sind heute dringender denn je. Es wäre fatal darauf zu setzen, daß die großen politischen Herausforderungen von selbst beantwortet werden. Es wäre fatal, wenn wir die Vielzahl von Schwierigkeiten, mit denen wir in Wirtschaft und Gesellschaft konfrontiert sind, als momentanes, ja zufälliges Tief abtun würden. Es wäre fatal, wenn die Zweifel vieler Menschen an der Fähigkeit der Politik, die Probleme wirklich zu lösen, wenn die Orientierungslosigkeit der Gesellschaft einfach als vorübergehende Stimmung abgetan würde.

Die Ursachen sind grundsätzlicher Natur, und unsere Antworten müssen daher grundsätzlichere Antworten sein.

Es hilft nichts, wir müssen der Wahrheit ins Auge sehen: Mit unseren gegenwärtigen Wirtschafts- und Lebensweisen sind wir nicht mehr auf dem richtigen Weg. Sie sind kein Zukunftsmodell. Unsere jetzige Art, Produkte zu entwickeln, zu produzieren und zu konsumieren führt in die Sackgasse. Sie ist nicht übertragbar, weder auf unsere Kinder noch auf andere Teile der Erde.

Anders formuliert: Die wirtschaftliche Entwicklung in den westlichen Industriegesellschaften nach dem Muster der letzten vier Jahrzehnte stößt an Grenzen. Sie stößt an ökologische Grenzen, an soziale Grenzen und an gesellschaftliche Grenzen.

2. Ökologische Grenzen der bisherigen Entwicklung

Der Rohstoffverbrauch ist in den letzten hundert Jahren um das dreizehnfache gestiegen und steigt weiter; auf der einen Seite der Ex- und Hopp-Gesellschaft stehen ökologische Wüsten durch Bergbau (z. B. in Ostdeutschland), auf der anderen Seite riesige Müllberge.

Der Energieverbrauch ist in den letzten fünfzig Jahren um das vierzigfache gestiegen und steigt weiter drastisch, mit unabsehbaren Folgen für das Weltklima.

Die schleichende Belastung von Umwelt und Mensch durch eine Vielzahl chemischer Stoffe geht weiter, auch bei uns; die daraus resultierende Bedrohung des Immunsystems spiegelt sich wider in der sprunghaften Zunahme von Allergieerkrankungen und Atemwegserkrankungen, vor allem bei Kindern.

Das Artensterben nimmt immer dramatischere Formen an; allein in Baden-Württemberg sind 30 bis 50 Prozent der Arten seit 1950 ausgestorben oder vom Aussterben bedroht.

Insgesamt werden die volkswirtschaftlichen Schäden durch Umweltverschmutzung allein in Deutschland auf mindestens 200 Milliarden DM pro Jahr geschätzt – gegenüber nur 40 Milliarden DM, die Staat und Wirtschaft zusammen pro Jahr für Umweltschutz ausgeben.

Mit anderen Worten: Wir sind dabei, im Namen des rein quantitativen Wachstums alles an Rohstoffen, Energie und Natur zu verpulvern, und unseren Kindern bleibt nichts mehr. Wir sind sogar dabei, Teile unserer eigenen Lebensqualität einem Mehr an Bruttosozialprodukt zu opfern.

3. Soziale Grenzen

Die Wirtschaftsentwicklung nach dem bisherigen Muster stößt aber auch an soziale Grenzen:

Jeder weiß heute, daß auch eine konjunkturelle Erholung die Arbeitslosigkeit nicht spürbar verringern wird. Im Gegenteil müssen wir konstatieren: Wirtschaftswachstum geht mit dem Verlust von Arbeitsplätzen einher. Das ist kein Wunder: Wie in den vergangenen Jahrzehnten gehen jetzt alle Kostensenkungsanstrengungen der Unternehmen dahin, die Arbeitsproduktivität zu erhöhen, Arbeitsplätze abzubauen, menschliche Arbeitskraft durch Maschinen und Material, d. h. durch Energie und Rohstoffe zu ersetzen.

Das andere Problem ist, daß es unserer Volkswirtschaft an neuen Produkten fehlt, mit denen sichere neue Arbeitsplätze geschaffen werden könnten.

Der zunehmenden Internationalisierung des Welthandels steht bisher keine Internationalisierung von Sozialstandards und Umweltstandards gegenüber. Die Folge: Arbeitnehmer können weltweit zunehmend gegeneinander ausgespielt werden.

Auf Dauer untragbare finanzielle Subventionen und ökologische Subventionen (d.h. fehlende Anrechnung externer Kosten für Umweltschäden auf den Verursacher) halten in zunehmendem Maße Wirtschaftsstrukturen aufrecht, die nicht zukunftsfähig sind. Wenn wir diese Entwicklung einfach fortschreiben, provozieren wir in absehbarer Zeit massive Strukturbrüche – Strukturbrüche, die immer vor allem die sozial Schwachen treffen: Die Wohlhabenderen können sich von den Auswirkungen eher freikaufen, andere werden voll getroffen.

Schließlich gibt es eine zunehmende Entsolidarisierung in unserer immer mehr auf vordergründige Leistung getrimmten Gesellschaft.

Die Entwicklung in den westlichen Industriegesellschaften stößt schließlich auch an gesellschaftliche Grenzen:

Hierauf will ich an dieser Stelle nicht näher eingehen, sondern nur die Frage stellen: Ist immer mehr, immer schneller, immer aufwendiger wirklich noch das, was unsere eigentlichen Bedürfnisse befriedigt? Bringt es uns wirklich der humanen, sozialen und zukunftsfähigen Gesellschaft näher?

4. Fazit

Die gegenwärtige Krise in Deutschland ist mehr als ein momentanes Tief, und es handelt sich nicht nur um begrenzte Probleme in einem insgesamt zukunftsweisenden Wirtschaftssystem. Nein, diese Wirtschaftsweise selbst, das Muster der bisherigen Wirtschaftsentwicklung selbst ist das Problem. Es ist eine Entwicklung, bei der auf der einen Seite immer mehr natürliche Ressourcen, immer mehr Umwelt verbraucht wird und auf der anderen Seite immer mehr Menschen arbeitslos werden. Es ist ein Weg, der bei uns in die Sackgasse führt und der auch den Graben zwischen Nord und Süd immer tiefer werden läßt.

Zurecht heißt es im Bericht des Nationalen Kommittees zur Vorbereitung der UN-Konferenz über Umwelt und Entwicklung von 1992: "Eine ressourcenaufwendige Wirtschaftsweise und ein auf sie bezogenes Wertesystem, wie sie heute in den Industrieländern vorherrschen, können eine langfristig tragfähige Entwicklung nicht begründen. Unsere immer noch nicht ausreichend auf nachhaltige Sicherung der Lebensgrundlagen künftiger Generationen orientierte Wirtschafts- und Lebensweise belastet nicht nur unsere eigene Umwelt, sondern verursacht in den Entwicklungsländern erhebliche Probleme.

Die Sicherung einer umweltverträglichen Entwicklung erfordert nachhaltige Veränderungen der Wirtschafts- und Lebensweisen in den Industrieländern... sowie Veränderungen des zugrundeliegenden Wertesystems. Es kommt darauf an, einzelne gesellschaftliche Verhaltensweisen und Präferenzen auch in ihren globalen Verflechtungen zu begreifen und an den Zielen langfristigen menschenwürdigen Überlebens und weltweiter Solidarität auszurichten".

Diese Einsicht ist jedenfalls der Ausgangspunkt und die treibende Kraft moderner Umweltpolitik.

Wir müssen die Industriegesellschaft umbauen, hin zu einer ökologisch orientierten und sozial gerechten Gesellschaft, hin zu einer Gesellschaft mit nachhaltiger Entwicklung.

Das ist eine der ganz zentralen Herausforderungen für die Politik allgemein, es ist die entscheidende Herausforderung für die Umweltpolitik der kommenden Jahre. Mit anderen Worten: Nachhaltiges Wirtschaften ist das wichtigste Ziel moderner Umweltpolitik.

Im folgenden sollen einige Eckpunkte, einige Schritte auf dem Weg zur Nachhaltigkeit dargestellt werden:

5. Ökologische Steuerreform

Wir müssen die Kosten für Unternehmen anders verteilen. Im Moment sind Energie und Rohstoffe relativ billig, menschliche Arbeit ist relativ teuer, vor allem durch die hohen Lohnnebenkosten.

Die Folgen sind klar: Die betriebswirtschaftliche Rationalität zwingt die Wirtschaft, Arbeitsplätze abzubauen und durch Maschinen und Material zu ersetzen. Eigentlich ist klar, was nötig ist: Wir müssen die Lohnnebenkosten senken und Energie und Rohstoffe teurer machen. Wir müssen durch Kostenumverteilung erreichen, daß nicht Arbeitsplätze wegrationalisiert werden, sondern Energie- und Rohstoffverschwendung. Diese Kostenumverteilung hat einen Namen: ökologische Steuerreform.

Es gibt wenige grundsätzliche politische Reformen, wo ein so eklatantes Mißverhältnis zwischen Einsicht und Handeln besteht, wie beim Thema "Ökologische Steuerreform". Von Jacques Delors bis zum BJU, von der FDP bis zu den Grünen, von Ernst-Ulrich von Weizsäcker bis zum BUND, neuerdings auch der CDU-Fraktionsvorsitzende im Bundestag Wolfgang Schäuble: Alle sind sich über die Notwendigkeit dieses strategischen Schritts einig, passiert ist bisher nichts.

Wie könnte eine solche Steuerreform aussehen? Der Kern muß eine stufenweise, langfristig berechenbare Anhebung der Energiesteuern sein – etwa in der Form, daß die Endpreise für Strom, Erdgas, Kohle und Benzin jedes Jahr um einen bestimmten Prozentsatz steigen. Das Aufkommen sollte von zu Anfang 10 bis 20 Milliarden DM pro Jahr dann stufenweise steigen bis auf zunächst um die 100 Milliarden DM Mitte des nächsten Jahrzehnts.

Dieses Aufkommen muß gezielt an Wirtschaft und Verbraucher zurück-
gegeben werden. Im wesentlichen stelle ich mir drei Kategorien der Rückgabe vor:

– Senkung von Lohn- und Einkommenssteuer,

– Senkung der Lohnnebenkosten von Unternehmen,

– Investitionsförderprogramme und Markteinführungsprogramme für umweltfreundliche Produkte, integrierte Technologien und regenerative
Energien.

Eine ökologische Steuerreform – stufenweise, aufkommensneutral,
berechenbar –, eine solche ökologische Steuerreform ist ein unverzichtbarer
Bestandteil einer modernen Umweltpolitik und einer modernen Wirtschaftspolitik. Deshalb kann es auch nicht sein, daß wir in dieser Frage – wie ein
Kaninchen auf die Schlange – auf Entscheidungen in Amerika oder in
Brüssel starren. In dieser Frage ist auch ein nationaler Alleingang sinnvoll
und zukunftsweisend. Mit anderen Worten: Wenn sich in Brüssel oder in
Washington nichts bewegt, setze ich mich für einen nationalen Alleingang
für eine ökologische Steuerreform ein.
   Auch für den Bürger bringt die ökologische Steuerreform mehr Eigen-
verantwortung und mehr Gerechtigkeit. Auch für ihn wird Energie und
Autofahren teurer, dafür zahlt er weniger Lohn- und Einkommenssteuer.
Das heißt: Er bestimmt durch sein Verhalten selbst, wie es in seinem
Portemonnaie aussieht. Umweltfreundliches Verhalten wird finanziell be-
lohnt, umweltschädliches Verhalten wird bestraft.

6. Ökologische Produktpolitik

Umweltschutz muß ein Motor der Produktinnovation werden. Ich habe
schon ausgeführt, daß wir neue Produktideen brauchen, um neue Arbeitsplätze zu schaffen. Die Zukunftskommission von Baden-Württemberg z.B.
hat diese Forderung zu einem Schwerpunkt ihres Berichtes gemacht.
   Aber wo gibt es denn solche neuen, zukunftssicheren Arbeitsplätze?
Nehmen wir den Bereich Umwelttechnik: Steigerungsraten von 6 bis 8 % pro
Jahr, Deutschland Weltmarktführer und außerdem führend in der Forschung,
bei den Patenten. Umwelttechnik ist eindeutig ein Zukunftsmarkt.
   Nehmen wir den Bereich Energie: Jeder Experte sagt, daß Solarenergie
die Energie des 21. Jahrhunderts ist, da die Umweltbelastungen bei den
herkömmlichen Energien untragbar werden. Solarenergietechnik ist ein
Zukunftsmarkt. Nehmen wir den Bereich Verkehr: Welches Auto wird in
Zukunft mehr Exportchancen haben, das umweltfreundliche 3-Liter-Auto,
oder die PS-strotzende Großlimousine? Es gibt viele weitere Beispiele: Eine
Wirtschaft, die umweltfreundliche Produkte als eine wesentliche Strategie
entdeckt, hat Zukunft und hat Arbeitsplätze.

Sicherlich müssen wir stärker als bisher den Anschluß in den Informations- und Kommunikationstechnologien schaffen, und wir sollten auch eine – gesellschaftlich kontrollierte – Bio- und Gentechnik bei uns fördern. Aber wenn wir fragen, wo in einer arbeitsteiligen Weltwirtschaft der spezifische Platz Deutschlands ist, wenn wir strategische Schwerpunkte bei der Entwicklung neuer Produkte setzen wollen, dann meine ich: Ökologische Produkte müssen ein Markenzeichen Deutschlands werden. "Made in Germany" muß in Zukunft nicht nur für Qualität und Zuverlässigkeit stehen, sondern auch für Umweltfreundlichkeit!

Wir brauchen also eine ökologische Produktpolitik:

– Wir müssen das Instrument Ökobilanz weiterentwickeln und noch anwendungskonformer machen. Für Produktwerbungen werden in Deutschland jedes Jahr 40 Mrd. DM ausgegeben. Wenn es uns gelingt, nur ein Promille davon für Ökobilanzen einzusetzen – 40 Mio. DM – dann können wir bereits die wichtigsten Produktgruppen umfassend ökobilanzieren.

– Wir müssen Ökodesign, Ökobilanz etc. in Lehrpläne und Ausbildungsgänge einbeziehen.

– Wir müssen die ökologische Unternehmensführung fördern – in Baden-Württemberg tun wir dies bereits seit Jahren, auch um die Betriebe auf die neue EG-Audit-Verordnung vorzubereiten.

– Die staatliche Nachfrage muß konsequent auf ökologische Produkte ausgerichtet werden – ob im Büromöbelbereich, im Lebensmittelbereich oder bei Dienstfahrzeugen.

7. Kreislaufwirtschaft

Umweltschutz als Strategie für die moderne Industriegesellschaft heißt auch, Arbeitsplätze durch Kreislaufwirtschaft zu schaffen. Es ist doch klar: Wo Einwegprodukte an der Tagesordnung sind, braucht man keinen, der Produkte repariert und Servicearbeiten durchführt. Wenn wir umgekehrt wieder langlebige und reparaturfreundliche Produkte bauen, sparen wir nicht nur Energie und Rohstoffe, sondern wir brauchen neue Arbeitsplätze im Reparatur- und Servicebereich. In einem Wirtschaftssystem, das auf Materialkreisläufe statt auf ex und hopp setzt, gibt es außerdem auch im Recyclingbereich neue Betriebe, neue Märkte, neue Beschäftigung. Allein der Markt für das Recycling von Elektronikschrott hat ein potentielles Volumen von mehreren Milliarden DM. Die politischen Konzepte für einen Einstieg in die Kreislaufwirtschaft liegen seit langem auf dem Tisch – sie müssen endlich umgesetzt werden:

- Wir brauchen ein Kreislaufwirtschaftsgesetz, das diesen Namen verdient. Insbesondere ist es völlig unabdingbar, am Grundsatz "Vermeiden vor Verwerten und Entsorgen" festzuhalten. Mittelfristig brauchen wir darüber hinaus Instrumente, um die Stoffströme der Industriegesellschaft insgesamt besser in den Griff zu bekommen.

- Wir brauchen eine grundlegende Novelle der Verpackungsverordnung, die – auch durch ökonomische Instrumente – endlich den nötigen Vermeidungsdruck erzeugt.

- Wir brauchen die seit Jahren angekündigten Rücknahmeverordnungen für Altautos, Druckerzeugnisse, Elektronikschrott u.a..

Kurz: Wir müssen die Produktverantwortung des Herstellers ordnungsrechtlich einfordern.

8. Umgestaltung der Energiewirtschaft

Unverzichtbarer Bestandteil einer Strukturreform der modernen Industriegesellschaft ist eine grundlegende Umgestaltung der Energiewirtschaft. Auch hier herrscht kein Wissens- sondern ein Handlungsdefizit: Die Enquetekommission des Bundestages, viele Studien und Kongresse haben detaillierte Vorschläge vorgelegt, wie ein neuer Umgang mit Energie und auch ein neuer Umgang mit Mobilität aussehen muß.

Neben der ökologischen Steuerreform – in Verbindung mit den entsprechenden Investitions- und Förderprogrammen – geht es vor allem um drei Punkte:

- Reform des Energiewirtschaftsgesetzes mit stärkerer Dezentralisierung der Energiewirtschaft, Einführung des Least-Cost-Planing und Ausrichtung am Gedanken der Energiedienstleistung.

- Förderung der Kraftwärmekopplung, insbesondere durch eine entsprechende Novelle des Stromeinspeisegesetzes. Was ein solches Gesetz bewirken kann, zeigt das Beispiel Windenergie: Der Markt für Windenergieanlagen hat seit Inkrafttreten der höheren Einspeisevergütung Wachtumsraten von über 50 % pro Jahr!

- Ausstieg aus der Kernenergie mit einem modernen Atomabwicklungsgesetz.

9. Naturschutz

Zu einer umfassenden ökologischen Neuorientierung von Wirtschaft und Gesellschaft gehört auch, daß wir der Natur endlich zu ihrem Recht verhelfen. Dabei sind zwei Punkte von zentraler Bedeutung:

– Wir müssen das Bundesnaturschutzgesetz novellieren mit den Eckpunkten Verbandsklage und Wegfall der Landwirtschaftsklausel.

– Wir müssen die Agrarpolitik viel stärker auf ökologische Ziele ausrichten; das gilt für den vermehrten Einsatz landwirtschaftlichen Knowhows in der Landschaftspflege, das gilt für umweltfreundliche Anbaumethoden.

10. Schluß

In der chinesischen Schrift steht das Zeichen für Krise gleichzeitig für Chance. Das spricht für sich selbst. In der Tat:

Wir müssen gerade jetzt den Mut haben zu echten Reformen, wir müssen die jetzige Situation als Chance begreifen, als Chance für eine Neuorientierung, für einen Kurswechsel, für einen Strukturwandel hin zu einem nachhaltigen Wirtschafts- und Gesellschaftssystem.

Nachhaltige Entwicklung: Gestaltungsspielraum und Gestaltungswille der Wirtschaft

Hermann Krämer

1. Der Stellenwert der nachhaltigen Entwicklung im Beziehungsgeflecht globaler Einflußgrößen

Das Thema nachhaltige Entwicklung ist eng verknüpft mit den Fragen des Klimaschutzes und der Ressourcenschonung; nachhaltige Entwicklung setzt den bisher üblichen Umweltschutz konsequent fort. Nachhaltige Entwicklung ist aber noch mehr: Sie hält uns an, in globalen Zusammenhängen zu denken, und aus der Sicht denkbarer Zukunftsszenarien Orientierung für das aktuelle Geschäft zu gewinnen. Wo wird die Wirtschaft und die Gesellschaft in 5, in 10, in 20 Jahren oder gar in 50 Jahren stehen?

Nicht umsonst standen auf internationalen Konferenzen, wie z.B. auf der UN-Konferenz für Umwelt und Entwicklung im Juni 1992 in Rio, auch generelle Wirtschaftsfragen auf der Tagesordnung. Es geht dabei im wesentlichen darum, einen Ausgleich zu finden zwischen armen und reichen Ländern. Davon werden wiederum wichtige Impulse erwartet, das Bevölkerungswachstum, das eigentliche Hauptproblem für die nachhaltige Entwicklung, in seinen Zuwachsraten möglichst rasch einzudämmen.

Die Telekommunikation, die derzeit mit unvorstellbar großem Tempo weltweit ausgebaut wird, wird zur Folge haben, daß den Menschen der armen Länder ihre menschenunwürdigen Lebensverhältnisse immer deutlicher vor Augen geführt werden. Daraus kann sich eine Dynamik mit viel sozialem Sprengstoff entwickeln. Es ist deshalb heute unbestritten, daß es zu den wichtigsten Aufgaben zählt, die wirtschaftlichen Verhältnisse in diesen Ländern möglichst rasch zu verbessern. Dann kann man vielleicht das drohende Problem der Wirtschaftsflüchtlinge in für uns verkraftbaren Dimensionen halten.

Mit dieser wirtschaftlichen Hilfe und Ertüchtigung wird aber auch Konkurrenz für den Wirtschaftsstandort Deutschland herangezogen. Bei Japan und USA als Hauptkonkurrenten zu Europa wird es nicht bleiben; der ganze süd-ost-asiatische Raum, insbesondere China, ist im wirtschaftlichen Aufbruch. Südamerika und andere Weltregionen werden folgen. Es ist absehbar, daß sich Standorte für die Produktionsstrukturen und die Handelsströme nachhaltig ändern werden.

Heute kann niemand wissen, wie die Landkarte der dann wichtigen bzw. reichen Industrieländer in 30 Jahren aussehen wird. Ein rohstoffarmes Land wie die Bundesrepublik muß diese Entwicklungen mit größter Sensibilität verfolgen.

Die Übertragung unserer Lebensverhältnisse im weltweiten Maßstab wird nicht möglich sein: Ressourcenverbrauch und die Aufnahmefähigkeit der Erde für Abfallstoffe setzen Grenzen. Es zeichnet sich ab, daß die Güter, die künftig weltweit Lebensstandard ausmachen werden, wie Verkehrsmittel, Behausung, Kleidung und andere Konsumartikel, in einem ganz anderen Maßstab als bisher ressourcenschonend und energiesparend, oder – ganz allgemein gesprochen – umweltschonend beschaffen sein müssen.

Damit ist die Wirtschaft zweifach und grundsätzlich gefordert: Generell ihre jeweilige Wettbewerbsfähigkeit auf den Weltmärkten zu erhalten und zugleich für ihre langfristige Geschäftsgrundlage, d. h. für ein nachhaltig akzeptables Wirtschaftswachstum die Grundlagen durch Erfüllung von Anforderungen der nachhaltigen Entwicklung mit zu erarbeiten.

Um es an einem Beispiel zu verdeutlichen: Wenn es gelingen würde, gegenüber dem heutigen Flottenverbrauch von ca. 9 l je 100 km sog. "Drei-Liter-Autos" schick, komfortabel und preisgünstig herzustellen und in den Weltmarkt zu bringen, könnten die Klimaauswirkungen aus den weltweit enorm wachsenden Mobilitätsansprüchen bereits entscheidend entschärft werden. Man kann mit einiger Sicherheit sagen, daß diese sparsamen Autos sich weltweit durchsetzen werden.

Es liegt an der Wirtschaft, sich mit den Chancen zu befassen; natürlich auch mit den Risiken, die wohl eher darin liegen, daß Mitteleinsatz und Timing für Entwicklung und Markteinführung mit unternehmerischem Weitblick richtig zu dimensionieren sind.

In einem Zwischenfazit ist festzuhalten: Kreativität und Innovation müssen eingesetzt werden, um die Wettbewerbsfähigkeit der deutschen Wirtschaft aufrechtzuerhalten. Kreativität und Innovation sind aber auch die Vehikel, um nachhaltige Entwicklung zu gestalten.

Nachhaltige Entwicklung ist nicht mehr, aber auch nicht weniger als die entscheidend notwendige Modifizierung eines weltweiten Wirtschaftens, das nicht den Verzicht der armen Länder festschreibt, sondern menschenwürdige Verhältnisse für alle Menschen möglichst rasch anstrebt.

Damit zurück zum konkreten Thema: Welche Gestaltungsspielräume hat die Wirtschaft in diesem vielseitigen Geflecht von Kräften und Interessen? Hat die Wirtschaft Gestaltungswillen und soll sie diesen einsetzen?

Dazu im nächsten Abschnitt einige Beispiele aus der aktuellen Praxis der Wirtschaft.

2. Nachhaltige Entwicklung anhand von Beispielen aus der Praxis

Heute ist unbestritten, daß das Gedankengut des Umweltschutzes Zeit, d. h. Jahre brauchte, um als Allgemeingut in die Unternehmensstrategien einzufließen. Das ist jetzt einigermaßen geschafft. Heute zeugen nicht nur Hochglanzbroschüren und Ausführungen in den Geschäftsberichten der Unternehmen davon, sondern auch die praktisch sichtbaren Aktivitäten der Unternehmen. Zunehmend wird auch erkennbar, daß von Politik und Wirtschaft artikuliert wird, nachhaltige Entwicklung müsse den heutigen Umweltschutz ergänzen.

Nachdem die Maßnahmen zur Gefahrenabwehr in Umweltschutzvorschriften nunmehr im wesentlichen geregelt sind – und das gilt für die Bundesrepublik wie weitgehend auch für die westlichen Industrieländer generell –, hat sich der Schwerpunkt zu Vorsorgemaßnahmen verlagert. Dazu zählen insbesondere die Maßnahmen zum Schutze gegen die Auswirkungen der Treibhausgase. So hat die deutsche Bundesregierung 1990 das politische Ziel gesetzt, bis zum Jahre 2005 eine Reduzierung der CO_2-Emissionen in Deutschland gegenüber 1987 von 25 bis 30 % zu erreichen; und dies nur als Zwischenschritt zu noch weit darüber hinausgehenden CO_2-Reduktionen auf längere Sicht. Warum tut die Bundesregierung das?

Dazu zunächst den aktuellen Stand der wissenschaftlichen Klimadiskussion:

Wissenschaftlich unbestritten ist, daß ein natürlicher Treibhauseffekt existiert – ohne ihn wäre die mittlere Temperatur der Erde etwa 33°C niedriger, und damit bei -18°C; und unbestritten ist, daß die vom Menschen verursachte Emission von Treibhausgasen, deren wichtigste das CO_2 ist, zu einer Erderwärmung über das natürliche Ausmaß hinaus führt. Jedoch wird wissenschaftlich gestritten um die Höhe, die Geschwindigkeit, die regionale Verteilung der Erderwärmung und über die Folgen der dadurch verursachten Klimaänderungen.

Mit Klimarechenmodellen wurde aus dem bisherigen Anstieg der Treibhausgaskonzentration in der Atmosphäre ein Anstieg der Erderwärmung um ca. 0,5°C ermittelt. Dieser Rechenwert hebt sich noch nicht mit Sicherheit ab von den Meßwerten des sog. Klimarauschens; das sind natürlich verursachte, sowohl positive wie negative Temperaturänderungen, z. B. aufgrund Staubauswurf bei Vulkanausbrüchen. Man glaubt aber, die bisher anthropogen verursachte Erderwärmung, also die berechneten 0,5°C, im Gang der über mehrere Jahrzehnte beobachteten Klimadaten als tendenziellen Temperaturanstieg zu erkennen.

Die Mehrheit der Wissenschaftler geht davon aus, daß bei Trendfortschreibung des Weltenergieverbrauches die globale Mitteltemperatur sich gegenüber dem vorindustriellen Niveau im Jahre 2025 um 2°C und im Jahre 2100 um 4 bis 5°C erhöht haben dürfte. Demgegenüber werden in diesem Zeitraum natürlich bedingte Temperaturänderungen von untergeordneter

Bedeutung sein, denn die globalen Temperaturabweichungen in den letzten 10.000 Jahren betrugen nur etwa +/- 1°C. Der Unsicherheitsbereich für das Jahr 2100 wird mit + 2 bis + 6°C angegeben. Aber auch unter Berücksichtigung dieser großen Unsicherheitsspanne werden damit dramatisch veränderte Klimabedingungen geschaffen, wie sie zuletzt vor ca. 10 Millionen Jahren (+ 4°C gegenüber heute) auf der Erde geherrscht haben.

Die Klimatologen fordern daher eine Begrenzung des anthropogenen CO_2-Anstieges. Würde man den Anstieg der Weltmitteltemperatur auf 2°C begrenzen wollen, so müßte die globale CO_2-Emission bis zum Jahre 2050 gegenüber heute halbiert und in den Industrieländern sogar um etwa 80 % reduziert werden.

Sind schon die wissenschaftlichen Aussagen über die anthropogen verursachte, globale Erderwärmung mit großen Unsicherheiten behaftet – eine Minderheit von Wissenschaftlern geht von einer geringeren Erderwärmung aus –, so sind die wissenschaftlichen Aussagen über die regionale Verteilung der Erderwärmung und über deren Auswirkungen noch einmal um einiges unsicherer. In ihrer Mehrheit geht die Wissenschaft heute aber von folgenden Trendaussagen aus:

– Vor allem in den mittleren bis polaren Breiten wird sich, vor allem im Winter, der Niederschlag erhöhen; in den südlichen Gebieten, wie Mittelmeerraum, und auch in den Getreideanbaugebieten Nordamerikas rechnen die Wissenschaftler mit niedrigeren Niederschlägen als heute.

– Der Anstieg des Meeresspiegels wird in der Größenordnung von 10 bis 30 cm eingeschätzt. Dieser relativ niedrige Anstieg wird vor allem auf die Ausdehnung der Ozeane bei der Erwärmung zurückgeführt. Ein Abschmelzen der Pole wird nicht erwartet, im Gegenteil: Wegen Zunahme der Niederschläge in den nördlichen Breiten wird die Eisbildung an den Polen noch zunehmen.

Von seiten der Wissenschaft wird mit Nachdruck darauf hingewiesen, daß diese Abschätzungen keine Katastrophengemälde rechtfertigen, daß aber die voraussichtlichen Auswirkungen dennoch so sein werden, daß an die Politik Empfehlungen ausgesprochen werden müssen, den Anstieg der weltweiten Treibhausgaskonzentration einzudämmen. Dazu sind insbesondere die Industrieländer mit ihren pro Kopf weit überdurchschnittlichen CO_2-Emissionen gefordert.

Vor diesem wissenschaftlichen Hintergrund erkennt die Wirtschaft an, daß die Politik nicht warten kann, bis die CO_2-Frage wissenschaftlich abschließend geklärt sein wird. Prof. Schönwiese, ein bekannter Klimatologe an der Universität Frankfurt, hat kürzlich nachvollziehbar gefolgert:
"Die Konsequenz kann nur lauten, angesichts dieser Fakten und Wahrscheinlichkeiten zu handeln. Dies wird durch das ersichtliche Risikoausmaß anthropogener Klimaänderungen und die Zeitverzögerungen im Klima-

system, wonach anthropogene Ursachen sich erst nach Jahrzehnten im Klimageschehen auswirken, noch unterstrichen; denn wenn wir mit den Maßnahmen warten, bis die anthropogenen Klimaänderungen zur Gewißheit geworden sind – mit allen ihren negativen ökologischen und sozioökonomischen Folgen –, würden dann eingeleitete Maßnahmen auch erst nach Jahrzehnten "greifen". Eine solche Strategie des "wait and see" oder auch die Hoffnung, man würde sich an die Klimaänderungen schon anpassen können, wäre verantwortungslos."

Genau vor diesem Hintergrund muß das CO_2-Reduzierungsprogramm der Bundesregierung gesehen werden.

2.1　Klimaschach

Ein anspruchsvolles CO_2-Reduktionsziel zu erreichen, ist nicht auf einem klar vorgezeichneten Wege möglich. Es sind die Maßnahmen zu identifizieren, die wirksame Beiträge zur CO_2-Reduktion leisten können, die ein vertretbares Kosten-/Nutzenverhältnis haben, die in absehbarer Zeit, möglichst bis etwa 2005 umsetzbar sowie darüber hinaus auch politisch akzeptabel sind. Aus einer Fülle möglicher Maßnahmen sind diejenigen auszudenken, die das Problem "Klimabedrohung" effektiv, rechtzeitig und mit optimalem Mitteleinsatz erledigen.

Wie beim Schach sind also mehr oder weniger geeignete "Züge" gegeneinander abzuwägen. Und wie beim Schach bestehen Regeln, die einzuhalten sind. So können z. B. energiepolitische oder beschäftigungspolitische Zielsetzungen in Konkurrenz zueinander stehen. Es kann deshalb bei solchen Analysen von einem Klimaschach gesprochen werden.

Eine Maßnahme zur CO_2-Reduktion, die im Grundsatz sehr wirksam ist, ist rasch identifiziert, wenn man sich vergegenwärtigt, daß der Kohleeinsatz (Stein- wie auch Braunkohle) die deutsche CO_2-Emissionsstruktur mit einem Anteil von 47 % dominiert; im Bereich der Stromerzeugung hat die Kohle sogar einen CO_2-Anteil von 90 %. Würde man die Kohle in der deutschen Stromerzeugung vollständig eliminieren können, würde dies die deutsche CO_2-Emission gegenüber 1987 um rd. 30 % senken. Das wäre ein ganz gewaltiger Beitrag zur politisch gewollten CO_2-Reduktion.

Kohle in der deutschen Stromerzeugung zu eliminieren, ist allerdings nur theoretisch eine zielführende Überlegung. Auf absehbare Zeit fehlen nämlich jedwede Gestaltungsspielräume für die Umsetzung dieses Gedankens, denn: Die bestehenden Kohlekraftwerke sind anläßlich der Nachrüstung mit Rauchgasreinigungsanlagen in den 80er Jahren modernisiert worden, und es wäre eine gigantische Kapitalvernichtung, wollte man diese Kraftwerke vor Ende ihrer Lebensdauer außer Betrieb setzen. Aber selbst dann, wenn man dies wollte oder könnte, fehlen derzeit belastbare Alternativen für die Stromerzeugung, denn der Bau neuer Kernkraftwerke scheitert an der öffentlichen Akzeptanz; erneuerbare Energien wie Windkraftwerke wären, würden sie in der erforderlichen Größenordnung eingesetzt, betriebs- wie

auch volkswirtschaftlich unbezahlbar, und der Ersatz der Kohle durch Gas
ist nur eine kurzfristige Scheinlösung, weil für die Gasbeschaffung über
kurz oder lang ein erheblicher Kostenschub zu erwarten ist.

Ein weiterer wichtiger, wenn nicht der zentrale Punkt, liegt in der
beschäftigungspolitischen Bedeutung des Stein- und Braunkohlebergbaus in
Deutschland. Wir haben in Westdeutschland über 120.000 und in Ostdeutschland mehr als 20.000 Menschen direkt in der Kohleförderung
beschäftigt.

Aber dennoch: Eine möglichst drastische Reduzierung der Kohlenstoffintensität der deutschen Stromerzeugung und damit auch des gesamten
deutschen Energieeinsatzes bleibt eine zentrale Herausforderung für Politik
und Energiewirtschaft. Sie kann nicht kurzfristig, muß aber langfristig
angegangen werden.

Wo liegen dann aber andere, möglichst kurzfristig greifende Klimaschach-Maßnahmen? Sie liegen im Bereich des effizienten Energieeinsatzes
und des Vermeidens von Energieeinsatz. In den nächsten Abschnitten
werden aus diesem Bereich drei Beispiele, die man auch politisch intensiv
diskutiert, auf Möglichkeiten der Gestaltung und den Gestaltungswillen der
Wirtschaft behandelt.

2.1.1 *Least-Cost-Planning (LCP)*

Zunächst aus dem Bereich der Stromwirtschaft das sog. "Least-Cost-
Planning" (LCP), auch bekannt unter der Forderung, die Stromwirtschaft
solle sich für Negawatts statt für Megawatts engagieren. Dieser Ansatz
wurde – eng verknüpft mit dem Namen Lovins – schon vor etlichen Jahren
in den USA in die Praxis eingeführt. Der Ansatz fiel dort auf fruchtbaren
Boden, weil es dort billiger ist, mit Maßnahmen der Wirkungsgradver-
besserung den Leistungsbedarf vor allem von Klimaanlagen zu reduzieren,
also Negawatts zu produzieren, anstatt neue Kraftwerksleistung zu bauen.

Dieser Ansatz ist seit langem auch in Deutschland bekannt. So werden
bereits seit vielen Jahren in Zusammenarbeit mit den Stromverbrauchern
Maßnahmen ergriffen, um den zeitlichen Verlauf der Stromnachfrage zu
vergleichmäßigen; dabei ergeben sich gute Ansätze beispielsweise bei
Speicherheizungen sowie Kühl- und Trocknungsprozessen. Im Grundsatz
werden bei diesen und ähnlichen Maßnahmen Investitionen beim Strom-
verbraucher und beim Stromerzeuger ganzheitlich gesehen und optimiert.

Von seiten der Stromversorger wird LCP als Herausforderung
angenommen. Sie haben eine Fülle von Programmen initiiert, um in
Feldversuchen herauszufinden, ob über diesen Ansatz eine Gesamt-
optimierung zwischen Stromnachfrage und Stromangebot in dem geforderten
übergreifenden Marketing-Ansatz möglich ist, und ob sich in diesem
Zusammenhang nennenswerte CO_2-Einsparungen ergeben können.

Man kann bereits absehen, daß graduelle Verbesserungen bei der CO_2-
Emission durchaus möglich sind, indem beispielsweise die Erneuerung

energiesparender Haushaltsgeräte mit Zuschüssen von seiten der Energieversorger beschleunigt wird, aber der große Durchbruch im Sinne einer Klimaschach-Maßnahme ist davon und auch von LCP insgesamt nicht zu erwarten.

Dieses Beispiel wurde angeführt, weil LCP einen hohen, wenn nicht zu hohen, politischen Stellenwert besitzt. Dieser Hinweis ist deshalb so wichtig, weil er zeigt, daß politische Diskussionen leicht auch in eine Sackgasse führen: in diesem Fall in die Behauptung, daß das CO_2-Problem in der Elektrizitätswirtschaft durch Sparen bzw. Optimieren gelöst werden könne.

2.1.2 Raumwärme

Ein anderes Besipiel ist die Raumwärme: Der Altbaubestand hat ganz offensichtlich immer noch ein großes Energie- und CO_2-Einsparpotential. Hier sind die Fakten wie Wohnungsbestand und Heizwärmebedarf der verschiedenen Gebäude leicht nachprüfbar; daher können die hier gegebenen Möglichkeiten der CO_2-Reduktion relativ emotionslos betrachtet werden.

Der Energieverbrauch für Raumwärme in Gebäuden der privaten Haushalte, in Gewerbe und Industrie trägt ca. 20 % zur CO_2-Emission der Bundesrepublik bei. Anders ausgedrückt: Läge die Bundesrepublik in einer wärmeren Klimazone, also ohne jeden Heizbedarf, entfiele dieser Anteil.

Rund zwei Drittel hiervon, also etwa 12 % der deutschen CO_2-Emission könnte eingespart werden, wenn die bestehenden Gebäude auf den Wärmestandard von Niedrigenergiehäusern gebracht würden. Die dabei entstehenden Kosten wären allerdings bei weitem nicht durch eingesparte Energiekosten gedeckt, auch nicht, wenn man gewaltige Energiepreissteigerungen von mehreren 100 % für die nächsten Jahre unterstellen würde. Nach Überschlagsrechnungen wären in der Größenordnung etwa 1.000 Mrd. DM sozusagen "freiwillig" für nachträgliche Wärmedämmung auszugeben. Die Unternehmen in Gewerbe und Industrie, auf deren Gebäude etwa ein Drittel dieser Summe entfallen würde, könnten das wirtschaftlich nicht vertreten; die Hausbesitzer und Mieter, auf die etwa zwei Drittel dieser 1.000 Mrd. DM entfallen würden, haben andere Prioritäten für die Verwendung ihres Einkommens.

Für die Bauwirtschaft wäre ein Wärmedämm-Programm in Höhe von über 1.000 Mrd. DM, etwa auf 10 Jahre angelegt, sicherlich ein begrüßenswertes Geschäft. Wegen ungedeckter Finanzierung ist es jedoch rein theoretisch und fern der Realität.

Wegen der Unwahrscheinlichkeit einer freiwilligen Finanzierung hat die Bundesregierung in der neuen Wärmeschutzverordnung nunmehr auch für Altbauten Regelungen aufgenommen, die zu einem verstärkten Wärmeschutz bei der Altbaurenovierung zumindest anhalten.

2.1.3 Personenverkehr

Als weiteres Beispiel soll der Verkehrsbereich behandelt werden. Hier zeichnet sich eine ganze Palette von Möglichkeiten zur CO_2-Reduktion ab, wie Umsteigen vom Pkw auf öffentliche Verkehrsmittel, Verkehrsverflüssigung mittels Telematik und vieles andere mehr. Bei diesen Maßnahmen geht es vor allem darum, mit Mobilität sparsam umzugehen. Die hier zu erwartenden CO_2-Reduktionsbeiträge sind zwar nicht zu vernachlässigen, ein bahnbrechender Erfolg aufgrund dieser Maßnahmen zeichnet sich aber nicht ab.

Anders ist es, wenn man sich die Möglichkeiten der Kraftstoffverbrauchsreduzierung bei Pkw ansieht. Das sog. "Drei-Liter-Auto" – und mag dann der Durchschnittsverbrauch bei 4 l je 100 km liegen – steht offenbar vor dem technischen Durchbruch und vor einer möglichen Markteinführung, wie aus Ankündigungen von Automobilfirmen hervorgeht. Eine rasch flächendeckende Einführung des Drei-Liter-Autos, wobei es sich um einen Reisewagen ohne Komfortverzicht handeln würde, könnte einen nennenswerten CO_2-Reduzierungsbeitrag leisten: Würden nämlich 70 % der Pkw-Flotte in Deutschland in 10 Jahren, beginnend im Jahre 2000, in gleichen Jahresraten ersetzt, so würde der daraus resultierende CO_2-Minderungsbeitrag die deutsche CO_2-Emission im Jahre 2010 gegenüber 1987 um ca. 5 % entlasten. Das wäre sicherlich ein sehr großer Beitrag, und bei dieser Maßnahme würde die drastische Reduzierung des Kraftstoffverbrauches weitgehend ausreichen, den Mehrpreis bei der Anschaffung eines Drei-Liter-Autos zu amortisieren.

Das Drei-Liter-Auto gibt demnach ganz erhebliche Gestaltungsspielräume im Sinne einer nachhaltigen Entwicklung. Die Nutzung dieser Chance setzt aber nicht nur den Willen der Wirtschaft voraus, das Drei-Liter-Auto zu gestalten und in absehbarer Zeit auf den Markt zu bringen. Erforderlich ist vor allem auch die Bereitschaft der Autokäufer. Das Kaufverhalten ist gerade beim Auto stark psychologisch geprägt. Bei weitergehender Entwicklung ist nicht unwahrscheinlich, daß immer breitere Käuferschichten umdenken und ein technisch hoch entwickeltes Spar-Auto als schick empfinden und es kaufen werden.

Der Staat könnte diese Entwicklung mit steuerlichen Maßnahmen unterstützen. Der Bundeskanzler hat in seiner Regierungserklärung vom 23. November 1994 erklärt, sich dafür einsetzen zu wollen, daß Deutschland das erste Land wird, in dem das Fünf-Liter-Auto Standard wird. Bereits zu Anfang dieses Vortrages wurde darauf hingewiesen, daß ein gut gemachtes Drei-Liter-Auto ein Exportschlager werden könnte und überdies einen sehr wesentlichen Beitrag für die globale Dimension der nachhaltigen Entwicklung leisten könnte.

2.2 Zielerreichungsgrad des CO_2-Minderungsprogrammes der Bundesregierung

Soweit die Darstellung einiger Klimaschach-Maßnahmen. Wie ersichtlich, sind die Grenzen für einen Beitrag zur Nachhaltigkeit eng gesteckt. Ein Resümee über den Erfolg der bisher konzipierten CO_2-Reduktionsmaßnahmen zieht der Ende September 1994 vorgelegte 3. Klimaschutzbericht der Bundesregierung, in dem eine Zwischenbilanz für das Jahr 1993 vorgelegt und ein Ausblick auf das Jahr 2005 gegeben wird.

Demnach war im Jahre 1993 die CO_2-Emission in Deutschland gegenüber 1987 um 15,5 % reduziert. Allerdings ausschließlich aus einer Verringerung der CO_2-Emissionen in den neuen Bundesländern um ca. 48 %, und zwar im wesentlichen aufgrund des durchgeführten wirtschaftlichen Umstrukturierungsprozesses und des reduzierten Verbrauches CO_2-intensiver Braunkohle. Die alten Bundesländer trugen in diesem Zeitraum nicht zur CO_2-Reduzierung bei, sondern aufgrund Wirtschaftswachstum und Konsumanstieg muß damit gerechnet werden, daß in den Folgejahren die 1993 errreichte CO_2-Reduktion zum großen Teil wieder aufgezehrt wird, wenn nicht über den geplanten Maßnahmenumfang hinaus ein weiteres, wohl sehr stringentes Maßnahmenpaket auf den Weg gebracht wird.

Der Abschnitt über nachhaltige Entwicklung anhand von Beispielen aus der aktuellen Praxis der Wirtschaft kann daher wie folgt zusammengefaßt werden:

Mit der "konventionellen Instrumentenkiste" wird man in Deutschland die angestrebte CO_2-Reduktion von etwa 25 bis 30 % im Jahre 2005 auch bei Verstärkung der Anstrengungen vermutlich kaum erreichen können. Jedenfalls wird durch Ausschöpfen kostengünstig verfügbarer CO_2-Minderungspotentiale bei der Marke von etwa 25 % CO_2-Reduktion eine Art Schallmauer erreicht werden.

Wie sich aus den Überlegungen zum Klimaschach abzeichnet, wird das Kurieren an vorhandenen Strukturen dann nicht mehr ausreichen, wenn nach Maßgabe internationaler Regelungen über das Jahr 2005 hinaus über 30 % liegende CO_2-Reduzierungen erforderlich werden sollten. Die dann benötigten strukturellen Maßnahmen, z.B. zwecks Reduzierung der Kohlenstoffintensität der Stromerzeugung, müssen aber bereits heute bedacht werden, weil die Modifizierung sehr langlebiger Anlagen eine langfristige Vorbereitung verlangt. Die Erfordernisse aus nachhaltiger Entwicklung und aus internationaler Wettbewerbsfähigkeit müssen dabei in Einklang gehalten werden. Dazu mehr im nächsten Abschnitt.

3. Anwendungsvisionen als Motor der nachhaltigen Entwicklung

Kreativität und innovative Umsetzung waren und sind wesentliche Erfolgsfaktoren des Wirtschaftsstandortes Bundesrepublik. Gefragt sind Ideen für neue Produkte, die hierzulande und auf den Weltmärkten im Wettbewerb bestehen können. Nachhaltige Entwicklung modifiziert diesen hohen Anspruch, stellt ihn aber nicht in Frage.

Vorrangig erscheint daher, daß in Deutschland für die langfristige Zukunft ein übergreifendes Denken, eine Art Gesamtschau entwickelt wird, mit der sich die Bevölkerung in ihrer Mehrheit identifizieren kann. Die Entwicklung eines solchen übergreifenden Konzeptes ist Aufgabe der Gesellschaft als Ganzes; die Wirtschaft muß sich daran beteiligen; sie würde sich aber unglaubwürdig machen, wollte sie diesen Entwicklungsprozeß dominieren.

Anhand eines offenen gesellschaftlichen Diskussionsprozesses sollte sich möglichst bald konkretisieren, was die Gesellschaft mehrheitlich will: Welche Art Wohlstand wollen wir? Und brauchen wir im Jahre 2010 noch eine Automobilindustrie und eine hochleistungsfähige Chemie, Kernenergie, Gentechnik, Telekommunikation? Wollen wir Wachstum oder Konsumverzicht, mehr Leistungswillen und weniger Anspruchsdenken?

Und wenn die Gesellschaft einen – vielleicht qualitativ modifizierten – Wohlstand beibehalten will, so sollte sie sich auch über die Konsequenz im klaren sein. Sie heißt: Wir müssen das alles extrem effizient bewirken, wir brauchen eine effiziente Infrastruktur, kostengünstige Energie und eine darauf abzielende mentale Einstellung.

Dazu müssen wir also auch das sozialpsychologische Problem angehen und in vielen kleinen und großen Diskussionen das Verständnis für die Wirkungskette "Technologie - Effizienz - Preis - Lebensqualität" verbreitern.

Wir müssen diesen Dialog vor allem mit den jungen Menschen führen, die heute in der großen Mehrzahl in einem Umfeld großwerden, in dem die Notwendigkeiten und Wirkungsketten einer Industriegesellschaft nicht mehr überblickt und auch nicht kommuniziert werden.

Es wird ein langer Lernprozeß erforderlich sein, bis wieder allgemein erkannt wird, daß der Nutzen in Form von Lebensqualität nicht zum Nullrisiko zu haben ist und, daß in einem Mindestumfang auch sogenannte Großtechnologien unverzichtbar sind. Denn je produktiver unsere Volkswirtschaft ist, um so leichter wird es unserer Gesellschaft fallen, Anteile des Sozialproduktes zur Bekämpfung der weltweiten Armut zur Verfügung zu stellen. Und dies wird in einem zunehmenden Umfang notwendig, wenn die Grundbedürfnisse nach Nahrung und Energie einer dramatisch anschwellenden Weltbevölkerung befriedigt werden sollen, von einer weltweiten Anhebung der Lebensverhältnisse auf europäisches Durchschnittsniveau ganz zu schweigen.

Ein praktischer Ansatz, die wünschenswerte übergeordnete Denke herbeizuführen, könnte darin liegen, durch griffige Anwendungsvisionen Schwerpunkte zu setzen. Denkbar wäre beispielsweise, für den flächendeckenden und steuerlich flankierten Einsatz des Drei-Liter-Autos einen politisch breit akzeptierten Zeitplan aufzustellen. Wie dargestellt, wären mit einem solchen Plan finanzielle Opfer der Autofahrer verbunden, so daß Widerstände offensichtlich zu erwarten sind. Damit wäre aber nicht gezeigt, daß diese Schwerpunktsetzung falsch ist; es kommt jedoch darauf an, die gemeinsamen Anstrengungen im Sinne solcher Schwerpunktsetzungen fortzusetzen, damit die Zeit für solche Pläne schneller reifen kann.

Ein anderes Beispiel betrifft den nunmehr beschlossenen Bau der Magnetschnellbahn zwischen Hamburg und Berlin. Von vielen werden gegen dieses Projekt auch weiterhin Bedenken angeführt, u. a. mit dem Argument "überflüssig und zu teuer". Es mag richtig sein, daß dieses Projekt gegenüber der ohnehin erforderlichen konventionellen Schnellbahnverbindung teurer ist. Aber nach der erfolgreichen Entwicklung dieses lärmmindernden und energiesparenden Verkehrssystems war jetzt die Zeit für die Entscheidung reif, nunmehr eine Demonstrationsstrecke als Option für die lange Zukunft zu bauen. Mit diesem Projekt sind auch Arbeitsplätze während der Bauzeit und Exportmöglichkeiten verbunden. Besonders wichtig ist aber die Signalwirkung, die von diesem Projekt ausgeht. Signalisiert wird die Innovationsfähigkeit der Bundesrepublik. Mit diesem umweltfreundlichen und hochtechnologischen Produkt wird in der Welt draußen ein positives Image für die Bundesrepublik aufgebaut, was für den Export ein gutes Marketing ist.

Weitere Schwerpunkte in Form einer Anwendungsvision könnten beispielsweise sein der Einsatz von Datenautobahnen für eine effektive Verkehrssteuerung sowie ansatzweise Ersatz von Verkehr durch Teleworking; oder die Entwicklung und flächendeckende Anwendung von kostengünstigen Konzepten für die Raumwärmedämmung.

Es ist eine schwierige Aufgabe, solche Anwendungsvisionen griffig zu formulieren und für sie eine breite Akzeptanz in der Öffentlichkeit zu erhalten. Diesbezüglich könnte sich eine im öffentlichen Bewußtsein anerkannte Instanz große Verdienste erwerben. Möglicherweise kann der "Rat für Forschung, Technologie und Innovation", den der Bundeskanzler gemäß Regierungserklärung vom 23. November 1994 als Beratungsgremium ins Leben ruft, hierbei behilflich sein.

Ein typisches Beispiel für eine breit angelegte Anwendungsvision ist "Strom als Zukunftsenergie"; eine bereits alte Vision, die durch Anforderungen der nachhaltigen Entwicklung neue Zugkraft bekommen wird. Es bedarf aber viel Kreativität, Gestaltungswillen und Durchhaltevermögen dazu, bereits heute einer breiten Öffentlichkeit zu vermitteln, daß in der langen Zukunft eine weitgehend auf Stromeinsatz abgestellte Energiewirtschaft die Belange einer nachhaltigen Entwicklung ideal erfüllen könnte.

Strom als umweltfreundliche Anwendungsvision wird sich jedoch nicht entfalten können, wenn die Stromanwendung aus ideologischen Gründen weiter verteufelt wird und wenn die Strompreise prohibitiv verteuert würden. Daher müssen in einer richtigen Strategie gleichzeitig der sparsame, effiziente Stromeinsatz und bezahlbare Strompreise verfolgt werden. Daher sollten Effizienz und wirtschaftliche Vertretbarkeit von CO_2-Reduktionsmaßnahmen auch für den Bereich der Stromerzeugung sehr sorgfältig abgewogen werden.

Die unter ökologischen und ökonomischen Aspekten optimale Lösung könnte darin bestehen, daß die Kernenergienutzung in Deutschland nicht nur auf dem bestehenden Niveau gehalten, sondern weiter ausgebaut wird. Für diesen Zweck könnten in einigen Jahren sicherheitstechnisch weiter verbesserte Reaktoren eingesetzt werden, an deren Entwicklung man zur Zeit arbeitet. Die Stromwirtschaft prüft zusammen mit der Politik, ob diese Lösung eine breite Akzeptanz finden wird.

Die erneuerbaren Energien finden – gestützt auf staatliche Zuschüsse – mit tausenden von Windkraftwerken und Photovoltaik-Anlagen ihren Eingang in die Strombedarfsdeckung. Allerdings ist die Stromerzeugungskapazität dieser relativ kleinen Anlagen gering; regenerative Energien werden wegen ihrer hohen Kosten nur in einem sehr begrenzten Umfang zur Strombedarfsdeckung beitragen können. An der Fortentwicklung dieser Technologien wird gearbeitet, aber ein technologischer Durchbruch, der den Kostennachteil beseitigen könnte, ist bisher nicht in Sicht.

Die kurz- und mittelfristig aussichtsreichsten Maßnahmen der CO_2-Minderung in der Stromerzeugung erstrecken sich auf Maßnahmen der Effizienzsteigerung an bestehenden Anlagen. So wird durch Sanierung und Ersatz veralteter Kraftwerke vor allem in den neuen Bundesländern sowie durch Steigerung des Wirkungsgrades an vorhandenen Kraftwerken bis zum Jahre 2005 die CO_2-Emission der deutschen Stromerzeugung um etwa 10 % reduziert werden können. Das ist, gemessen an den Emissionsreduzierungszielen einer nachhaltigen Entwicklung, ein bescheidener Beitrag, aber weit mehr als der mögliche Beitrag der erneuerbaren Energien.

Als Fazit ergibt sich, daß die Kohle noch für viele Jahre einen maßgeblichen Anteil an der Stromerzeugung behält. Wenn wir weiter auf Kohle angewiesen bleiben, aber gleichzeitig im Sinne einer nachhaltigen Entwicklung agieren wollen, dann müssen wir auch kreativ über global wirkende Ausgleichsmaßnahmen nachdenken. Grundsätzlich denkbare Möglichkeiten sind beispielsweise Wiederaufforstungen von Regenwäldern und Hilfen beim Bau von Kraftwerken mit hohem Wirkungsgrad. Weltweit ansetzende CO_2-Minderungsmaßnahmen dieser Art kann die Bundesrepublik nicht im Alleingang durchführen, vielmehr werden sie nur im Rahmen internationaler Abkommen realisierbar sein. Es zeichnet sich aber ab, daß die Völkergemeinschaft noch viele Jahre benötigen wird, ehe internationale Vereinbarungen dieser Art zur Anwendung kommen können.

Die Vision einer umweltfreundlichen Stromanwendung einschließlich einer nachhaltig unbedenklichen Stromerzeugung ist nicht nur für Deutschland eine Orientierungshilfe, sie könnte es für die ganze Welt sein. Denn ohne verstärkte Bereitstellung der Ressource Strom wird es nicht gelingen, die Armut in der Welt zu verringern und damit die Voraussetzungen für nachhaltige Entwicklung zu verbessern.

In der Realität zeigt sich, daß die Konzipierung langfristig angelegter Anwendungsvisionen gegenwärtig noch keinen hohen Stellenwert hat. Umso notwendiger ist es – und das gilt für die Bevölkerung als Ganzes wie für jeden einzelnen – die Antenne für sich abzeichnende globale Herausforderungen empfänglicher zu machen. Es geht vor allem auch darum, im Tagesgeschäft, in dem das Geld verdient werden muß, diese grundsätzlichen Anforderungen im vertretbaren Umfang durch konkrete Handlungen zu berücksichtigen. Welche Instrumente die Wirtschaft dazu in ihren Unternehmen nutzen kann, soll im nächsten Abschnitt behandelt werden.

4. Mechanismen für die Alltagsbewältigung nachhaltiger Entwicklung in den Unternehmen

Als Leitlinie für das nachhaltig erträgliche Wirtschaften wird bekanntlich im Brundlandt-Bericht 1987 vorgeschlagen und seitdem immer wieder aufgegriffen: "Die gegenwärtige Generation soll ihren Bedarf befriedigen, ohne zu riskieren, daß künftige Generationen ihre eigenen Bedürfnisse nicht befriedigen können." Bisher ist es allerdings nicht gelungen, den Begriff "nachhaltige Entwicklung" als Maßstab für die Beurteilung unternehmerischer Handlungen zu konkretisieren.

Einerseits ist die Komplexität der ökonomischen, gesellschaftlichen und ökologischen Zusammenhänge derart groß, daß es schon auf einer hoch aggregierten Ebene kaum möglich ist, die Leitidee "nachhaltige Entwicklung" zu konkretisieren, und schon gar nicht ist es gelungen, die Leitidee für einzelne ökonomische Akteure auf konkrete Zielvorgaben herunterzubrechen.

Andererseits aber benötigen Unternehmen Orientierungsgrößen, an denen die "Nachhaltigkeit" einzelner Aktionen gemessen werden kann. Nur so können sich die Unternehmen auf die lange Zukunft einstellen und von sich aus sachgerechte Impulse für erforderliche Wandlungsprozesse geben.

Zur Lösung dieser Fragestellungen erwartet die Wirtschaft Hilfestellung von der Wissenschaft, insbesondere von der Betriebswirtschaft. Es gibt zwar eine Reihe hauptsächlich theoretischer Ansätze, aber keine praxisreifen Rezepte. So wird im wissenschaftlichen Bereich auch erwogen, ob nachhaltige Entwicklung wirklich ein wissenschaftliches Konzept sei oder nur ein Schlagwort. Auf einige Ansätze, die Leitidee der nachhaltigen Entwicklung im Unternehmen konkret zu praktizieren, wird nun eingegangen:

Von einer Arbeitsgruppe der Hochschule St. Gallen wird ein praxis-
orientierter Ansatz angeboten unter dem Begriff Company oriented
Sustainability, kurz COSY. Dieser Ansatz untersucht mögliche Beiträge der
unternehmensbezogenen Aktivitäten nach vier Ebenen, die sich vom
Kundenbedürfnis, über den Funktionsverbund der im Markt angebotenen
Produkte, über die vom Unternehmen angebotenen Produkte bis hin zur
Ebene der vom Unternehmen eingesetzten Produktionsverfahren erstreckt.
Diese vier Ebenen bilden das Handeln der Unternehmen, das für die nach-
haltige Entwicklung relevant ist, vollständig ab.

Vorteil der hier vorgeschlagenen Systematik ist, daß sie dem betriebs-
wirtschaftlichen Gedanken bereits geläufig ist. Von praktischer Relevanz ist
dieser Vorschlag daher vor allem dadurch, daß der ökologische Ansatz der
nachhaltigen Entwicklung (das ist vor allem die Tragekapazität der Erde)
und der ökonomische Ansatz (das ist die Gewinnerzielung) letztlich an den
gleichen Wurzeln (nämlich den Bedürfnissen und Produkten) ansetzen. So
gesehen ist die Verfolgung nachhaltiger Entwicklung instrumental gesehen
gar nicht so schwierig, denn man kann im Prinzip nach Schema F vorgehen.
Was heißt das konkret?

Wenn ein Unternehmen den Ansatz COSY für sich verwenden will, so
kann es in jeder der vier genannten Ebenen Operationalisierungen im Sinne
nachhaltiger Entwicklung zu gestalten versuchen:

So wird in der öffentlichen Diskussion bereits jetzt hinterfragt, ob
gewisse Kundenbedürfnisse, wie z. B. Nachfrage nach Luxusgütern, im
Hinblick auf Ressourcenverbrauch und Umweltbeeinträchtigung auf Dauer
überhaupt noch zu rechtfertigen sind. Die Wertung und möglicherweise die
Ächtung besonderer Kundenbedürfnisse geht nur über die Formulierung von
Zielvereinbarungen in einem längeren gesellschaftlichen Prozeß. Die
Wirtschaft kann in diesen Prozeß ihren Standpunkt zwar einbringen, hat hier
jedoch kaum eigene Gestaltungsspielräume.

Bei der nächsten Ebene geht es um den Funktionsverbund der Produkte.
Denn Bedürfnisbefriedigung setzt das Zusammenwirken mehrerer Produkte
bzw. eine Systemumgebung voraus. Beispiele für einen Funktionsverbund
sind die Komponenten des Verkehrssystems oder Informationsstrukturen.
Eine ökologische Optimierung im Sinne nachhaltiger Entwicklung setzt auf
dieser Ebene voraus, daß sich die mit ihren Produkten am Funktionssystem
beteiligten Unternehmen zu einer Kooperation zusammenfinden.

Bei der dritten und vierten Ebene geht es um ökologische Verbesserung
durch Produktinnovation bzw. durch Prozeßinnovation. Verbesserungen im
Sinne nachhaltiger Entwicklung können Unternehmen auf sich gestellt
durchführen.

Aus der Summe der Beiträge zur nachhaltigen Entwicklung in den vier
Ebenen ergibt sich der konkrete Inhalt einer Unternehmensstrategie zur
nachhaltigen Entwicklung. Eine solche konkret unterlegte Unternehmensstrategie setzt voraus, daß die Unternehmen sich ein klares Bild verschaffen,
welche konkreten Gestaltungsspielräume in ihren Geschäftsbereichen vor-

liegen. Erst auf Basis dieser Erkenntnisse kann entschieden werden, auf welchen Feldern und in welchem Umfang das Unternehmen sich im Rahmen ihrer wirtschaftlichen Möglichkeiten für die Mitgestaltung einer dauerhaften Entwicklung einsetzen will.

COSY bleibt aber ohne praktische Konsequenzen, solange es in den Unternehmen nicht "gelebt" wird; der Grundgedanke dabei ist, in den Aktivitäten der Unternehmen die nachhaltige Entwicklung als zusätzliches Kriterium explizit mit zu betrachten. Was beim Umweltschutz inzwischen eine Massenbewegung geworden ist, ist es derzeit noch nicht für die nachhaltige Entwicklung.

Ein Instrumentarium, das für die nachhaltige Entwicklung zunehmende Bedeutung erhalten wird, ist das sog. Umwelt-Auditing. Durch ein solches Audit werden alle betrieblichen Umweltauswirkungen sowie Organisationen, Management und Einrichtungen zum Umweltschutz systematisch erfaßt und bewertet. Das Audit ermöglicht der Unternehmensführung, Umweltschutzmaßnahmen besser zu koordinieren und zu kontrollieren sowie Störfall- und Haftungsrisiken aufzuzeigen.

Durch periodische Wiederholung des Audits wird ein Entwicklungsprozeß in Gang gesetzt, der die Schwachstellen des betrieblichen Umweltschutzes lokalisiert, beseitigt und die Leistungsfähigkeit der Umweltschutzsysteme kontinuierlich verbessert. Umwelt-Audit ist ein sinnvolles Instrument, um unternehmerische Tätigkeiten noch besser mit den Anforderungen einer nachhaltigen Entwicklung abzustimmen. Heute richtet sich das Augenmerk zunehmend auf den integrierten Umweltschutz, bei dem geschlossene Stoffkreisläufe sowie Energie- und Ressourceneinsparung im Produktionsprozeß im Mittelpunkt stehen. Dadurch werden End-of-Pipe-Verfahren abgelöst. Integrierter Umweltschutz beginnt schon bei der Konzeption von Produkten, Prozessen und Anlagen. Solche Problemlösungen benötigen entsprechende Entwicklungszeit und lassen sich oft erst im Rahmen neuer Produktionsprozesse verwirklichen.

Um so wichtiger ist es, diese Lösungen in den Unternehmen zielgerichtet zu organisieren und bei den Entscheidungsträgern zu verankern.

Ein Organisationsmodell, die etwas längerfristigen Zukunftsaspekte aufzubereiten, wird unter dem Begriff sog. "Zukunfts-Labore" praktiziert. So werden von der Berliner Daimler-Abteilung "Technik und Gesellschaft" Fragestellungen der operativen Bereiche in Form strukturierter Kommunikationsprozesse bearbeitet. Dabei werden in Kooperation mit Mitarbeitern der Unternehmensbereiche Antworten mit Hilfe der klassischen Szenario-Methodik erarbeitet sowie Handlungsoptionen abgeleitet und bewertet.

Typische Fragestellungen sind hier beispielsweise: Welche Anforderungen werden an einen Pkw der übernächsten Generation gestellt werden? Was sind Anwendungsgebiete integrierter intelligenter Haustechnik?

Neben den praxisinduzierten Zukunfts-Laboren bearbeiten bei Daimler Forschungsgruppen Projekte mit Vernetzungscharakter. So werden beispielsweise Zusammenhänge von Mobilität und Kommunikation in großstädtischen Ballungsgebieten der Zukunft untersucht. Aus Untersuchungen dieser Art ergeben sich die Grundlagen für die Erstellung langfristiger Szenarien für die Geschäftsbereiche.

Bei diesen Szenarien geht es nicht um Prognosen, also um Vorhersage der Zukunft. Solche Versuche haben sich als Fehlschläge erwiesen, weil gesellschaftliche Prozesse nicht berechenbar sind. Vielmehr stehen wir vor der Frage: Ist Zukunft gestaltbar, ist nachhaltige Entwicklung gestaltbar? Wohl nur in sehr engen Grenzen, wenn man eine Antwort jeweils aus Sicht des einzelnen Unternehmens geben will.

Wenn jedoch die Gestaltungsspielräume der einzelnen Unternehmen in die gleiche Richtung wirken und sich verstärken, so kann in der Summe der Gestaltungsspielraum der Wirtschaft beträchtlich werden. Worauf es also ankommt ist, daß die Unternehmen im Grundansatz einen gemeinsamen Willen für die Zukunftsgestaltung entwickeln, und zwar auf der Basis des gemeinsam erarbeiteten Horizontes. Ein solcher gemeinsamer Horizont kann sich entwickeln, wenn – wie vorne angesprochen – Anwendungsvisionen und eine übergeordnete längerfristige Konzeption entwickelt werden.

Außerdem ist zu bedenken: Die Wirtschaft ist nur ein Teilbereich in unserer komplexen Gesellschaft und vielschichtig vernetzt mit den anderen Teilbereichen wie Politik, Umwelt und dem sozialen Bereich. Und wenn mit allen diesen Teilbereichen zusammen gemeinsam ein Horizont für die Zukunft erarbeitet würde, könnte sich der Spielraum zur Gestaltung der Zukunft nochmals verstärken. Das mag noch Wunschdenken sein; aber den Trends läßt sich entnehmen, daß die Leitidee nachhaltige Entwicklung sammelnde und einigende Kraft zu entwickeln beginnt.

Vielfach noch mangelndes Verständnis und die Notwendigkeit, sich bei begrenzten Mitteln mit kleinen Schritten in Richtung nachhaltige Entwicklung zu begnügen, sollten uns nicht entmutigen. Erfolge auf Dauer scheinen sicher, verlangen aber Stehvermögen von uns.

5. Zusammenfassung

Die Ressourcen der Erde vermindern sich, die Tragekapazität der Erde für Abfälle wird zunehmend erschöpft, und die Weltbevölkerung nimmt dramatisch zu. Diese Konstellation, welche die Zukunftschancen von Mensch und Umwelt bedroht, schließt das Klimaproblem als eine von mehreren der zu lösenden globalen Herausforderungen ein.

Nur eine integrierte Lösung der globalen Herausforderungen ist zielführend. Zu ihrer Lösung sind die verfügbaren Ressourcen zu mobilisieren. Die beiden Ressourcen mit dem derzeit größten Engpaß sind Kreativität und Zeit.

Die Ressource Kreativität ist gefordert, den Problemzusammenhang und seine Bedeutung für die Wirtschaft aufzubereiten sowie effektive Lösungen zu konzipieren.

Die Ressource Zeit muß effektiv eingesetzt werden, indem auf der Zeitachse die Lösungen in Abwägung mit anderen Zielsetzungen planvoll realisiert werden.

Je produktiver unsere Volkswirtschaft ist, um so leichter wird es unserer Gesellschaft fallen, unter partiellem Konsumverzicht nachhaltige Entwicklung hierzulande zu fördern wie auch wachsende Anteile des Sozialproduktes zur Bekämpfung der weltweiten Armut zur Verfügung zu stellen.

Nachhaltige Entwicklung ist eine Leitidee, die erst noch verinnerlicht werden muß, und die als Leitidee sowohl für den anzustrebenden Zustand als auch für den Weg dahin steht.

Derzeit ist die Formulierung sowohl des Zieles als auch des Weges dahin erst noch in Arbeit; national wie auch global. Nachhaltige Entwicklung wird aber in einigen Jahren in den Strategien der Unternehmen voraussichtlich genauso integriert sein wie jetzt bereits der konventionelle Umweltschutz.

Das eine Ethos in der einen Welt - Ethische Begründung einer nachhaltigen Entwicklung

Hans Küng

1.   Die Grenzen der reinen Vernunft

Die ethische Dimension einer nachhaltigen Entwicklung wurde bereits direkt oder indirekt in verschiedenen Beiträgen dieses Buches angesprochen. Dabei sind zwei Punkte deutlich geworden:

1. Die reine Vernunft vermag die Forderung der Nachhaltigkeit einer Entwicklung nicht zu beweisen.

    Unter "Nachhaltigkeit" ist nach der nüchternen Definition von Renn eine Entwicklung zu verstehen, bei der die natürlichen Grundlagen so erhalten bleiben, daß "den folgenden Generationen bei der Wahl des ihnen gemäßen Lebensstils zumindest die Möglichkeiten offenstehen, die sich die heute lebenden Menschen selbst als Lebensstil zubilligen." (vgl. den Beitrag von Renn in diesem Band) Also schlicht gesagt: Es darf den Folgegenerationen nicht wesentlich schlechter gehen als der jetzigen! Doch gibt es nun Renn zufolge (und dem ist voll zuzustimmen) keine naturwissenschaftlichen Gründe, die in quasi-automatischer Logik erzwingen, daß eine Politik der Nachhaltigkeit unbedingt betrieben werden müßte. Vielmehr handle es sich um eine ethische Entscheidung: Die Notwendigkeit, bestimmte erhaltenswerte Elemente der Umwelt und bestimmte Lebensbedingungen auszuwählen, lasse sich weder rein ökonomisch noch rein ökologisch begründen. Dies sei eine Frage kulturellen Selbstverständnisses: keine Frage der Wissenschaft, sondern eine Frage der Ethik und der Politik. Den dabei notwendigen Auswahlprozeß könnten die Sozialwissenschaften verdeutlichen und interpretieren, die Leistung selbst aber müsse "ethisch und politisch" erbracht werden. In einem Satz: Nachhaltigkeit ist nach Renn weder ein ökonomisches, noch ein ökologisches, nicht einmal ein wissenschaftliches Konzept, sondern eine ethische Forderung. Wenn dies aber so ist, stellt sich die Frage nach der Begründung dieser ethischen Forderung. Genau diese Frage blieb im Beitrag von Renn letztlich offen. Zu ihr wird im folgenden aus philosophisch-theologischer Sicht Stellung genommen.

2. Die reine Vernunft vermag auch die Forderung der Vorsorge nicht zu
   beweisen.

Als ein Prinzip der Vorsorge wurde von Birnbacher und Schicha vertreten
(vgl. Beitrag in diesem Band): Die heute lebenden Menschen sollen so
handeln, daß es den Folgegenerationen nicht nur nicht schlechter (Nachhaltigkeit), sondern daß es ihnen besser geht (Vorsorge). Für viele ein
sympathisches, aber vielleicht doch – zumindest für Ökonomen – zu weit
gehendes, unrealistisches Prinzip. Wie immer: Unbestreitbar hängt es
ganz von den ethischen Prämissen ab, ob die Menschen sich dafür
entscheiden, daß es der Generation ihrer Kinder gleich gut wie ihnen oder
schlechter oder besser gehen soll. Hier mit der reinen, der theoretischen
Vernunft allein zu argumentieren, wäre kurzschlüssig. Denn diese
Erkenntnis hat sich auch in der Philosophie durchgesetzt: Die Vernunft
ist Interessen unterworfen. Mit der reinen Vernunft allein ist die Frage
wahrhaftig nicht zu entscheiden: Soll ich mich hier und heute um das
Schicksal zukünftiger Generationen sorgen? Oder habe ich nicht schon
der Sorgen genug und ist es mir deshalb egal, wie es späteren
Generationen ergeht: "Was kümmern mich verödete Landschaften –
anderswo? Was der Artenschwund – solange mein Garten und mein Hund
am Leben bleiben? Was die klimatischen Veränderungen – die doch erst
im Jahre 2000 plus x die Ozeane steigen lassen?" Warum soll dies kein
Standpunkt sein: "Hauptsache, ich lebe gut und treibe, was mir Spaß
macht." Dies entspricht doch durchaus dem Standpunkt heutiger
psychologischer "correctness": "Auf die Selbstverwirklichung kommt
alles an! Warum sich kümmern um die anderen und erst recht die Nach-
geborenen?"

Es ist in der Tat zutiefst eine ethische Option, daß der einzelne sich über
das Schicksal künftiger Generationen überhaupt Gedanken macht, ge-
schweige denn dafür arbeitet, daß es künftigen Generationen besser gehen
soll als der heutigen Generation, oder zumindest nicht schlechter. Ethos ist
also mehr als Interessenabwägung im konkreten Fall. Ethos zielt auf eine
Selbstverpflichtung, die sowohl unbedingt wie allgemeingültig ist. Diese
aber muß im Kontext von Interessen und Sachzwängen kritisch reflektiert
werden. Denn Ethik ist nicht konfliktfrei zu haben. Ethische Entscheidungen
sind oft großen Spannungen unterworfen, die auch von religiösen Tiefen-
überzeugungen herrühren können.

2. Die Grenzen der Religion

Wie Quennet-Thielen unter Hinweis auf die Umweltkonferenz in Rio (1992)
bereits deutlich gemacht hat (vgl. den Beitrag von Quennet - Thielen in
diesem Band), konnte Konsens schon über die ökologischen Probleme
gerade unter Ländern der dritten und vierten Welt nicht allein durch Appell

an die Zweckrationalität erzielt werden, weil stets weltanschauliche und religiöse Faktoren mit im Spiel waren. Das wurde genauso deutlich auf der Weltbevölkerungskonferenz in Kairo (1994): Die religiösen Gegensätze – gerade bei der Frage der Bevölkerungsexplosion und Empfängnisverhütung – prallten hier hart aufeinander. Fundamentalisten christlicher und islamischer Provenienz taten alles, um ihre eigene Sexualmoral durchzusetzen und so den Status quo zu erhalten. Ja, der römisch-katholische Fundamentalismus, wie er gegenwärtig im Vatikan herrscht, strebte sogar die Koordination mit einigen (nur wenigen und kleineren) fundamentalistisch ausgerichteten muslimischen Staaten an (anders Indonesien, Pakistan, Türkei, Ägypten!), um seine mittelalterliche Sexualmoral unverändert vertreten zu können.

Wenn man also über das Ethos in der einen Welt redet, muß auch darüber gesprochen werden, daß nicht nur die reine Vernunft, sondern Ethos und Religion immer auch desavouiert dastehen durch die jeweiligen Interessengruppen und Machtblöcke – in allen religiösen Zentren dieser Erde. Deshalb soll hier gleich von Anfang an betont werden: Das Ethos in der einen Welt meint das Gegenteil von religiösem Moralismus, der keine Grenzen seiner Kompetenz kennt. Nachfolgend soll am Beispiel der Weltbevölkerungskonferenz in Kairo noch einmal verdeutlicht werden, daß das, was man Weltethos nennen möchte, von vorneherein etwas anderes ist als der römische Kirchenmoralismus und sein "Welt-Katechismus".

Wem es um die Glaubwürdigkeit gerade der katholischen Kirche geht, der kann nicht schweigen angesichts der Manöver des Vatikan vor und in Kairo:

– daß der Vatikan die Bedeutung des anhaltenden exponentiellen Bevölkerungswachstums in unbegreiflicher Weise heruntergespielt hat (alle neun Monate wächst die Weltbevölkerung um 80 Millionen = die Einwohnerzahl Deutschlands!);

– daß der Vatikan, der bei den Vereinten Nationen nur Beobachterstatus hat, fünf Tage eine UN-Konferenz total blockiert und in eine sterile Debatte über Abtreibung umfunktioniert hat;

– daß der Vatikan bezüglich der Abtreibung einen auch in der eigenen Kirche nicht akzeptierten rigoristisch-einseitigen Standpunkt durchsetzen wollte;

– daß der Vatikan selbst diejenige Methode, die am wirksamsten Abtreibung verhindern könnte, nämlich empfängnisverhütende Mittel, auch noch nach dieser Konferenz als unmoralisch verwirft, obwohl man weiß, daß in den letzten beiden Jahrzehnten Produktionsfortschritte und Wirtschaftsentwicklung in vielen Ländern mit der Bevölkerungsentwicklung einfach nicht mehr Schritt halten können.

Wie aber ist es möglich, daß ein einziger Mann (Papst Wojtyla) meinen kann, sich der ganzen Welt entgegenstemmen zu müssen, wie sein Pressesprecher, der Opus Dei-Mann Joaquín Navarro-Valls im "Wallstreet Journal" (1. September 92) schrieb: zwar "weithin isoliert und allein", aber "mutig genug, standfest zu sein, wenn jedermann sonst bezüglich der wesentlichen Würde des Menschen Kompromisse schließt". Wie kann ein Mensch auf die Idee kommen, er allein wisse, was die Wahrheit, die Moral, die "wesentliche Würde" des Menschen sei, und dies gerade im Hinblick auf so schwierige Fragen wie Empfängnisverhütung und Abtreibung?

Der eigentliche Grund für diesen Konflikt und die Niederlage des Vatikans ist das römische System selbst: jenes aus dem Mittelalter stammende, durch Reformation und Gegenreformation noch starrer gewordene und durch den ständigen Kampf gegen die Moderne schließlich in eine völlig ausweglose Situation hineingeratene absolutistische System, das nach dem Zusammenbruch des Sowjetkommunismus das einzige diktatoriale System in der westlichen Welt geblieben ist, geprägt durch einen spezifisch römischen Moralismus, Dogmatismus und Autoritarismus. Religionsführer und Theologen, die, ohne Grenzen zu kennen, sich in alle persönlichen Fragen der Lebensführung und insbesondere der Sexualität einmischen wollen, über die in ihren Glaubensurkunden nicht einmal etwas gesagt ist (z.B. Empfängnisverhütung) oder gar das Gegenteil (kein Zwang zur Ehelosigkeit der Amtsträger), machen sich unglaubwürdig und lächerlich.

Ursache dafür ist jenes römische System, das der katholischen Kirche alle Zukunftschancen verbaut und abgeschafft gehört (vgl. Küng 1994). Deshalb Schluß mit diesen leider notwendig gewordenen kirchenkritischen Reflexionen! Um aber ein ethisches Anliegen hier glaubwürdig vertreten zu können, ist notgedrungen ein Absetzen von diesem moralisierenden Mißbrauch der Autorität der Religion erforderlich, der nicht nur für die katholische Kirche, sondern für das Ansehen der Religionen überhaupt in der Welt verheerende Folgen hat.

Aber jetzt positiv gefragt: Was könnte für eine nachhaltige Entwicklung die ethische Maxime im Blick sein? Was wäre die ethische Zielvorstellung für das dritte Jahrtausend? Was wäre die Parole für eine Zukunftsstrategie? Antwort: Schlüsselbegriff für eine Zukunftsstrategie muß sein: die Verantwortung des Menschen für diesen Planeten (vgl. Küng 1990).

3. Statt einer Erfolgs- oder Gesinnungsethik eine Verantwortungsethik

Eine dauerhafte, nachhaltige Entwicklung fordern heißt, zunächst einmal das Gegenteil von dem fordern, was bloße Erfolgsethik ist; das Gegenteil also von einem Handeln, für das der Zweck alle Mittel heiligt und für das gut ist, was funktioniert, Profit, Macht, Genuß bringt. Genau dies kann zu krassem Libertinismus und Machiavellismus, zu Kriegen zwischen Nationen und zur industriellen Verwüstung ganzer Landschaften führen. Zukunftsfähig dürfte eine solche "Ethik" nicht sein.

Die Forderung einer dauerhaften, nachhaltigen Entwicklung dürfte aber ebensowenig auf einer bloßen Gesinnungsethik basieren. Ausgerichtet auf eine mehr oder weniger isoliert gesehene Wertidee (Gerechtigkeit, Wohlstand, Liebe, Friede) geht es einer bloßen Gesinnungsethik nur um die reine innere Motivation des Handelnden, ohne sich um die Folgen einer Entscheidung oder Handlung, um die konkrete Situation, ihre Anforderungen und Auswirkungen zu kümmern. Eine solche "absolute" Ethik ist auf eine gefährliche Weise geschichtslos. Sie ist unpolitisch, kann aber gerade so zur Not selbst den psychischen oder physischen Terrorismus aus Gesinnungsgründen rechtfertigen.

Basis der Forderung einer nachhaltigen Entwicklung müßte eine Ethik der Verantwortung sein, wie sie der große Soziologe Max Weber schon im Revolutionswinter 1918/19 vorgeschlagen hat. Eine solche Ethik ist auch nach Weber nicht "gesinnungslos", fragt jedoch immer realistisch nach den voraussehbaren "Folgen" des Handelns und übernimmt dafür die Verantwortung, schließt also prinzipiell "Folgenabschätzung" ein.

Seit dem Ersten Weltkrieg sind nun Wissen und technische Verfügungsmacht des Menschen allerdings ins Unermeßliche und Unabsehbare gewachsen – mit höchst gefährlichen und teilweise irreversiblen Fernfolgen für die kommenden Generationen, wie dies besonders im Bereich der Atomenergie und Gentechnologie deutlich wird. Am Anfang der 80er Jahre hat deshalb der deutsch-amerikanische Philosoph Hans Jonas das "Prinzip Verantwortung" in völlig veränderter Weltlage mit dem Blick auf die gefährdete Weiterexistenz der menschlichen Gattung (nicht der Erde) für die technologische Zivilisation neu und umfassend durchdacht. Handeln aus einer globalen Verantwortung für die gesamte Bio-, Litho-, Hydro- und Atmosphäre des Planeten! Und dies schließt – man denke nur an Energiekrise, Naturerschöpfung, Bevölkerungswachstum – eine Selbstbeschränkung des Menschen und seiner Freiheit in der Gegenwart um seines Überlebens in der Zukunft willen ein. So ist nach Hans Jonas eine neuartige Ethik in Sorge um die Zukunft und in Ehrfurcht vor der Natur gefordert: eine Zukunftsethik.

Die Maxime des Handelns im Blick auf das dritte Jahrtausend sollte demnach konkret lauten: Verantwortung der Weltgesellschaft für ihre eigene Zukunft! Verantwortung für die Mitwelt und Umwelt, aber auch für die Nachwelt. Die Verantwortlichen der verschiedenen Weltregionen und auch Weltreligionen sind aufgefordert, in globalen Zusammenhängen denken und sozial handeln zu lernen! Hierbei sind gewiß die drei ökonomisch führenden Weltregionen besonders gefordert: die europäische Gemeinschaft, Nordamerika und der fernöstliche Raum. Sie haben eine nicht abschiebbare Verantwortung für die nachhaltige Entwicklung auch der anderen Weltregionen: Osteuropa, Lateinamerika, Südasien und – am meisten vernachlässigt – Afrika.

An der Schwelle zum dritten Jahrtausend stellt sich also dringlicher denn je die ethische Kardinalfrage: Unter welchen Grundbedingungen können wir überleben, als Menschen auf einer bewohnbaren Erde überleben und das individuelle und soziale Leben menschlich gestalten? Unter welchen Voraussetzungen kann die menschliche Zivilisation ins dritte Jahrtausend hinübergerettet werden? Welchem Grundprinzip sollen die Führungskräfte der Politik, der Wirtschaft, der Wissenschaft und auch der Religionen folgen, um eine nachhaltige Entwicklung zu ermöglichen? Unter welchen Voraussetzungen kann aber auch der einzelne Mensch zu einer geglückten und erfüllten Existenz kommen?

4. Ziel und Kriterium: der Mensch in einer lebenswerten Umwelt

Eine "biozentrische" Konzeption" (P. W. Taylor), die nicht nur individuellen Pflanzen und Tieren, sondern auch ökologischen Systemen und biologischen Arten ein Existenzrecht zuschreiben will, ist als praktische Entscheidungshilfe ebensowenig geeignet (darin ist Birnbacher und Schicha zuzustimmen) wie eine "holistische Konzeption" (K. M. Meyer-Abich), die auch die unbelebte Natur um ihrer selbst willen schützen will. Zur Maxime "Jeder nimmt auf alles Rücksicht" bemerken Birnbacher und Schicha zurecht: "Wenn alles schützenswert ist, gibt es keine Maßstäbe, die Eingriffe in die Natur rechtfertigen können" (vgl. den Beitrag von Birnbacher und Schicha in diesem Band).

Dagegen soll hier auch keine "anthropozentrische" Konzeption im traditionellen Sinn vertreten werden, welche die Leiden der Tiere ignoriert und die Umwelt vernachlässigt, wohl aber eine humane Konzeption im Geist des europäischen Humanismus von den Griechen bis zu Kant, Weber und Jonas. Humanität aber in kosmischem Kontext, wie dies von alters her mehr in der indischen und chinesischen Geistigkeit betont wurde als im christlichen Abendland.

Was also ist das grundlegende Ziel und Kriterium ethischen Handelns? Die Antwort lautet: Der Mensch soll wahrhaft menschlich sein, ja, der Mensch soll mehr werden, als er ist: Er muß menschlicher werden! Gut für den Menschen ist, was ihn sein Menschsein bewahren, fördern, gelingen läßt. Aber dies ganz anders als früher inmitten einer lebenswerten Umwelt. Der Mensch muß sein menschliches Potential für eine möglichst humane Gesellschaft und eine intakte, bewohnbare, funktionsfähige und den Werten des Menschen entsprechende und deshalb lebenswerte Umwelt anders ausschöpfen, als dies bisher der Fall war. Denn seine aktivierbaren Möglichkeiten an Humanität sind größer als sein Ist-Stand. Insofern gehören das realistische Prinzip Verantwortung (Hans Jonas) und das "utopische" Prinzip Hoffnung (Ernst Bloch) zusammen.

Nichts also gegen die "Selbst-Tendenzen" heutiger Psychologie und Psychotherapie. Nichts gegen Selbstbestimmung, Selbsterfahrung, Selbstfindung, Selbstverwirklichung, Selbsterfüllung – solange sie nicht abgekoppelt sind von Selbstverantwortung und Weltverantwortung, abgekoppelt von der Verantwortung für die Mitmenschen, für die Gesellschaft und die Natur, solange sie also nicht zur narzißtischen Selbstbespiegelung und autistischen Selbstbezogenheit verkommen. Auch Psychologen und Psychotherapeuten sprechen heute von der "Selbstverwirklichungsfalle", die schon manche Ehe und menschliche Beziehung in die Brüche gehen ließ, die zuklappt wo Selbst-Verwirklichung von Selbst-Verantwortung, Mit-Verantwortung und Welt-Verantwortung abgekoppelt ist. Nein, Selbstbehauptung und Selbstbeschränkung brauchen sich nicht auszuschließen. Identität und Solidarität sind zur Gestaltung einer besseren Welt gefordert.

Aber welche Projekte auch immer man plant für eine bessere Zukunft der Menschheit, ethisches Grundprinzip muß sein: Der Mensch – das ist seit Kant eine Formulierung des kategorischen Imperativs ñ darf nie zum bloßen Mittel gemacht werden. Er muß letzter Zweck, muß immer Ziel und Kriterium bleiben. Geld und Kapital sind Mittel, wie Arbeit Mittel ist. Jede Technikfolgenabschätzung hat zu beachten, daß auch Wissenschaft, Technik und Industrie Mittel sind. Auch sie sind an sich keineswegs "wertfrei", "neutral", sondern sollen in jedem Einzelfall danach beurteilt und eingesetzt werden, inwieweit sie dem Menschen (als Individuum und Gattung) zu seiner Entfaltung dienen in einer lebenswerten Umwelt.

Und dabei ist zu bedenken: Wer ethisch handelt, handelt deshalb nicht unökonomisch, er handelt ñ ganz im Sinne einer Verantwortungsethik – krisenprophylaktisch. Manche Großunternehmen mußten erst schmerzhafte Verluste erleiden, bevor sie lernten, daß nicht dasjenige Unternehmen langfristig ökonomisch am erfolgreichsten ist, das sich weder um ökologische noch um politische noch um ethische Implikationen seiner Produktion und seiner Produkte kümmert, sondern dasjenige, welches diese – gegebenenfalls unter kurzfristigen Opfern – einbezieht und dafür empfindliche Strafen, gesetzliche Einschränkungen, Verlust öffentlicher Glaubwürdigkeit und schlechtes Gewissen der Verantwortlichen von vornherein vermeidet. Jedenfalls kann man sich in der Wirtschaft in bezug auf eine Langzeitverantwortung nicht einfach, wie das Ökonomen gern tun, auf den Marktmechanismus verlassen. Man darf allerdings bei konkreten Vorschlägen auch das ökonomische Kriterium der Effizienz nicht vernachlässigen.

Wie die soziale und ökologische Verantwortung von den Unternehmen nicht einfach auf die Politiker abgeschoben werden kann, so die moralische, ethische Verantwortung nicht einfach auf die Religion. Ethik, die in der Moderne zunehmend als Privatsache angesehen wurde, muß in der Zukunft – um des Wohles des Menschen und des Überlebens der Menschheit willen – wieder zu einem öffentlichen Anliegen von erstrangiger Bedeutung werden. Ethisches Handeln soll nicht nur ein privater Zusatz zu Marketingkonzepten, Wettbewerbsstrategien, ökologischer Buchhaltung und Sozialbilanz sein, sondern soll den selbstverständlichen Rahmen menschlich-sozialen Handelns bilden. Denn auch Marktwirtschaft, soll sie sozial funktionieren und ökologisch geregelt werden (und dies unterscheidet sie vom Kapitalismus!), bedarf der Menschen, die von sehr bestimmten Überzeugungen und Haltungen getragen sind.

5. Keine Weltordnung ohne Weltethos

Das eine gilt auch im Hinblick auf eine dauerhafte, nachhaltige Entwicklung. Der Mensch kann nicht durch immer mehr Gesetze und Vorschriften (auch nicht allein durch Preiserhöhung bei nicht-erneuerbaren Rohstoffen) verbessert werden, allerdings auch nicht allein nur durch Psychologie und Soziologie. Im Großen wie im Kleinen ist man ja mit derselben Situation konfrontiert: Sachwissen ist noch kein Sinnwissen, Reglementierungen sind noch keine Orientierungen, und Gesetze sind noch keine Sitten. Auch das Recht braucht ein moralisches Fundament. Die ethische Akzeptanz der Gesetze (die vom Staat mit Sanktionen versehen und mit Gewalt durchgesetzt werden können) ist Voraussetzung jeglicher politischer Kultur. Was nützen "Umweltgipfel" und "Entwicklungsgipfel", was neue UN-Konventionen, internationale Verträge oder auch Waffenstillstände, was immer neue Gesetze, wenn ein Großteil der Verantwortlichen gar nicht daran denkt, sie auch einzuhalten, sondern ständig genügend Mittel und Wege findet, um verantwortungslos die eigenen oder kollektiven, lokalen, regionalen oder nationalen Interessen durchzusetzen? "Quid leges sine moribus", heißt ein römisches Dictum: was sollen Gesetze ohne Sitten?

Es stimmt, daß alle Staaten der Welt eine Rechtsordnung haben. Aber in keinem Staat der Welt wird sie funktionieren ohne einen ethischen Konsens, ohne ein Ethos ihrer Staatsbürger und Staatsbürgerinnen, aus dem der demokratische Rechtsstaat lebt. Es ist auch richtig, daß die internationale Staatengemeinschaft bereits transnationale, transkulturelle, transreligiöse Rechtsstrukturen geschaffen (ohne die internationale Verträge ja purer Selbstbetrug wären) hat. Was aber ist eine Weltordnung ohne ein – bei aller Zeitgebundenheit – verbindendes und verbindliches Ethos für die gesamte Menschheit, ohne ein Minimum gemeinsamer humaner Werte, Grundhaltungen und Maßstäbe, ohne eine "global ethic", ein Weltethos (nicht eine Welt-Ethik im Sinn eines Systems, sondern ein Welt-Ethos im Sinn der inneren sittlichen Grundhaltung)?

Nicht zuletzt der Weltmarkt mit seiner global verfügbaren Technologie erfordert ein Weltethos. Räume mit schlechthin unterschiedlicher oder gar in zentralen Punkten widersprüchlicher Ethik wird sich die Weltgesellschaft im Zeitalter weltweiter Kommunikationsnetze weniger denn je leisten können. Was nützen ethisch fundierte Verbote in dem einen Land, wenn sie durch Ausweichen in andere Länder unterlaufen werden können? Ethos, wenn es zum Wohle aller funktionieren soll, muß unteilbar sein. Die ungeteilte Welt braucht zunehmend das ungeteilte Ethos! Die Menschheit braucht in Zukunft mehr denn je gemeinsame Ziele, Ideale, Visionen, Werte, Maßstäbe.

Aber die große Frage ist: Woher nehmen die Menschen diese Werte und Maßstäbe, die sie leiten und, wo nötig, in die Schranken verweisen? Von den Naturwissenschaften? Von der Philosophie? Es ist heute die Überzeugung vieler, daß die von Naturwissenschaft und Technologie produzierten Übel nicht einfach durch noch mehr Naturwissenschaft und Technologie geheilt werden können. Gerade Naturwissenschaftler und Techniker betonen es heute: Naturwissenschaftliches und technologisches Denken ist zwar fähig, ein traditionelles, wirklichkeitsfremd gewordenes Ethos zu zerstören; und vieles, was sich in der Moderne an Immoralismus und auch Umweltschäden breitgemacht hat, ist ja nicht Resultat bösen Willens, sondern ungewolltes "Nebenprodukt" von Industrialisierung, Urbanisierung, Säkularisierung, wenn man will: organisierter Verantwortungslosigkeit. Aber modernes naturwissenschaftliches und technologisches Denken hat sich von Anfang an als unfähig erwiesen (und die Diskussion um das Nachhaltigkeitsprinzip bestätigt dies), universale Werte, Menschenrechte, ethische Maßstäbe zu begründen.

Und die Philosophie? Besonders seit den 80er Jahren kümmert sich auch die deutsche Philosophie wieder mehr um das Ethos und damit um die rationale Begründung einer allgemein verbindlichen Ethik. Und selbstverständlich ist jeder philosophische Beitrag zu einem Weltethos hochwillkommen. Angesichts so vieler hochkomplexer Probleme sieht sich ja jedes konkrete Handeln immer wieder mit ausgesprochenen Konfliktsituationen und Pflichtenkollisionen konfrontiert – im individuellen wie im sozialen und politischen Bereich; selten ist eine Situation so eindeutig, daß es für eine sittliche Entscheidung nicht auch Gegengründe gibt. Was soll man da tun?

6. Vorzugs- und Sicherheitsregeln

Sowohl für den einzelnen Menschen (z. B. Wissenschaftler) wie für die Institutionen (z. B. Wissenschaften, Forschungsinstitute, Industrieunternehmungen) geht es im konkreten Fall um eine oft sehr schwierige Güterabwägung (z. B. im individuellen Bereich das Leben der Mutter oder das Leben des ungeborenen Kindes; im sozialen Bereich die Arbeitsbeschaffung oder die Umweltgefährdung). Um die Wahl, die angesichts der Globalität der Auswirkungen und der unerhörten Geschwindigkeit der Veränderungen sehr viel schwieriger geworden ist, zu erleichtern, hat heutige rationale Ethik eine ganze Reihe von Vorzugs- und Sicherheitsregeln entwickelt, die auch für die Technikfolgenabschätzung wichtig sind und von denen hier einige wichtige knapp formuliert wiedergeben werden (vgl. Mieth 1989):

1. Problemlösungsregel: Kein wissenschaftlicher oder technologischer Fortschritt, der, realisiert, größere Probleme als Lösungen schafft! Beispiel:
   Bekämpfung von Krankheiten durch die technische Verwertung menschlicher Föten.

2. Beweislastregel: Wer eine neue wissenschaftliche Erkenntnis vorträgt,
   eine bestimmte technologische Innovation befürwortet, eine gewisse
   industrielle Produktion in Gang setzt, hat selber nachzuweisen, daß sein
   Unternehmen weder sozialen noch ökologischen Schaden verursacht.
   Beispiel: eine Industrieansiedlung oder eine Aussetzung gentechnisch veränderter Pflanzen, Bakterien und Viren (als Schädlingsbekämpfungsmittel)
   außerhalb des Labors im Freiland.

3. Gemeinwohlregel: Das Gemeinwohlinteresse hat Vorrang vor dem
   Individualinteresse – solange (gegen das faschistische "Gemeinnutz geht vor
   Eigennutz"!) die Personwürde und die Menschenrechte gewahrt bleiben.
   Beispiel: stärkere Förderung der Präventiv- statt der Reparaturmedizin.

4. Dringlichkeitsregel: Der dringlichere Wert (Überleben eines Menschen
   oder der Menschheit) hat Vorrang vor dem an sich höheren Wert (Selbstverwirklichung eines Menschen oder einer bestimmten Gruppe).

5. Ökoregel: Das Ökosystem, das nicht zerstört werden darf, hat Vorrang
   vor dem Soziosystem (Überleben ist wichtiger als Besserleben).

6. Reversibilitätsregel: In technischen Entwicklungen haben umkehrbare
   Entwicklungen Vorrang vor unumkehrbaren, d. h. nur so viel Irreversibilität
   wie unabdingbar notwendig. Beispiel: Genchirurgische Eingriffe können
   das ganze genetische Informationssystem eines Menschen verändern, die
   genetische Veränderung von Keimbahnzellen kann schicksalhafte Auswirkungen auf kommende Generationen haben.

Freilich läßt sich nicht übersehen, daß auch die Philosophie sich notorisch
schwer tut mit der Begründung einer für größere Bevölkerungsschichten
praktikablen und vor allem einer unbedingt und allgemein verbindlichen
Ethik. Nicht wenige Philosophen verzichten deshalb lieber auf universale
Normen und ziehen sich auf die Üblichkeiten der verschiedenen Lebenswelten
und Lebensformen zurück. Solcher "Regionalismus" freilich ist in Gefahr, die
Lebens- und Praxisferne der Philosophie zu verstärken – angesichts der Tatsache, daß die heutige Umweltkrise nicht mehr wie alle Umweltkrisen zuvor
eine Regionalkrise (wie etwa die Abholzung und Verkarstung der Mittel-
meerländer) ist, sondern eben eine globale Krise: weltweite Entwaldung,
weltweite Luft- und Wasserschadstoffe und Belastung der Atmosphäre mit
Treibhausgasen usw. Ob angesichts der heutigen immensen globalen Zu-
kunftssorgen alle nur regionalen Rationalitäten und Plausibilitäten nicht zu
kurz greifen und Fixierungen auf regionale oder nationale Belange um des
großen Ganzen willen nicht immer wieder aufgebrochen werden müssen?

Doch auch für eine durchaus universal angelegte "Diskursethik", wie sie K. O. Apel und J. Habermas vertreten und die mit Recht die Bedeutung des rationalen Diskurses und Konsenses betont, stellt sich das Problem: Warum Diskurs und Konsens bevorzugen und nicht die gewaltsame Auseinandersetzung? Impliziert der Diskurs wirklich schon eine Moral oder kann nicht auch er mißbraucht werden? Wie also soll die Vernunft allein die Unbedingtheit und Universalität ihrer Normen begründen? Wie soll sie das können, nachdem sie nach Nietzsche nicht mehr auf einen quasi angeborenen "kategorischen Imperativ" (Kant) zurückgreifen kann? Bisher, so scheint es, sind philosophische Begründungen unbedingt verbindlicher und allgemeingültiger Normen kaum über problematische Verallgemeinerungen und transzendental-pragmatische oder utilitaristisch-pragmatische Modelle hinausgekommen. Sie berufen sich zwar (mangels einer übergreifenden Autorität) auf eine ideale Kommunikationsgemeinschaft, bleiben jedoch nicht nur für den Durchschnittsmenschen in der Regel viel zu abstrakt. Trotz behaupteter transzendentaler "Letztverbindlichkeit" scheinen sie keine allgemein einleuchtende unbedingte Verbindlichkeit aufzuweisen. Warum schon soll ich unbedingt, und warum soll gerade ich? Wer auf ein transzendentes Prinzip verzichten will, muß einen weiten Weg horizontaler Kommunikation gehen, um am Ende möglicherweise festzustellen, er sei nur im Kreis herum gegangen.

Philosophische Modelle versagen leicht gerade dort, wo von Menschen im konkreten Fall – gerade im Blick auf künftige Generationen – ein Handeln gefordert ist, das keineswegs ihrem Nutzen oder ihrer Kommunikation dient, das von ihnen vielmehr ein Handeln gegen ihre Interessen, ein "Opfer" verlangen kann. Philosophie ist mit dem "Appell an die Vernunft" rasch am Ende, wo ethische Selbstverpflichtung "weh" tut oder ökologische "Selbstbeschränkung" (H. Jonas) gefordert wird. Wie kann man das ausgerechnet von mir verlangen? Zwischen Einsicht und Handeln, so Renn, klaffte oft eine tiefe Lücke (vgl. den Beitrag in diesem Band).

7. Das Motivationsproblem

Gewiß, mit bestimmten Regeln kann auch eine rationale Ethik ganz bestimmte Haltungen und Lebensstile empfehlen: Selbstbegrenzung etwa, Friedensfähigkeit, Verteilungsgerechtigkeit, Lebensförderlichkeit ... Aber je konkreter man wird, um so mehr stellen sich Fragen nach der sittlichen Motivation (1), nach dem Grad der Verbindlichkeit (2), nach der allgemeinen Gültigkeit (3) und nach der letzten Sinnhaftigkeit von Normen überhaupt (4).

Bezüglich einer Langzeitverantwortung gegenüber kommenden Generationen und der Natur stellt sich die Frage nach der Motivation mit besonderer Schärfe. Daß das Motivationsproblem bisher weitgehend ungelöst ist, haben ja auch Birnbacher und Schicha in ihrem Beitrag in diesem Band offen eingestanden.

Und man wird dies vermutlich auch bezüglich der anderen drei obigen Fragen – Grad der Verbindlichkeit, allgemeine Gültigkeit und letzte Sinnenhaftigkeit von Normen – sagen müssen. Wenn Birnbacher und Schicha zufolge psychologisch gesehen so gut wie alles gegen die Praktikabilität der Zukunftsverantwortung spricht (vor allem wegen der Unmöglichkeit einer Kompensation ethisch motivierter Vorleistungen durch entsprechende Gegenleistungen, wegen der Anonymität des Zukünftigen und schließlich wegen der Unsicherheit von prognostischem Wissen), dann stellt sich erst recht die Frage: Woher soll die Motivation zur Zukunftsethik, zur Langzeitverantwortung gegenüber späteren Generationen und der Natur kommen?

Auch heute diskutierte politische Maßnahmen wie etwa Ombudsmänner (auf lokaler, regionaler, nationaler und internationaler Ebene) für zukünftige Generationen oder entsprechende UN-Kommissionen, mögliche Verbandsklagen vor einem Weltgerichtshof usw. setzen eine Bewußtseinsänderung voraus. Es käme darauf an, so Birnbacher und Schicha, ein Bewußtsein der eigenen zeitlichen Position in der Kette der Generationen zu entwickeln und ein generationenübergreifendes Gefühl der Gemeinschaft wenn nicht mit der ganzen Menschheit, so doch mit einer begrenzten kulturellen, nationalen oder regionalen Gruppe auszubilden. Aus solcher Bewußtseinsänderung ließe sich eine doppelte Einstellung gewinnen, nämlich eine Einstellung in Dankbarkeit in rückwärtiger und der Anerkennung von Vorsorgeverpflichtungen in zukünftiger Richtung (vgl. Birnbacher und Schicha in diesem Band).

Doch woher soll zu einem solchen Zukunftsethos die unbedingte und universale Verpflichtung herkommen? Könnten da nicht vielleicht doch die Religionen – viel gelobt und viel geschmäht – helfen, die ja nun einmal seit Jahrhunderten, ja, Jahrtausenden zuständig sind für das Ethos der Menschheit, die Religionen, die ja zuallermeist einen Sinn haben für die "Kette der Generationen", für die Dimension der Dankbarkeit im Rückblick und die Dimension der Erwartung und Vorsorge im Blick auf die Zukunft. Auch die Frage der Unbedingtheit und Universalität des Ethos ließe sich vielleicht von daher leichter beantworten. Deshalb nochmals die Frage:

8. Woher Unbedingtheit und Universalität des Ethos?

Um eine falsche Diskussion von vorneherein zu vermeiden, sei betont, daß auch ohne Religion ein Mensch ein menschliches, also humanes und in diesem Sinn moralisches Leben führen kann. Eben dies ist Ausdruck der innerweltlichen Autonomie des Menschen. Es gibt ein ethisch verantwortetes Leben auch ohne Religion. Auch Menschen ohne Religion können ethisch hochengagiert sein.

Und doch muß gleichzeitig gesagt werden: Eines kann der Mensch ohne Religion nicht, selbst wenn er faktisch für sich unbedingte sittliche Normen annehmen sollte: die Unbedingtheit und Universalität ethischer Verpflichtung begründen. Ungewiß bleibt, warum man unbedingt, also in jedem Fall und überall, solche Normen befolgen soll – selbst da, wo sie den eigenen Interessen völlig zuwiderlaufen. Und warum sollen dies alle tun, alle Schichten und Nationen, alle Rassen und Klassen? Denn was ist ein Ethos letzthin wert, wenn es nicht ohne alles Wenn und Aber gilt: bedingungslos, nicht hypothetisch, sondern "kategorisch" (Kant)?

Aus den endlichen Bedingtheiten des menschlichen Daseins, aus menschlichen Dringlichkeiten und Notwendigkeiten läßt sich ein unbedingter Anspruch, ein "kategorisches" Sollen nicht ableiten. Und auch eine verselbständigte abstrakte "Menschennatur" oder "Menschenidee" (als Begründungsinstanz) dürfte kaum zu irgend etwas unbedingt verpflichten. Selbst eine "Überlebenspflicht der Menschheit" ist rational kaum schlüssig zu erweisen. Zu Recht hat Hans Jonas in seinem Werk zur Verantwortungsethik angesichts des apokalypscfähigen Potentials der Atom- oder Gentechnik die grundlegende Frage gestellt, mit der die Ethik bisher nicht konfrontiert war: ob und warum es denn eine Menschheit geben, ihr genetisches Erbe respektiert werden, ja warum es überhaupt Leben geben soll.

Es weist Hans Jonas als radikalen Denker aus, daß er bis auf diese Wurzelfrage vorgestoßen ist und dabei die Mühe offen eingesteht, die es philosophisch braucht, damit man auch nur den ersten Imperativ einer Überlebensethik rational zu begründen vermag (Jonas 1984): "daß eine Menschheit sei", daß es keinem Staatsmann erlaubt sei, ein "Vabanque-Spiel mit der Menschheit" (S. 91) zu treiben und ein – möglicherweise verdientes – "Ende der Menschheit" (S. 36) zu wollen. Ja, der Philosoph Jonas gesteht hier die Grenzen der Philosophie ein, auch wenn er sie nur ungern akzeptiert: Daß "die Menschheit das Recht zum Selbstmord nicht" (S. 80) habe, sei "gar nicht leicht und vielleicht ohne Religion überhaupt nicht zu begründen" (S. 36). Die "unbedingte Pflicht der Menschheit zum Dasein" (S. 80) und so "die Pflicht zur Fortpflanzung überhaupt" könne nicht auf ein fremdes Recht zurückgeführt werden, da es dafür kein Rechtssubjekt gäbe – "es sei denn ein(es) Recht(es) des Schöpfergottes gegen seine Geschöpfe, denen mit der Verleihung des Daseins diese Fortsetzung seines Werkes anvertraut wurde" (S. 86).

Es ist Hans Jonas nur zustimmen, wenn er sagt, daß religiöser Glaube hier schon Antworten hat, die die Philosophie erst suchen muß, und zwar mit unsicherer Aussicht auf Erfolg. Es ist ihm auch zuzustimmen, wenn er sagt: "Der Glaube kann also sehr wohl der Ethik die Grundlage liefern, ist aber selber nicht auf Bestellung da" (Jonas 1984, S. 94). In Abgrenzung zu Jonas ist allerdings festzuhalten, daß dieser Gottesglaube durchaus nicht "abwesend" ist, sondern heute sogar wieder öffentlich präsent, daß Religion nicht wie in der Moderne "diskreditiert", sondern jetzt in der Nach-Moderne, vernünftig verantwortet, wieder neu glaubwürdig werden kann.

Hier ist der entscheidende Punkt der ganzen Überlegungen. Provokativ gefragt: Warum soll – vorausgesetzt man geht selber kein Risiko ein – ein Verbrecher seine Geiseln nicht töten, ein Diktator sein Volk nicht vergewaltigen, eine Wirtschaftsgruppe einen tropischen Regenwald nicht umholzen, eine Nation einen Krieg um vermutete Öl- und Goldvorräte willen nicht anfangen, wenn das nun einmal im ureigensten Interesse liegt und es keine transzendente Autorität gibt, die unbedingt für alle gilt? Warum sollen sie alle unbedingt anders handeln? Reicht da der "Appell an die Vernunft" (die "Menschennatur", die "Humanität"), mit deren Hilfe man so oft das eine wie dessen Gegenteil begründen kann?

Die Religionen berufen sich hier auf eine Wirklichkeit, welche die Philosophen heutzutage zumeist schamhaft oder verlegen aussparen, obwohl die große Philosophie von den Vorsokratikern und den frühen indischen Denkern bis Kant, Hegel, Kierkegaard und sogar Nietzsche um dieses Eine gekreist ist: das eine Absolute, das einen übergreifenden Sinn zu vermitteln vermag und das den einzelnen Menschen, auch die Menschennatur, ja, die gesamte menschliche Gemeinschaft, die Kette der Generationen in Vergangenheit, Gegenwart und eben auch Zukunft umfaßt und durchwaltet. Dieses Absolute ist kein Staat, keine Partei, keine Kirche, kein Führer und kein Papst, sondern ist die letzte, höchste Wirklichkeit selbst, die zwar nicht rational bewiesen, aber in einem vernünftigen Vertrauen angenommen werden kann – wie immer sie in den verschiedenen Religionen genannt, verstanden und interpretiert wird.

Zumindest für die prophetischen Religionen, Judentum, Christentum und Islam, ist dies das einzig Unbedingte in allem Bedingten, das allein die Unbedingtheit und Universalität ethischer Forderungen begründen kann. Dieser Urgrund, Urhalt, dieses Urziel des Menschen und der Welt, das mit dem mißverständlichen Wort Gott benannt wird, bedeutet für den Menschen keine Fremdbestimmung. Im Gegenteil: Solche Begründung, Verankerung und Ausrichtung eröffnen die Möglichkeit zu einem wahren Selbst-Sein und Selbst-Handeln des Menschen, ermöglichen Selbst-Gesetzgebung und Selbst-Verantwortung. Richtig verstanden ist Theonomie also nicht Heteronomie, sondern Grund, Garantie, aber auch Grenze menschlicher Autonomie, die ja nie zu menschlicher Willkür entarten darf. Wer es will, kann es erfahren: Nur die Bindung an ein Unendliches schenkt Freiheit gegenüber allem Endlichen. Insofern kann man verstehen, daß man nach den Unmenschlichkeiten der Nazizeit in der Präambel des Grundgesetzes der Bundesrepublik Deutschland die doppelte Dimension der Verantwortung (vor wem und für wen?) festgehalten hat und meines Erachtens auch weiterhin festhalten soll: die "Verantwortung vor Gott und den Menschen". Aber Weltethos durch die Religionen – ist das nicht ein Widerspruch?

9. Ein Weltethos: Challenges und Responses

1. Wir leben in einer Welt und Zeit, da neue gefährliche Spannungen und Polarisierungen zu beobachten sind zwischen Gläubigen und Nichtgläubigen, kirchlich Gebundenen und Säkularisten, Klerikalen und Antiklerikalen – nicht nur in Rußland, Polen und Ostdeutschland, sondern auch in Frankreich, in Algerien und in Nordamerika. Auf diese Herausforderung sei geantwortet: Es wird kein Überleben der Demokratie geben ohne eine Koalition von Gläubigen und Nichtgläubigen in gegenseitigem Respekt! Aber, viele werden sagen: Leben wir nicht in einer Periode neuer kultureller Konfrontationen? Wahrhaftig:

2. Wir leben in einer Welt und Zeit, da die Menschheit bedroht ist von einem "Clash of Civilizations" (S. Huntington), einem Zusammenprall der Zivilisationen, zum Beispiel zwischen muslimischer oder konfuzianischer und westlicher Zivilisation. Die Menschheit ist freilich nicht so sehr bedroht durch einen neuen Weltkrieg, wohl aber durch alle möglichen Konflikte zwischen zwei Ländern oder in einem Land, in einer Stadt, gar in einer Straße oder Schule. Auf diese Herausforderung sei geantwortet: Es wird keinen Frieden zwischen den Zivilisationen geben ohne einen Frieden unter den Religionen! Aber manche werden fragen: Sind es nicht gerade die Religionen, die so oft Haß, Feindschaft und Krieg inspirieren und legitimieren? Wahrhaftig:

3. Wir leben in einer Welt und Zeit, da der Friede in vielen Ländern bedroht ist durch alle möglichen Arten von religiösem Fundamentalismus, christlich, muslimisch, jüdisch, buddhistisch oder hindu. Ein Fundamentalismus, der sehr oft nicht so sehr in der Religion wurzelt als im sozialen Elend, in der Reaktion auf den westlichen Säkularismus und im Bedürfnis nach einer Grundorientierung im Leben. Auf diese Herausforderung sei geantwortet: Es wird keinen Frieden zwischen den Religionen geben ohne einen Dialog zwischen den Religionen! Doch viele werden entgegenhalten: Gibt es nicht so viele dogmatische Differenzen und Hindernisse zwischen den verschiedenen Religionen, die einen wirklichen Dialog zu einer naiven Illusion machen? Wahrhaftig:

4. Wir leben in einer Welt und Zeit, da bessere Beziehungen zwischen den Religionen oft blockiert sind durch alle möglichen Dogmatismen, die sich nicht nur in der römisch-katholischen Kirche, sondern in allen Kirchen, Religionen und Ideologien finden können. Auf diese Herausforderung sei geantwortet: Es wird keine neue Weltordnung geben ohne ein neues Weltethos, ein globales oder planetarisches Ethos trotz aller dogmatischen Differenzen. Doch manche werden fragen: Was soll denn genau die Funktion eines solchen Weltethos sein? Auf diese Herausforderung sei geantwortet: Ein globales Ethos ist nicht eine neue Ideologie oder Superstruktur, es will das spezifische Ethos der verschiedenen Religionen

und Philosophien nicht überflüssig machen; es ist also kein Ersatz für die
Tora, die Bergpredigt, den Koran, die Bagavadghita, die Reden des
Buddha oder die Sprüche des Konfuzius. Das eine Weltethos meint keine
einzige Weltkultur, erst recht nicht eine einzige Weltreligion.

Positiv gesagt: Globales Ethos, ein Weltethos ist nichts anderes als das
notwendige Minimum gemeinsamer humaner Werte, Maßstäbe und Grundhaltungen. Oder noch genauer: Das Weltethos ist der Grundkonsens bezüglich verbindlicher Werte, unwiderruflicher Maßstäbe und Grundhaltungen, die von allen Religionen trotz ihrer dogmatischen Differenzen
bejaht, ja, auch von Nichtgläubigen mitgetragen werden können.
Ein solcher Konsens wird ein entscheidender Beitrag sein, um die
Orientierungskrise zu überwinden, die zu einem wirklichen Weltproblem
von Europa und Amerika bis nach Rußland und China geworden ist und die
auch jeglichen Konsens bezüglich der Motivation einer nachhaltigen Entwicklung zu lähmen droht. Nach der Ermordung eines zweijährigen Kindes
durch zwei zehnjährige Kinder in Liverpool vor kurzer Zeit hat sich selbst
"Der Spiegel" in einer Titelgeschichte über den "Orientierungsdschungel"
und eine in der Kulturgeschichte beispiellose Enttabuisierung beklagt: "Die
jüngste Generation muß mit einer Werteverwirrung zurechtkommen, deren
Ausmaß kaum abzuschätzen ist. Klare Maßstäbe für Recht und Unrecht, Gut
und Böse, wie sie in den fünfziger und sechziger Jahren von Eltern und
Schulen, Kirchen und manchmal auch von Politikern vermittelt wurden,
sind für sie kaum noch erkennbar" (Der Spiegel 1993, Nr. 9).
Es ist deshalb von größter Bedeutung, auch im Hinblick auf die ethische
Basis der Forderung einer Langzeitverantwortung gegenüber kommenden
Generationen und der Natur, jenes Dokument zu studieren, das zum ersten
Mal in der Religionsgeschichte einen solchen minimalen Basiskonsens der
verschiedenen Religionen bezüglich der Werte, Maßstäbe und Verfahrens-
weisen formuliert: Die "Erklärung zum Weltethos", die das Parlament der
Weltreligionen am 4. September 1993 in Chicago verabschiedet hat; der
Dalai Lama hat sie ebenso unterschrieben wie der Kardinal Erzbischof von
Chicago, Rabbiner ebenso wie führende Muslime, Buddhisten, Hindus und
Vertreter auch zahlenmäßig kleiner Religionen.

10. Die "Erklärung" des Parlamentes der Weltreligionen

Dieser Text geht von der Grundeinsicht aus: Keine neue Weltordnung ohne
ein Weltethos! Hier wird eine ganz praktische Antwort gegeben auf die von
Renn aufgeworfene Frage, ob es gelingen könne, in einer pluralistischen
Wert- und Weltordnung allgemein verbindliche kulturelle Normen zu verankern (vgl. den Beitrag von Renn in diesem Band). Dieses Dokument
fundiert die ethischen Weisungen in der Grundforderung, daß jeder Mensch
(ob weiß oder farbig, Mann oder Frau, reich oder arm) menschlich behandelt

werden muß. Dabei geht die Erklärung über diese nur scheinbar selbstverständliche Forderung noch hinaus durch eine zweite Grundforderung, jene "Goldene Regel", die sich seit Jahrtausenden in vielen religiösen und ethischen Traditionen der Menschheit findet und die sich bewährt hat: "Was du nicht willst, das man dir tut, das tue auch keinem anderen!" Diese Regel wird als die "unverrück-bare, unbedingte Norm für alle Lebensbereiche" angesehen, "für Familien und Gemeinschaften, für Rassen, Nationen und Religionen" (Küng u. Kuschel 1993, Kapitel II, S. 28).

Auf diesem Fundament werden "vier unverrückbare Weisungen" aufgebaut. Alle Religionen können bejahen (Küng u. Kuschel 1993, Kapitel III, S. 29ff):

1. Verpflichtung auf eine Kultur der Gewaltlosigkeit und der Ehrfurcht vor allem Leben (die uralte Weisung "Du sollst nicht töten" oder "Hab Ehrfurcht vor dem Leben!");

2. Verpflichtung auf eine Kultur der Solidarität und eine gerechte Wirtschaftsordnung (die uralte Weisung "Du sollst nicht stehlen" oder "Handle gerecht und fair!");

3. Verpflichtung auf eine Kultur der Toleranz und ein Leben in Wahrhaftigkeit (die uralte Weisung "Du sollst nicht lügen" oder "Rede und handle wahrhaftig!");

4. Verpflichtung auf eine Kultur der Gleichberechtigung und die Partnerschaft von Mann und Frau (die uralte Weisung "Du sollst nicht Unzucht treiben" oder "Achtet und liebet einander!").

Direkt auf die Problematik einer nachhaltigen Entwicklung beziehen sich Passagen, welche die erste und zweite unverrückbare Weisung konkretisieren: die "Verpflichtung auf eine Kultur der Gewaltlosigkeit und der Ehrfurcht vor allem Leben" sowie "Verpflichtung auf eine Kultur der Solidarität und eine gerechte Wirtschaftsordnung". Von Vertretern aller Religionen wurden folgende Sätze bejaht:

– "Die menschliche Person ist unendlich kostbar und unbedingt zu schützen. Aber auch das Leben der Tiere und Pflanzen, die mit uns diesen Planeten bewohnen, verdient Schutz, Schonung und Pflege. Hemmungslose Ausbeutung der natürlichen Lebensgrundlagen, rücksichtslose Zerstörung der Biosphäre, Militarisierung des Kosmos sind ein Frevel. Als Menschen haben wir – gerade auch im Blick auf künftige Generationen – eine besondere Verantwortung für den Planeten Erde und den Kosmos, für Luft, Wasser und Boden. Wir alle sind in diesem Kosmos miteinander verflochten und voneinander abhängig. Jeder von uns hängt ab vom Wohl des Ganzen. Deshalb gilt: Nicht die Herrschaft des Menschen über Natur und Kosmos ist zu propagieren, sondern die Gemeinschaft mit Natur und Kosmos zu kultivieren." (Küng u. Kuschel 1993, Kapitel III, 1, S. 30f).

– "Wenn sich die Lage der ärmsten Milliarde Menschen auf diesem
  Planeten, darunter besonders die der Frauen und Kinder, entscheidend
  verändern soll, so müssen die Strukturen der Weltwirtschaft gerechter
  gestaltet werden. Individuelle Wohltätigkeit und einzelne Hilfsprojekte,
  so unverzichtbar sie sind, reichen nicht aus. Es braucht die Partizipation
  aller Staaten und die Autorität der internationalen Organisationen, um zu
  einem gerechten Ausgleich zu kommen." (Küng u. Kuschel 1993, Kapitel
  III, 2, S. 33).

Mit dem Schlußwort dieser Erklärung, dem Appell an den "Wandel des
Bewußtseins" soll dieser Beitrag beschlossen werden. Gerade in der
heutigen Zeit, wo es zur ethischen Grundoption werden soll, daß die
Menschen sich für das Wohl der kommenden Generationen, also für eine
nachhaltige Entwicklung einsetzen, ist ein Wandel des Bewußtseins in der
Tat überfällig: "Alle geschichtlichen Erfahrungen zeigen es: Unsere Erde
kann nicht verändert werden, ohne daß ein Wandel des Bewußtseins beim
Einzelnen und der Öffentlichkeit erreicht wird. Dies hat sich in Fragen wie
Krieg und Frieden, Ökonomie oder Ökologie bereits gezeigt, wo in den
letzten Jahrzehnten grundlegende Veränderungen erreicht wurden. Diese
muß auch im Hinblick auf das Ethos erreicht werden! ... Ohne Risiko und
Opferbereitschaft gibt es keine grundlegende Veränderung unserer
Situation! Deshalb verpflichten wir uns auf ein gemeinsames Weltethos: auf
ein besseres gegenseitiges Verstehen sowie auf sozialverträgliche, friedens-
fördernde und naturfreundliche Lebensformen. Wir laden alle Menschen, ob
religiös oder nicht, ein, dasselbe zu tun!" (Küng u. Kuschel 1993, Kapitel
IV, S. 41).

Literatur

Jonas, H. (1984). Das Prinzip Verantwortung. Versuch einer Ethik für die technologische Zivilisation. - Frankfurt
Küng, H. (1990). Projekt Weltethos. - München
Küng, H. (1994). Das Christentums. Wesen und Geschichte. - München
Küng, H. und Kuschel, K.-J. (Hrsg.) (1993). Erklärung zum Weltethos. - München
Mieth, D. (1989). Theologisch-ethische Ansätze im Hinblick auf die Bioethik. Concilium 25/3, 211-218

Springer-Verlag und Umwelt

Als internationaler wissenschaftlicher Verlag sind wir uns unserer besonderen Verpflichtung der Umwelt gegenüber bewußt und beziehen umweltorientierte Grundsätze in Unternehmensentscheidungen mit ein.

Von unseren Geschäftspartnern (Druckereien, Papierfabriken, Verpackungsherstellern usw.) verlangen wir, daß sie sowohl beim Herstellungsprozeß selbst als auch beim Einsatz der zur Verwendung kommenden Materialien ökologische Gesichtspunkte berücksichtigen.

Das für dieses Buch verwendete Papier ist aus chlorfrei bzw. chlorarm hergestelltem Zellstoff gefertigt und im pH-Wert neutral.